KB245171

자연계의 다양한 현상을 자세히 살펴
새롭고 의미 있는 '전체'를 밝혀내려고 시도하는
모든 사람들에게 이 책을 바친다

정신과학총서
1

宇宙心과 정신물리학
Stalking the Wild Pendulum

파동의 세계와 의식의 진화

이차크 벤토프
류시화 · 이상무 옮김

정신세계사

지은이 **이차크 벤토프** Itzhak Bentov는 1923년 체코슬로바키아에서 태어났다. 2차대전 중에 이스라엘로 이주했으며, 1954년에 미국으로 건너가 산업체의 고문으로 일했다. 뒤에 생체공학 전문가가 되어 1979년 세상을 떠날 때까지, 의식의 변화가 생체에 미치는 영향을 연구하는 데 몰두했다.

옮긴이 **류시화**는 시인으로, 경희대학교 국문과를 졸업하였으며 인간 의식 탐구와 영적 진화에 관련된 많은 책들을 번역해 왔다. 시집으로 《그대가 곁에 있어도 나는 그대가 그립다》가 있으며, 옮긴 책으로는 《또다른 여인이 나를 낳으리라》《성자가 된 청소부》《성서 속의 붓다》《크리슈나무르티》《현대물리학이 발견한 창조주》《돈 후앙의 가르침》《소울 메이트》 등이 있다.

옮긴이 **이상무**는 서울대학교 공과대학 조선공학과와 한국과학기술원 기계공학과를 졸업하였으며 현재 한국기계연구소 대전선박분소 해양공학실 연구원으로 재직하고 있다. 정신 현상과 과학의 만남이라는 주제에 대한 탐구를 계속해 오고 있다.

정신과학총서 · 1

宇宙心과 정신물리학
Stalking the Wild Pendulum, New York : Bantam Books, 1981

이차크 벤토프 짓고, 류시화 · 이상무 옮긴 것을 정신세계사 정주득이 1987년 9월 21일 처음 펴내다. 정신세계사의 등록일자는 1978년 4월 25일(제1-100호), 주소는 03965 서울시 마포구 성산로4길 6 2층, 전화는 02-733-3134(대표전화), 팩스는 02-733-3144, 홈페이지는 www.mindbook.co.kr, 인터넷 카페는 cafe.naver.com/mindbooky이다.

2024년 6월 19일 박음(초판 제24쇄)

ISBN 978-89-357-0016-5 03420

宇宙心과 정신물리학

〈정신과학 총서〉를 발간하며

가장 깨어 있고, 열려 있는 정신의 소유자들이 쓴 책을 펴내는 것이 〈정신과학 총서〉의 목적이다. 〈정신과학 총서〉는 동양과 서양의 만남, 물질문명과 정신문명의 올바른 결합, 과학과 종교의 합일을 추구하는 사람들의 생산적인 지적 모험과 새로운 탐구정신을 담아 낼 것이다.

이제까지 상반된 길을 걸어 왔던 동양과 서양의 만남이 급속도로 이루어지고 있다. '마음'의 세계로 대표되던 동양의 정신과 '물질'로 대표되던 서양의 과학이 서로 만나 오랫동안 헤어져 있던 아쉬움과 반가움을 나누고 있다. 눈에 보이지 않는 세계와 보이는 세계가 만나고, 초월적 직관의 세계와 과학적 이성의 세계가 서로 통하는 시점에 이르렀다. 그래서 이제는 선사(禪師)의 선문답을 물리학자가 이해하고, 물리학자의 골치아픈 설명을 선사가 이해하게 되었다고 해도 지나친 말이 아니다.

〈정신과학 총서〉가 추구하는 '과학'은 고지식하고 폐쇄적인 실험실의 학문을 뛰어넘어 모든 사람의 의식을 새로운 차원으로 인도하는 과학, 조각난 인식의 파편들을 모으고 엮어 전체적인 모습을 회복시키는 과학이다.

세계관 사이의 오랜 분열이 극복되고, 자연과 문명의 조화로운 공존이 모색되고 있는 오늘날 우리는 자기중심적이고 이원론적인 세계관에서 벗어나 모든 존재와 생명이 한 울타리 안에서 긴밀하게 연결되어 있다는 전체적이고 통일적인 세계관 쪽으로 눈을 돌리지 않으면 안 된다. 〈정신과학 총서〉는 부분이 아닌 '전체'를 모색하는 창조적인 논의들, 특히 그러한 우주상을 정립하려는 체계적이고 심도 있는 이론들을 광범위하게 정리해 나갈 것이다. 독자들 각자의 정신 속에 헌 하늘과 헌 땅이 거두어지고 새로운 하늘과 새로운 땅이 모습을 드러내는 데 큰 역할을 하리라고 믿는다.

읽기 전에

　정신 현상, 영적 추구에 대한 관심도가 전세계적으로 늘어나고 있는 가운데 이땅에서도 여러 영적 스승들의 가르침을 담은 책들이 상당수 소개되었다. 아울러 서구에서는 동양사상과 현대물리학의 만남을 설명하는 책들이 계속해서 출판되어 많은 독자들에게 읽혀졌다. 그러한 책들의 특징은 다소 들뜨고 흥분한 어조로 도(道)의 물리학을 설명하면서 동양의 고전들, 이를테면 《우파니샤드》나 《바가바드 기타》를 위시한 힌두교의 경전들과 태극, 주역(周易) 및 노장철학(老莊哲學)의 문헌들에서 해당 내용을 인용하고 있다는 점이다.

　흔히 음양의 합일로 표현되는 동서양의 만남은 어제 오늘의 일이 아니라 어찌보면 신지학회(神智學會)의 거성 마담 블라바츠키(Madame H. P. Blavatsky)가 인도와 티벳 등지의 비법들을 섭렵하여 서양으로 건너간 19세기 중엽부터 시작되었다고 볼 수 있다. 아니면 아득히 더 거슬러올라가 알렉산더의 동방원정에서 이미 동서양 만남의 충격이 이루어졌다고도 할 수 있다. 알렉산더 대왕이 인도를 점령한 뒤 황제로 임명한 밀란다 왕과 인도의 승려 나가세나 비구는 각자 자신들의 신하와 제자들을 이끌고 산봉우리로 올라가 일대 대결을 벌인다. 내용은 유(有)와 무(無)의 대결이라고 요약할 수 있으며, 대화는 밀란다 왕이 나가세나 비구의 가르침에 깊이 귀를 기울이는 쪽으로 승부가 난다.

　전쟁에서는 서양이 승리했지만, 정신의 깊이에 있어서는 언제나 참패한다는 것은 동양계 인디언과 미국인의 대결에서도 드러나 영화의 공통된 주제로 사용되기까지 한다. 서양은 자연을 정복하지만 동양은 자연에게서 배운다. 서양은 지구 밖으로 떠나거나 고배율 망원경을 동원해야 우주를 이해하지만 동양은 자기 손바닥의

손금으로도 우주를 이해한다고 말한다. 한쪽에서는 잎사귀를 일일이 해부한 뒤에야 잎사귀의 신비한 구조를 이해하지만, 한쪽에서는 바람에 나부끼는 잎사귀를 보는 것만으로도 고개를 끄덕거린다.

이러한 두 세계가 만날 때 결과는 두 가지 방향으로 나타난다. 한쪽의 일방적인 요구와 파괴가 아니면 완성과 종합이다. 지금까지는 자기주장과 파괴에 가까왔다고 하는 편이 옳다. 문제는 우리가 자신의 것을 깊이 이해하고 그 가치를 깨달을 때, 될 수 있으면 저쪽의 망원경이나 현미경을 동원해서라도 우리 자신의 것을 설명할 수 있을 때 완성과 종합이 찾아온다는 점이다.

현대과학(특히 물리학)이 해명하는 우주의 본질과 소위 수천년의 역사를 가진 동양의 직관적인 지혜가 현시대에 이르러 맞아떨어진다고 해서 과학의 끝장을 의미하지는 않는다. 또한 서구의 과학이 동양의 지혜에 비해 몇천년 뒤떨어졌다는 것도 아니다. 그러한 결론은 자칫 폐쇄적이고 자기우월적인 함정에 빠지기 쉽다. 우리는 그 둘이 음과 양처럼 근사할 정도로 상호보완적이라는 사실을 인정해야 한다.

상호보완적이라는 말은 공통분모를 형성하면서도 서로에게 부족한 점을 메꾸어준다는 뜻이다. 그러나 어떻게 보면 그동안 서양의 과학과 동양의 지혜 사이에는 공통분모란 없는 듯이 보여왔다. 서양의 과학은 눈에 보이는 현상, 물질계의 법칙에만 관심을 쏟은 나머지 정신적인 현상, 인간의 의식(意識)이 개입될 여지를 〈주관적〉이라는 평가 아래 아예 무시해버렸다. 〈객관적〉인 것만이 그들의 〈유일신〉이었다. 이 얘기는 곧 〈주관적인〉 세계가 주를 이루는 동양사상은 〈우상숭배〉처럼 여겨졌다는 것이다.

그래서 그러한 교육을 받아온 우리들 역시 남의 〈주관적인〉 체험은 오로지 미신이고 환상이고 〈뜬구름잡는〉 이야기로만 업신여겼다. 서구의 과학으로 입증되지 않은 것은 〈실재(實在)하는 것〉이 아니고, 과학으로 입증된 것은 실로 누구나 우러러보고 꼼짝못할 것으로 여겨온 것이 사실이다. 그래서 흔히들 어떤 것의 타당성을 주장할 때 우리는 그것이 〈대단히 과학적!〉임을 증명하느라 온갖 수치와 도표를 동원해왔다.

그런데 사정이 달라졌다. 지극히 주관적이고 비과학적인 세계를 저쪽 서양의 과학자들이 인정하기 시작한 것이다. 비단 과학자들이 아니더라도 서양인들은 동양의 지혜, 동양적인 세계관, 동양적인 예언 등에 매혹된 듯이 보인다. 해마다 동양적인 명상과 문헌과 풍물을 찾는 인구가 늘어나고 있다. 그 여파로 우리는 다시 들뜨기 시작해서, 불교의 공(空)과 마야(환상)와 우리의 태극(太極) 사상이 과학적으로 입증되고 있는 것에 대단한 자부심을 갖게 된 듯하다.

반면에 대대로 동양물을 먹고 살아온 우리는 어떠한가? 과연 저들이 그렇게 매혹되는 동양적인 지혜가 우리에게 남아 있는가? 문화의 교류가 시작된 이후 우리는 어쩌면 어설픈 과학 지식에만 점수를 준 나머지 직관이나 통찰력을 많이 잃어버렸는지도 모른다. 그러면서 우리의 정신적이고 영적인 환상들은 그것들이 과학적이지 않다는 이유 때문에, 실제로는 과학적이지 않은 게 아니라 과학이 아직 거기까지 미치지 못한 것인데도 불구하고 마구 천대를 받았다. 다들 그렇게 하는 것이 합리적이고 이성적인 행동이라고 생각했다. 사정은 현재에도 그다지 달라지지 않았다. 아직까지도 과학은 우리에게 있어서 강력한 〈신(神)〉이다. 우리는 좀체로 과학 너머의 세계를 바라보려 하지 않는다.

　이 책은 간단히 말하면 과학으로 설명한 정신 현상이다. 아니면 과감히 과학 너머의 세계를 바라보는 한 과학자가 깨달은 우주의 법칙, 새로운 우주 모형에 관한 학설이라고 할 수 있다. 좀더 전문적으로 말하면, 물질계와 정신계 양 차원을 포함하는 통합정신물리학(統合精神物理學) 방면의 책이라고도 할 수 있다.

　그렇다고 해서 저자는 섣불리 동양사상의 영역으로 뛰어들어 두 세계의 종합을 꾀하지는 않는다. 실제로 동양사상에 관한 이야기는 티벳 승려의 말을 인용한 귀절 한 군데 외에는 전혀 언급조차 없다. 그렇지만 책을 읽어가노라면 우리는 마치 이 책이 동양의 한 현자가 과학적인 언어를 빌어 자신의 가르침을 펴 나가는 듯한 착각에 빠질 때가 있다.

　따라서 이 책은 〈은밀히〉 읽을 필요가 있다. 물리학 책을 은밀히 읽는다는 것은 우습긴 하지만 말이다! 은밀히, 될수록 자기 방에 숨어서 은밀히 읽어 나가다보면 우리는 이 책을 통해 단순한 지식의 습득이 아니라 세계관의 변화 내지는 자기 존재에 대한 시각의 변화를 체험하게 될 것이다. 정신적인 변화란 눈을 뜬다는 뜻이다. 무지(無知)에서 눈을 뜨는 것일 수도 있고, 선입견과 편견에서 눈을 뜨는 것일 수도 있다. 이 책을 통해 우리가 잊고 있던, 혹은 책을 통해 읽어온 동양의 통찰과 한 서양 과학자의 통찰을 비교해 보면 놀라운 유사성과 함께, 우리가 눈을 뜨는 데 많은 도움이 되리라 믿는다.

　이 책에서는 그동안 물리학에서 터부시해온 정신현상, 이를테면 창조주에 관한 몇가지 고찰, 우주창조과정 · 윤회설 · 심령현상 · 텔레파시 · 천리안 등에 관한 문제를 다루고 있다. 또한 우주심(宇宙

心)·우주의식·자연정령(自然精靈)·쿤달리니와 차크라 현상·명상과 요가와 호흡수련의 효과 등에 대한 설명이 물리학적인 바탕 위에 상세하게 설명되어 있다. 그리고 무엇보다도 그동안 논란의 대상이 되거나 아예 무시당해온 물질계 밖의 다른 차원들, 이를테면 아스트랄계와 멘탈계·영계·절대계 등을 포함하는 새로운 우주 모형이 이 책 전반의 토대를 이루고 있다.

그러나 이 책의 가치를 한마디로 말한다면, 우리에게 우주와 생명 자체에 대한 새로운 시각과 〈전체〉적인 존재관을 설득력 있게 요구한다는 점이다. 각 생명체의 활동은 아무리 작은 것이라도 우주 전체에 중대한 영향을 미치며, 심지어 머리 속의 생각까지도 다른 생명체에 영향을 준다는 인식을 심어주고 있다. 우리가 독립된 별개의 존재들이 아니라 원자에서 은하계까지 한 조직체를 구성하고 있는 상호 연결된 구성원들이며, 각 구성원들의 〈간섭현상〉에 의해서 삼라만상이 꾸려져 나가고 있음을 이 책은 보여주고 있다.

모든 존재가 본질에 있어서는 다른 존재들의 결합이라는 관점은, 불교의 화엄경(華嚴經)에서 은유적으로 표현하고 있는 인드라(In-dra)의 진주 그물에 잘 나타나 있다. 「인드라의 하늘에는 하나만 봐도 나머지 전체 보석의 영상이 모두 보이게 되어 있는 진주 그물이 있나니, 이것은 세계 속의 어떤 물체라도 그 자체로써 독립적으로 이루어진 것이 아니라 나머지 모든 물체들과 연관되어 있으며, 그 물체가 곧 다른 모든 물체임을 뜻한다.」 물론 이러한 관점은 비단 화엄경뿐만 아니라 우리의 천부경(天符經)이나 한단고기(桓檀古記)를 비롯 노자·장자를 위시한 동양의 지혜 속에는 얼마든지 있다.

　그런 의미에서 이 책은 미지의 세계에 뛰어들기를 즐거워하는 모험적인 과학도뿐만 아니라 영적인 추구를 하는 모든 이들에게 일독을 권할 만한 책이다. 책은 어디까지나 책이지만, 그래도 훌륭한 책은 무작정 구세주 행세만 하는 스승들보다는 훨씬 낫지.

　흔히들 〈골치아프다〉는 형용사로 대표되는, 물리학이나 과학적인 도표와 설명에 익숙치 않은 독자제현들은 이 책을 대충 훑어보고는 〈어려운 책〉이라고 여기고 손에서 도로 놓을 것이다. 하지만 저자 스스로도 말하다시피 이 책은 엄밀히 말해 과학책이 아니며, 본문에 나오는 도표나 설명 역시 독자의 이해를 돕기 위해 저자가 일일이 연필에 침을 묻혀가며 그린 것이다. 따라서 물리학적인 기본 설명이 되어 있는 앞의 1장과 2장 정도만 참고 읽을 끈기가 있는 독자는 그 다음부터 펼쳐지는 멋지고 흥미진진한 세계로 여행해 들어갈 수 있다. 고등학교 정도의 과학 지식을 갖춘 사람이면 너끈히 이 책을 독파하고 이해할 수 있으리라 자신한다.

　저자 역시 수학을 무척이나 싫어하던 직관이 발달한 인물로, 정규적인 교육을 전혀 받지 못한 사람이다. 그는 명상과 직관과 상상력에 의지하여 자신이 품고 있는 우주와 인간에 대한 의문을 풀어나갔다. 사실 발표 당시 전세계에서 열명도 이해하지 못한 일반상대성이론(一般相對性理論)을 내놓은 알버트 아인슈타인 역시 지식보다 상상력이 훨씬 중요함을 역설했었다. 하지만 저자의 뛰어난 점은, 자신이 싫어하는 분야를 그냥 멀리한 것이 아니라 그것의 편리성을 인정하고 그것을 훌륭한 도구로 이용할 줄 안다는 점에 있다. 그러한 미덕이 있었기에 저자는 자기완성을 이룩할 수 있었고, 우리는 이 훌륭한 책을 접할 수 있게 된 것이다. 그리고 자기완성을 이룩한 사람답게 저자의 풍부한 유머, 넉넉한 정신적인 여유, 아울러 예리한 관찰을 책 곳곳에서 발견할 수 있다.

여기서 두 사람의 번역자가 이 책을 공역하게 된 과정을 밝히는 것이 좋을 듯하다.

본인과 함께 번역에 힘써준 이상무씨는 서울대학교 공과대학 조선공학과와 한국과학기술원 기계공학과를 졸업하고 현재 충남 대전 대덕연구단지의 한국기계연구소에서 연구원으로 일하고 있다. 과학도의 길을 걸으면서도 그는 정신적인 추구를 게을리하지 않아 수년간 명상에 몰입할 정도로 어떻게 보면 대립된 두 세계인 과학과 정신을 동시에 탐구하고 있다. 그리하여 그는 실제로는 과학과 정신이 대립적인 세계가 아니고 합일적(合一的)인 세계라는 사실을 몸소 체험하고 있다.

아울러 서울대학교 공과대학 조선공학과를 졸업하고 현재 조선설계 계통에서 활약하고 있는 송호봉씨도 이 책을 번역하는 데 많은 기여를 했다. 그 역시 오랜 명상 체험을 거친 사람으로, 이 책이 나오도록 처음부터 끝까지 함께 토론하고 번역에 참여했다.

그리고 본인 류시화는 국문학을 전공하고 처음에 시를 쓰다가 어떻게 해서 인간 인식의 진화와 영적 추구에 관심을 갖게 되었다. 그동안 현대의 정신적 스승인 B. S. 라즈니쉬와 J. 크리슈나무르티의 가르침을 번역 소개했고, 아울러 예술·인류학·선불교(禪佛教) 등에 관련된 새로운 정보들을 번역하는 한편 한국사상을 비롯 동양의 지혜를 공부했다. 그런 과정중에 만나게 된 것이 바로 이 책이다. 이 책은 본인에게 새로운 지평을 열어주었으며, 앞으로 누군가는 꼭 소개해야 할 더욱 새롭고 중요한 분야들로 본인을 인도해 주었다. 사실 본인의 영적 추구에 많은 시간을 단축시켜준 책이다.

우리가 어떤 길을 걷든 같은 목적지에 도달한다는 것은 참으로 신비로운 일이다. 이런 이야기가 있다. 마을사람들이 어느날 밤 한 장소에 모여 종교와 신에 관한 열렬한 토론을 벌였다. 결론이 나지 않자 대화 도중 내내 침묵을 지키고 있던 농부 하나가 이렇게 말했다. 「우리가 목화솜을 따서 산 너머 도시로 팔러 가면 그곳의 상인들은 우리가 어떤 길을 통해 산을 넘어왔는가를 묻지 않고, 목화솜의 질을 따질 뿐입니다.」

　우리 두 역자는 애초부터 함께 이 책의 공역(共譯)을 시작한 것이 아니다. 제각기 공부해 나가는 과정중에 이 책을 발견하여 그 가치를 깨닫고 우연히 각자 번역에 들어가게 되었다. 그러다가 번역이 다 끝나 서로 다른 출판사에서 출판하기 직전에 우리 두 사람은 번역이 중복된 사실을 알게 되었다. 우리는 한권의 책을 양쪽 출판사에서 동시에 출간하기보다는 이 책을 통해 서로가 터득한 지식을 합쳐 공역 출판하기로 동의했다. 그래서 다시 시일을 두고 두 원고를 대조하면서 새로운 번역 원고를 만들었다.
　이것은 우리에게는 큰 기쁨이었다. 처음 번역에서 놓친 부분들, 잘못 해석한 부분들, 슬쩍 무시하고 지나간 부분들을 서로의 원고 대조에서 발견할 때면 슬며시 웃음이 나오기도 했다. 두 원고를 대조해보니 내용상의 큰 차이는 없었으나, 아무래도 전문분야에 가까운 이상무씨의 번역이 한결 뛰어났음을 밝힌다.
　처음에 이 책을 읽고 그렇게 기뻐 환호하던 감격을 많은 이들과 함께 나누고 싶다는 일념으로 감히 생소하고 전문적인 분야를 번역에 착수했다. 본인은 둘째치고 더 많은 노력과 성실을 기울인 이상무씨는 3년 동안이나 이 책을 붙들고 노심초사했다. 솔직히 고백하건대, 이 어려운 책을 번역하는 데 있어서 많은 도움이 된 것은 우리가 가진 알량한 지식보다는 직관적인 통찰력이었다. 그것은 저자 역시 이 책을 주로 직관력과 통찰력을 통해 썼다는 것과 일맥상통하는 일이다.

덧붙여 한 가지 더 고백할 것은, 지난 1979년에 저자 이차크 벤토프(Itzhak Bentov)는 57세를 일기로 타계했지만, 현재 물질계(物質界)가 아닌 다른 차원에 존재하는 그가 우리의 번역에 상당한 〈협력〉을 했다는 점이다. 단어 하나, 문장 한줄마다에서 우리는 보이지 않는 존재, 육성으로는 들리지 않는 목소리의 〈협력〉을 받았다. 그러면서 새삼 존재가 불멸불사이며, 단지 차원과 형태를 바꾸어가며 진화 윤회해갈 뿐이고, 아울러 우주와 자연계 속의 모든 존재는 〈협력자〉가 되어 서로를 돕는다는 사실을 우리는 깨달았다. 본문에서도 말하다시피 그 협력자들의 〈간섭현상(干涉現象)〉이 없었더라면 이 책의 번역은 불가능했으리라.

원서로는 Bantam사에서 1981년에 출판한 《Stalking the Wild Pendulum》—부제(副題) 《On the Mechanics of Consciousness》를 사용했다. 이 책을 맨 먼저 본인에게 소개해주신 수유리 이병기 선생께 감사드린다. 그분이 아니었다면 본인은 이런 세계에 아직까지 눈뜨지 못했을 것이다. 그리고 비평과 교정을 아끼지 않은 이, 제작에 많은 공을 들인 이, 아울러 우리 모두에게 빛과 생명을 주는 더 〈크신 이〉에게 감사를 드린다. 우리가 한 작업이 본문에 설명된 우주의 〈정보 저장소〉에 기록될 것을 생각하면 좀더 나은 번역을 하지 못한 것이 아무래도 나중에 문책을 받을 것 같아서 〈께름직〉하다. 마땅히 독자들로부터 훌륭한 가르침이 있어야 할 것이다.

즐겁게 읽어주길 바란다.

1987년 9월 서울 가회동에서
역자 류 시 화

• 차례

제1장 소리 · 파동 · 진동/41

제2장 초현미경을 통한 관찰/77

제3장 활동과 정지의 모르스 부호/91

宇宙心과 정신물리학

감사의 말

이 책을 쓰면서 나는 내 생각을 철저히 확인하기 위하여 여러 사람들과 토론을 거듭했는데, 대부분이 각 전공분야의 전문가로 손꼽히는 과학자들이었다. 그렇다고 해서 그 과학자들 모두가 이 책에 쓰여 있는 내용에 동의한다는 뜻은 물론 아니다.

먼저 템플 대학의 마엘 멜빈(Mael Melvin) 교수에게 감사드린다. 그는 곳에 따라 어색한 나의 물리학적 지식을 보충시켜주었으며, 원고 전체를 일일이 검토해주었다.

스탠포드 대학 소재과학과(素材科學科)의 윌리엄 틸러(William A. Tiller) 교수께도 감사드린다. 이분께서는 장기간 나와 함께 우주의 본질을 토론하였고, 또 이 책의 서문까지 써주셨다. 그리고 양자(量子) 이전의 상태에 대하여 함께 토론을 해준 미네소타 대학의 물리학자 톰 에터(Tom Etter)에게도 감사드린다.

책을 쓰도록 끝까지 격려해준 모든 친구들에게 감사한다. 책을 통해 처음으로 나의 생각을 대중에게 전하도록 자리를 마련해준 의학박사 리 사넬라(Lee Sannella)를 비롯해서 이 작업에 공동으로 참여해준 친구들, 리차드 잉그라치(Richard Ingrasci), 에디 호벤(Eddie Hauben), 빌 히키(Bill Hicky)와 톰 히키(Tom Hickey), 그리고 일이 진행되도록 끊임없이 〈간섭현상(干涉現像)〉을 일으켜준 나머지 모든 친구들에게도 고마움을 전한다.

화이트우드 스탬프의 나의 친구들, 제시카 립내크(Jessica Lipnack), 톰 니켈(Tom Nickel), 제프 스탬프스(Jeff Stamps), 그리고 프랭크 화이트(Frank White)에게도 감사한다. 절대(絶對)와 상대(相對)를 알고 있는 이들 모두는 첫 원고에 열렬히 비평을 해주었다.

　이 책에 등장하는 측정과 실험에 필요한 전자기구들을 설계하고 직접 만들어주기도 한 전자 분야의 마술사 폴 나르델라(Paul Nardella)에게 감사한다. 그리고 부록의 의학 분야에서 도움을 준 의학박사 데이비드 도너(David Doner)에게 지면으로나마 감사를 전한다.

　또한 나의 의견에 대한 비평을 청취할 수 있도록 과학자들의 모임과 연결시켜준 태리타운 연구회 회장 로버트 슈바르츠(Robert L. Schwarts)에게 감사드린다.

　마지막으로 원고를 교정하고, 비평하고, 타자를 쳐준 아내 미르탈라에게 감사한다.

1976년 11월　매사추세츠의 웨일랜드에서

이차크 벤토프

　*이 책에 나오는 그림들은 대부분이 저자가 그린 것이고, 그중 보기가 좋은 그림은 미시간의 릭 흄스키(Rick Humesky)의 손을 빌었다.

소개의 글

　여러 사람에게 벤(Ben)으로 알려진 나의 훌륭한 친구 이차크 벤토프가 쓴 첫번째 책에 서문을 쓰게 되어 말할 수 없이 기쁘다.

　벤은 공식적인 교육을 받지 못한 사람이다. 그는 다양한 용도로 이용되는 자신의 지하 실험실에 앉아, 늘 복잡한 기술적인 문제를 갖고서 간단하고 실용적인 해결책을 찾느라 진땀빼기를 좋아한다. 현재는 대부분의 시간을 새로운 의료기구 개발에 쏟고 있다. 이 신 개발품이 그의 생계 유지 수단이기도 하지만, 어쨌든 그의 특별한 창조 능력을 절실히 필요로 하는 전문화된 현대산업에서 그는 충분한 역할을 해내고 있다.

　어느날 그의 집을 방문했다가 나는 값비싼 기술 과학 서적들이 즐비한 책장에서 분홍빛 책갈피에 《위니 더 푸우(Winnie The Pooh)》*라는 제목의 작은 책이 어렵고 전문적인 제목들이 붙은 두꺼운 책들 사이에 숨겨져 있는 것을 발견한 적이 있다. 이것만으로도 이 책 전반에 흐르는 벤의 별난 스타일을 이해하는 데 도움이 될 것이다.

　직관력이 뛰어난 그는 지난 십여년간 명상(瞑想) 수련을 했으며, 이 명상을 통해 그는 인격적인 완성과 내면의 고요를 얻었다. 그리고 이 과정을 통해 그는 우주 안의 소우주(小宇宙)와 대우주(大宇宙)로 여행할 것을 계획하게 되었다.

　이 모든 경험의 결과로 작고 아름다운 이 책이 탄생했다. 나이에 상관없이 자신의 영적 깨달음을 추구하고 의식(意識)의 성장을 원

---

* A. A. Milen의 고전 동화. 우리나라에도 《푸우 곰 이야기》라는 제목으로 번역되어 있음. 후속 작품으로 〈푸우 곰 이야기〉를 소재로 동양의 도가사상을 설명한 Benjamin Hoff의 《푸우의 도(道)》가 있다. (역주)

하는 모든 이들에게 이 책은 정말 멋지고, 읽기 쉽고, 충분히 관심을 쏟을 가치가 있는 책이다. 이 책은 또한 미래의 과학을 발달시키는 데 매우 중요한 하나의 모델이다.

오늘날의 과학은 현재의 세계관(世界觀)만을 고집하다보니 시대에 뒤떨어졌으며, 이제는 별로 쓸모없는 존재론을 고집하고 있다. 이 때문에 인류의 성장이 방해받기 시작했으며, 전문성과 세분성, 물질주의, 또 콤퓨터와 같은 기계적인 기능만을 강조하다보니 인류는 스스로 전멸할 위험에 직면하였다.

물질적이고 과학적인 지식을 통해 얻어진 개인의 능력에 자만한 나머지 이기적인 생각들이 팽배해짐으로써 전체감(全體感)이나 목적성이 상실되어 버렸다. 지금 우리에게는 〈전체〉로 되돌아가는 길을 찾는 일이 절실히 필요하다.

양적이고 물질적인 현시대의 과학은 그동안 인류의 발전에 매우 중요한 역할을 했다. 비록 유물론적이긴 하지만 누구나 분명하게 알 수 있는 길을 통해 우리는 자연에 대한 일정한 이론들을 정립하고 검사하는 법을 배웠으며, 아울러 다른 사람이 재현(再現)할 수 있는 의미있는 실험을 하는 방법도 배웠다.
하지만 우리는 이 한가지 길에만 너무 집착한 나머지 유연성을 상실하여, 자연의 신비에 접근하는 다른 많은 가능한 길이 있음을 깨닫지 못하게 되었다.

우리는 소위 이러한 〈과학적 방법〉이 과거의 모든 실험에서 매우 효과적이었다는 이유 하나만으로, 실험에 대해서는 냉정하고 객관적이어야 한다고 생각하게 되었다. 하지만 과학적 방법은 실제로 그들이 주장하는 대로 〈누구든지 어느 장소에서나 다시 그 실험을 재현할 수 있도록 필요충분한 전말서(前末書)〉를 제시해야 한다. 만일 어떤 실험이 적극적이든 소극적이든, 혹은 그 중간 상태이든 정신과 감정의 심리 상태 등을 요구한다면 마땅히 그러한 요구도 충족시켜야 한다.

앞으로 우리가 해야 할 실험에서는 순수하게 물리적인 면만을 추구해서는 안된다. 물리 법칙이 작용하는 가장 기본되는 토대에 인간의 의식과 의도가 영향을 주기 때문에, 심리 상태를 양적으로 측정하여 분명하게 정의 내리고 실험에 포함시키는 일이 필요하다.

존재를 어떻게 정의내리든간에, 우리의 물질 과학은 반드시 존재 그 자체만을 다루는 것은 아니다. 그보다는 보편적인 경험의 기반을 설명하기 위해 그저 일련의 일관성 있는 관계들만을 양산해냈다. 물론 이때의 경험이라고 하는 것은, 우리의 육체적인 감각과 지각 능력에 의해 결정되는 것들이다.

우리는 그동안 결과적으로 질량·전하(電荷)·시간·공간 등의 일련의 정의(正義)에 바탕을 둔 수학적인 법칙들을 다량 개발하였다. 이것들의 실체가 무엇인지 모르지만, 우리는 그것들이 어떤 불변의 속성을 지니고 있다고 정의내려왔으며, 이것을 대들보 삼아 그 위에 〈지식〉이라는 건축물을 지어놓았다. 이 건축물은 대들보가 흔들리지 않는 한 안전할 것이다.

그러나 이제, 인간 존재의 어떤 속성이 이 대들보를 바꾸든가 아니면 새로운 모양으로 변화시키려고 하는 시점에 와 있다. 다시 말해 인간 진화의 새로운 시기에 접어든 것이다. 따라서 우리가 그동안 세워놓은 법칙이나 고정된 관계들이 바뀌어져야 한다.

　그렇다고 과거의 법칙이 모두 틀렸으니 휴지통에 던져버려야 한다는 뜻은 아니다. 빛에 가까운 속도로 움직이는 물체를 관측하기 위해서는 기준좌표(基準座標)를 설정할 때 중력의 법칙을 수정해야 한다는 것을 아인슈타인이 증명했다고 해서 뉴턴이 틀렸다는 이야기가 아니듯이 말이다.

　이 시대에 와서, 우리는 자연계를 관찰하기 위한 기준좌표를 설정할 때 인간의 의식 상태를 적용시키기 시작하고 있다. 그리고 이처럼 경험을 통한 인식이 널리 퍼져서 하나의 공통된 경험 기반을 이룩하게 되면, 과거의 법칙들은 새로운 경험에 합당하도록 수정될 필요가 있을 것이다. 이 과정을 통해 인간이 인간 자신을 보는 시각과 우주를 보는 시각, 그리고 인간과 우주의 상호관계를 보는 시각이 커다란 변화를 일으킬 것이다.

　그동안 인류에게 새로운 〈인간상〉을 심어주기 위해 몇몇 작은 출발들이 이루어졌다. 이 새로운 인간상은 인간의 전체성, 그리고 주변 사물과의 밀접한 관계를 강조한다.
　순수한 물리적인 차원을 초월한, 우주의 다양하고 미묘한 차원에서는 모든 것이 모든 것과 상호작용을 하는 듯이 보인다. 이 차원들 속으로 점점 깊이 들어갈수록 우리는 더욱더 우리가 〈하나〉라는 사실을 깨닫게 된다.
　이 책은 그러한 사실을 간단하고 분명하게 보여주기 때문에 일종의 커다란 도약이라고 할 수 있으며, 그런 점에서 미래의 발전을 이해하는 데 크게 기여하고 있다.

1976년 8월 18일
윌리엄 A. 틸러

머 리 말

　이 책은 지난 일정 기간 동안 집안에서 나의 친구들과 가졌던 토론의 결과로 생겨난 것이다. 토론이 거듭될수록 점점 새로운 주제들이 첨가되면서 내용이 더욱 충실해졌다.

　마침내 내 친구들은 이러한 생각들을 많은 사람들에게 발표해야 한다고 느꼈다. 결국 나는 선의의 뜻에서 나를 성가시게 구는 친구들의 뜻에 따라 이 생각들 가운데 몇가지를 종이에 옮겨 적게 되었다.

　막상 글을 쓰려고 앉자 나는 과연 지금이 시기상으로 책을 쓰기에 적당한 때인지 회의가 생겼다. 지식을 쌓는 일은 끝없이 진행되는 과정이기에, 어느 순간에 가서 이렇게 말하기는 어려운 일이다.

　「여기서 중단하고 지금까지 쌓아온 지식을 글로 쓰자.」

　내가 현재의 무지 상태에도 불구하고 이 글을 쓰기로 결정한 것은 단순히 주위의 성화 때문이다. 만일 이삼년 뒤에 이 책을 썼다면 나는 많은 것들을 더 잘 설명하고 새로운 생각들도 더 많이 첨가시킬 수 있었을 것이 확실하다.

　하지만 그때 가서도 나는 여전히 똑같은 상황에 직면할 것이다. 왜냐하면 지식이 쌓일수록 무지의 정도도 기하급수적으로 커지기 때문이다. 예를 들면, 새로운 정보(情報) 하나를 얻으면 그 정보에 따른 수많은 새로운 의문이 꼬리를 물고 따라온다. 적어도 하나의 새로운 정보마다 다섯에서 열 가지의 새로운 의문이 뒤따른다. 이 의문들은 정보가 축적되는 속도보다 훨씬 빠른 비율로 쌓여 올라간다. 그러므로 사람은 더 많이 알수록 모르는 것이 더 많아진다. 이것이 지금 이 책을 출판하려는 나의 결정을 어느 정도는 정당화시켜 줄 수 있으리라.

　따라서 나는 여기에 수록된 정보가 최종적인 진리라고는 주장하지 않는다. 다만 이 책을 통해 미래의 과학자들과 관심있는 사람들이 보다 많이 생각하고 사색하게 되기를 바랄 뿐이다.

이 책에 실린 지식의 대부분은 직관적인 통찰을 통해 얻어진 것들이다. 물론 합리적인 근거가 없는 것을 그런 식으로 정당화시키려는 것은 아니다. 하지만 우주의 〈모양〉과 그 창조 과정을 설명하려 들 때 합리적인 근거를 얻기란 매우 희박하다. 왜냐하면 아직 과학적 사실로 충분히 인정되지 못한 주제들을 다루는 것이기 때문이다. 이 책에서는 주로 개인의 직관이나 주관적인 체험의 안내를 받아가면서 이러한 주제들을 다루어 나갔다.

이 책은 모든 연령층의 〈젊은 사람〉을 위해 쓰여진 책이다. 여기서 젊다는 것은 표준식 교육과정에 의해 상상력이 고갈되어버리지 않은 사람을 말한다. 개미들이 굴을 파는 방식에, 뱀의 서늘하면서도 우아한 자태에, 또는 길가에 핀 한 송이 꽃의 아름다움에 아직도 경외감을 느낄 줄 아는 이들을 위해 이 책을 썼다.

그리고 이 책은 일시적인 애매모호한 상태를 너그러이 참을 줄 아는 사람, 변화를 쉽게 받아들일 줄 알며 아무도 손대지 않은 〈야생(野生)〉의 생각들을 다루기에 겁을 내지 않는 사람들을 위한 책이다. 변화를 싫어하는 사람들은 이 책에 금방 싫증을 느낄 것이다. 과학자들 중에는 이 책을 끝까지 읽는 사람이 거의 없을 것이다. 그러나 미래의 과학자들, 즉 20세기 말쯤 가서 최고봉을 이룰 미래의 과학자들의 생각 속에 몇 가지 중요한 개념들을 심어 주고, 그들의 사고 과정을 자극할 수 있게 되기를 나는 희망한다.

「우리의 존재는 과연 무엇인가?」에 대한 납득할 만한 해석을 사람들은 요구하고 있다. 나는 이 책에서 그러한 요구를 만족시켜줄 하나의 〈우주 모형〉을 만들어 보이고자 했다. 다시 말해, 우리 주변의 세계나 천문학자들에 의해 관측되는, 머나먼 우주 같은 물질적이고 관측 가능한 우주뿐만이 아니라, 다른 차원의 〈존재〉까지도 포함하는 신령한 우주 모형을 말한다.

보통 우리는 우리 존재를 구성하고 있는 감정적이고 정신적이고 직관적인 요소들은 존재로 취급하지 않는다. 나는 이 책에서 그러한 것들이 엄연한 실체라는 것을 납득시키고자 한다. 염력(念力, 마음의 힘으로 물건을 움직이는 일)이나 텔레파시, 유체이탈 현상, 투시 능력 등등의 불가사의한 현상들은 그것들을 지배하는 공통된 기본원리만 알면 모두 해명될 수 있다.

지금까지 이러한 주제들에 대한 논란이 자자했다. 대부분의 보통사람들과 대다수 과학자들은 그러한 현상이 존재한다는 것을 현재까지도 믿지 않는다. 텔레파시나 유체이탈의 가능성에 대해 또다시 논란을 벌이는 것보다, 나는 그러한 현상들 밑에 깔려 있는 메카니즘과 어떻게 그러한 현상들이 가능한가를 설명해 보이겠다. 내가 제시하는 설명이 합당한가 그렇지 않은가는 오로지 독자제현의 판단에 맡길 뿐이다.

먼저, 나는 앞에서 언급한 현상들의 밑바탕에 깔려 있는 공통된 원리가 〈변경된 의식 상태〉라는 것을 제시하고자 한다. 〈변경된 의식 상태〉에서는 정상적인 상태에서 경험하기 어려운 차원을 경험할 수 있다. 내가 말하는 〈정상적〉이라는 것은 보통 때의 깨어 있는 의식 상태를 의미한다.
나아가, 자기자신을 조절할 수 있는 사람은 체험이 가능하지만, 세상에는 수많은 차원의 의식과 세계가 존재한다. 나는 이러한 의식 차원들을 질서정연한 스펙트럼 속에 정리해 보일 것이다.
함께 모아 놓으면 이 모든 차원계는 나의 〈우주 모형〉 속에서 서로 상호 작용하는 거대한 홀로그램(입체영상)을 형성할 것이다.

우리들 대부분은 작은 문구멍을 통해 우주를 보는데, 이 문구멍으로는 끝이 없는 차원계의 스펙트럼 중에서 오직 한 가지 색깔, 또는 한개의 차원계밖에 보이지 않는다.

이 작은 문구멍을 통해 우주를 내다보면 세계가 하나의 연속적인 형태로만 보인다. 다시 말해 모든 사건이 시간의 연속선 위에서 일정한 순서로 이어지는 것 같다.

그러나 실제는 꼭 그렇지만은 않다.

나는 이 책에서 〈모형〉이라는 것을 사용하는데, 그 개념은 일반적으로 말해 하나의 이론적인 구조물(構造物)을 뜻한다. 이 이론 구조물 속에서는 지금까지 알려진 상당수의 사실들이 간결하고 산뜻하고 함축성 있는 꾸러미 속에 담겨져 있다.

좋은 모형이라면 그 구조물 속에 담긴 요소나 성분들의 행동을 미리 예측할 수가 있다. 이 점을 테스트해보면 그 모형이 가치있는 모형인지 아닌지를 판단할 수 있다.

또한 남의 발을 밟아 말다툼을 벌이지 않는 것이 좋은 것처럼, 현재에 받아들여지고 있는 물리학 법칙을 침해하지 않는 모형을 세우는 것이 바람직하다.

나는 내가 소개하는 모형이 이러한 요구 조건들을 만족시키고 있다고 믿는다. 비록 그것이 현재에 통용되는 지식 세계의 경계선에 위치하고는 있지만 말이다. 하지만 경계선을 살짝 뛰어넘는다고 해서 나쁠 것은 없다.

그러나 모형은 어디까지나 모형일 뿐이지 절대적인 진리는 아니다. 따라서 저 지평선에 새로운 정보가 모습을 나타내면 그 모형은 바뀌어야만 한다. 하나의 모형이 모든 현상을 설명하기에 충분치 못하면 새로운 모형을 만들어야 한다.

상대성이론에서는, 우리가 무엇을 관찰하든지 항상 남의 기준점과는 다른 자신의 기준점을 가지고 관찰한다는 점을 강조한다. 따라서 우리가 관찰하는 사건에 대해 쓸모있는 관측 결과를 얻기 위해서는 서로의 기준점을 반드시 비교해야만 한다.

양자이론(量子理論)에서는, 운동량과 위치 같은 것들은 동시에 정확하게 관측할 방법이 없다고 주장한다. 넓은 의미로 해석한다면 그것은 실험자의 의식이 실험 자체와 상호 작용하기 때문이라고 할 수 있다. 따라서 실험자의 태도가 실험 결과에도 영향을 줄수 있다는 것이 가능하다.

이제 이것은 심각한 문제가 되었다. 왜냐하면 의식이 무엇인가를 설명하지 못한다면 어떤 실험이든지 의문 속에 남을 것이기 때문이다. 따라서 문제는 이것이다. 「의식이란 무엇인가?」

이 책을 대충 훑어보면 과학적인 도표가 많이 나오기 때문에 독자들은 이 책이 기술서적이나 과학책이라는 인상을 받게 될 것이다. 그 점에 대해선 염려하지 않아도 된다. 나 자신이 약간 둔한 편이어서 옛날부터 수학은 영 자신이 없었다.

실제로 나는 학자 타입이 아닐뿐더러 학문적인 필치가 많이 모자라는 편이다. 불과 여섯살에 나는 위험인물로 지목되어 유치원에서 쫓겨날 정도였다. 그 이후로는 어떤 학교에서도 졸업장은커녕 정상적인 교육조차 제대로 받지 못했다. 그래서 다행히 내 마음은 아직 채워지지 않은 상태이고, 어려운 학문에 물들지도 않았다.

공통된 용어를 사용하기 위해 나는 과학에서의 몇가지 기본개념, 이를테면 소리나 빛의 파동의 성질, 나중엔 홀로그램(입체영상) 같은 것들을 사용해야만 했다. 이러한 성질들을 설명하면서 나는 가능한 한 소화하기 쉽고, 간단하게 하려고 노력했다.

나는 될수록 간단한 예들을 통해 자연계의 작용 법칙을 독자에게 설명해야 한다. 그리고 이 예들은 결론 개념을 이해시키기에 무리가 없고 완벽해야 한다. 따라서 앞의 4장까지만 다소 과학적인 설명이 뒤따르더라도 참고 읽어주기를 바란다. 그 다음부터는 내리막길이고 재미있을 것이다.

4장 이후부터는 다분히 말이 안되는 것들이다. 왜냐하면 천사조차도 건너뛰기 두려워하는 미지의 영역으로 뛰어들기 때문이다. (나는 천사들을 꽤 겁 많고 모험심 부족한 일당으로 간주한다.)

이 책의 목적은 다음과 같은 것을 보여주기 위한 데에 있다. 장난꾸러기 요정, 염력, ESP 현상(초감각적 지각 현상), 유령 현상, 텔레파시, 심령치료, 갑작스런 신비 체험 등등의 현상을 합리적으로 질서있게 체계화시켜 놓기만 하면, 우리는 그것들이 더 높은 차원의 의식 현상이라는 점을 발견하게 된다.

예를 들어, 나는 거센 반발을 완전히 무시하고 윤회설(輪回說)을 당연한 것으로 취급할 것이다. 여기에는 두 가지 이유가 있다.

첫째는 적당한 의식 차원에 오른 사람은 본인이 직접 윤회설이 사실이라는 것을 알게 된다는 단순한 이유 때문이고, 둘째는 외부와 단절된 조직체 내에서는 에너지가 소멸되지 않는다는 사실을 우리가 알고 있기 때문이다.

생명 현상의 주된 특징은, 생명은 〈아래로 내려가려는〉 사물들의 경향과 반대로 작용한다는 것이다. 다시 말해, 높은 질서를 갖추고 있는 하나의 조직체는 사용 가능한 에너지를 소모시키면서 무질서 상태로 내려가려는 일반적인 경향이 있다.(엔트로피 증가 법칙).

사람의 신체를 예로 들어 보자. 생명을 유지하기 위해서는 우리는 먹어야만 한다. 그렇다면 우리는 무엇을 먹는가? 우리는 동물이나 채소 또는 여러 가지 무기물(無機物) 식품을 먹는다. 그러면 이러한 것들은 어디서 오는가?

채소나 풀은 지구의 흙으로부터 무기물을 흡수하고, 그 무기물들 사이에 질서를 세우고, 그 다음에 그것들을 분자 속에 체계화시켜서 살아 있는 식물세포를 형성한다. 그런 세포들 중의 어떤 것은 우리의 소화기관으로 소화가 가능하고, 어떤 세포는 그렇지 않다. 인간과 초식동물은 식물을 먹어 더 복잡한 분자, 즉 동물성 단백질로 전환시킨다. 또 인간이나 그밖의 육식동물은 초식동물이 형성시켜 놓은 단백질을 곧바로 흡수하기도 한다.

우리의 신체를 똑같이 복사하는 데 필요한 정보를 담고 있는 염색체 속의 유전자는 극히 안정된 물질이다. 그 조직 내에서는 커다란 실수를 발견하기 어렵다. 즉 두개의 코를 가진 사람이나 다리가 세개인 사람은 거의 없다. 우리의 신체적인 특징은 아주 세부적인 사항까지 염색체 안에 잘 보관되어 있고, 그곳에선 매우 높은 질서와 안정성이 유지되고 있다.

이러한 사실은 생명이 임의의 무기물질을 흡수하여 매우 안정된 구조로 조직화시키고, 그 질서를 오랜 기간 동안 유지하는 방식을 보여준다(이것은 엔트로피 감소이다).

우리가 죽으면 어떤 일이 일어나는가? 조직화된 생명 에너지는 떠나가고 우리의 신체는 빠른 속도로 분해되기 시작한다. 우리의 귀중한 정보 전달 물질인 단백질은 3일 이내에 아주 고약한 냄새를 풍기는 물질로 분해된다. 시간이 지남에 따라 이 물질은 훨씬 더 단순한 물질로 분해된다. 그렇게 해서 우리는 대지에서 빌려온 물질들을 되돌려주는 것이다.

그러나 육체적인 신체 말고, 생명을 구성하는 또다른 성분이 있다. 우리는 살아 있는 동안 막대한 양의 정보를 쌓고 저장한다. 어렸을 때는 우리에게 일어나는 사건들이 무작위적이고 연결성이 없어 보이며, 단순히 어른들이 세계에서 떨어지는 것처럼 여겨진다. 성장함에 따라 우리는 사건들의 형태와 그것들의 원인을 알아차리기 시작한다. 간단히 말해, 사건들 사이에 질서와 체계를 세워놓는 것이다.

이렇게 질서를 잡고 체계화시키는 과정은, 생명력이 임의의 무기물질을 흡수하여 하나의 살아 있는 신체로 체계화시키는 과정과 비슷하다. 살아 있는 동안에 인간은 다양한 차원의 많은 정보를 체계화시킨다. 감정적인 정보가 형성되고, 정신적인 정보가 형성되고, 그밖의 많은 정보들이 형성된다.

이 정보 다발을 어떤 사람은 두뇌가 저장하고 있다고 주장하겠지만, 그것은 물질이 아니다. 물질이 아니라 그러한 정보로 이루어진 또다른 〈신체〉이다. 이 신체는 비물질적인 존재로, 그 속에는 우리의 인격적인 특징과 특성 등까지 포함해서 한평생 우리가 축적해온 모든 지식이 담겨있다. 이것이 바로 비물질적인 〈우리〉이다.

따라서 살아 있는 동안에 우리는 두개의 체계화된 조직체, 즉 하나는 물질적이고 또하나는 비물질적인 조직체와 관계한다. 그러다가 죽는 순간 물질적인 신체조직은 붕괴되어 다시 무질서 상태로 돌아간다.

그렇다면 비물질적인 에너지 조직체에도 똑같은 일이 일어날 것인가? 내가 앞으로 〈영체〉라고 부를 이 조직체는 정보의 구성자이고 처리자이다. 그리고 그 정보는 우리의 육체 바같에 저장된다. 나는 이 영체가 신체와는 독립적으로 존재한다고 주장한다. 즉 우리의 생각과 지식은 영구히 보존된다. 그것은 비물질적이며, 따라서 물질적인 신체가 죽었다고 해서 함께 붕괴되지는 않는다.

정보로 구성된 이 영적 신체는 결국에는 모든 인류에 의해 생산된 정보를 저장하는 커다란 정보 저장소에 흡수될 것이며, 나는 그것을 〈우주심(宇宙心)〉이라 부르겠다. 그러나 이러한 일은 매우 오랜 기간에 걸쳐 일어난다. 이러한 일이 일어나려면 수천년 또는 수백만년이 걸릴지도 모른다.

어쨌든 아무것도 소멸되지 않는다. 물질적인 신체는 대지에 다시 흡수되고, 정보체인 영체 역시 원래 그것이 나온 곳으로 돌아가 흡수된다. 조직화된 에너지는 절대로 소멸되지 않는다. 영체가 육체에 대해 독립적으로 존재한다는 사실을 보여주는 실험은 제 4장에 자세히 설명되어 있다.

결론적으로 말해서, 윤회의 개념을 받아들이기 어려운 사람에게는 이런 것을 제시하고 싶다. 즉 조직화된 정보 다발은 시간이 지나도 소멸되지 않으며, 반면에 육체는 영체가 거주하는 일시적인 그릇일 뿐이라는 점이다. 영체가 한동안 육체없이 존재해야 할 때가 있다. 즉 육체가 죽어 있는 동안이다. 이때에 영체는 육체를 통해서만 얻을 수 있는 정보가 더 필요하다고 판단이 서면 육체를 다시 얻어 그 새로운 육체가 늙어 죽을 때까지 관계를 유지한다.

나중에 더 자세히 설명하겠지만, 자연계는 조직화된 에너지인 이러한 모든 정보를 쓸데없이 그냥 낭비하지는 않는다. 그 정보들은 자연계의 거대한 정보 저장 홀로그램, 즉 우주심(宇宙心)에 저장될 것이다. 우리가 과거의 전생(前生)들을 기억하지 못하는 것은 일종의 자기보호 메카니즘 때문이다. 이 자기보호 메카니즘이 우리가 잠재의식 깊은 곳에 묻혀 있는 자료를 꺼내는 것을 막고 있는 것이다.

　지난 몇년 동안 심리현상에 관련된 분야들이 크게 늘어난 것을 우리는 목격하여왔다. 그러나 아직 대부분의 사람들은 소위 〈기린 증세〉라는 것에 시달리고 있다. 〈기린 증세〉란 이런 것이다. 어느 화창한 날 한 나이먹은 시민이 동물원에 놀러갔다. 온갖 신기한 동물들을 구경하면서 거닐다가 그는 문득 자기 앞에 서 있는 거대한 다리 한쌍을 보게 되었다. 그 다리의 주인공이 어떤 동물인가 보려고 고개를 쳐들어 위를 바라보았더니 다리에 연결된 동물의 아랫배가 보였다. 그래서 더 높이 올려다보았더니 끝없이 긴 목, 목, 계속해서 목이 이어지다가 구름 속 어디엔가 아련히 동물의 머리가 보이는 것이었다.
　「세상에 이럴 수가!」 하고 외치며 그는 「이런 일은 불가능하다. 이런 동물은 있을 수가 없다」라고 말하면서 그 기린에게서 등을 돌려, 기린에게는 눈길 한번 주지않고 서둘러 걸어가버린다.

　대부분 사람들은 논쟁이 일고 있는 문제에 부딪치면 이렇듯 〈기린 증세〉를 보인다. 매우 진취적인 정신을 가진 몇몇 사람을 제외하고는 특히 과학자들에게 그런 증세가 심하다. 문제는 그들이 아주 작은 문구멍으로만 세상을 보면서 방안에서 편안히 안주해 있기를 바란다는 데에 있다.
　기린이 그들의 문구멍으로 보기에 너무 크다 싶으면 그들은 그런 기린은 존재하지 않는다고 판정을 내려버린다. 그러니 기린에게는 참으로 안된 일이다.

　다행히도, 내가 여러 현상으로 구분해놓은 의식의 다양한 차원들은 우리가 쉽게 체험할 수가 있다. 따라서 기꺼이 시간과 노력을 투자할 의사가 있는 사람은 내 설명에 의존할 필요가 없다. 동물원으로 가서 자신이 직접 확인하면 된다.

　창조주를 〈그〉라고 부른 데 대하여 여성 독자들에게 사과한다. 창조주는 〈그〉도 〈그녀〉도 아닌 양쪽 다이다. 그러나 나 자신은 그를 〈우주의 의장〉이라고 부르고 싶지는 않다. 내 생각에도 그는 우주의 의장이 되고 싶어 하지 않으며, 훗날 내가 좋은 양심으로 그를 만나기도 틀린 것 같다.

제 1 장
소리 · 파동 · 진동

　우리는 끊임없이 소리에 둘러싸여 살고 있다. 우리 자신도 남에게 생각을 전달하기 위해 의미있는 소리를 만들어내는 고도로 전문화된 발성기관을 가지고 있다. 우리는 주로 소리를 통해 의사소통을 한다. 실제로 우리가 사는 세상에서는 소리가 가장 중요한 정보 전달 수단이다.

　어떤 방법으로든 공기를 떨게 하면 소리가 발생한다. 우리가 몸을 약간만 움직여 주위의 공기를 교란시켜도 소리가 발생한다.
　손바닥을 펴서 위로 들어올린다고 해보자. 그 순간 들어올리는 방향으로 손바닥이 공기를 압축하고, 압축된 공기는 소리의 속도인 매초 340 m 의 속도로 우리 주위로 퍼져 나간다. 손바닥을 주기적으로 상하운동하면, 발생하는 소리는 하나의 음조(音調)를 띠게 된다.
　여기서 우리가 말하는 〈소리〉란, 다양한 진동수(振動數) ── 1초에 진동하는 수 ── 로 구성된 임의의 〈음향적 떨림〉을 뜻한다. 반면에 하나의 음조는 단일한 진동수로 구성되어 있다. 이것은 진동수가 낮기 때문에 우리의 귀에는 들리지 않는다.

　이러한 소리, 즉 진동수(주파수)가 너무 낮아 우리의 청각 범위에 미치지 못하는 소리를 〈초저주파음〉 (infrasound)이라 한다.
　그러나 파리와 모기가 날개를 칠 때에는 속도가 매우 빠르기 때

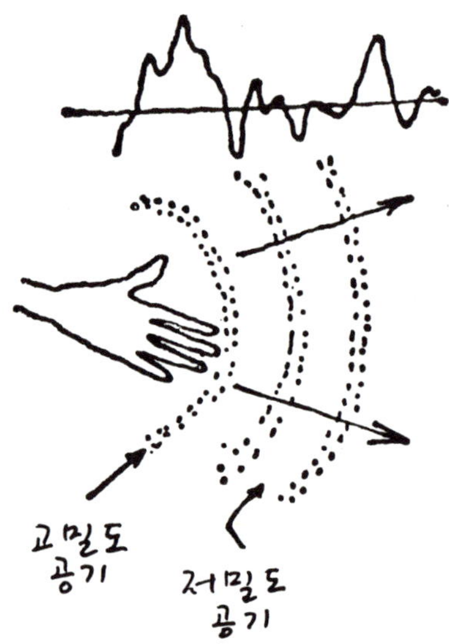

문에 우리는 그 소리를 확실하게 들을 수 있다. 날개의 빠른 움직임이 일정한 간격으로 공기를 압축시키면서 밀어내기 때문에 우리의 귀에 전해지는 것이다. 간단히 말해, 파리나 모기는 하나의 소리 또는 음조(音調)를 발생시키고 있다.

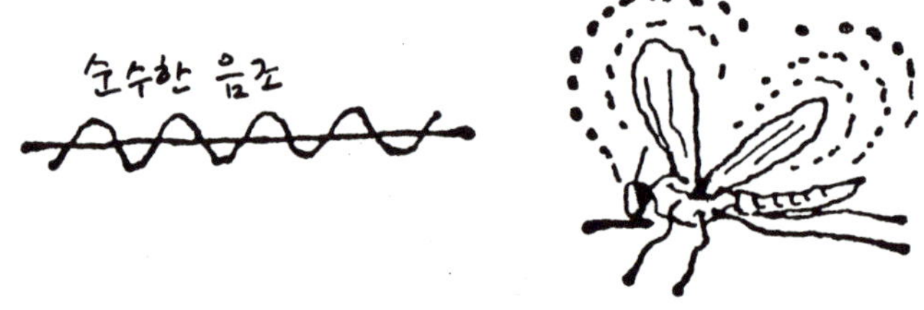

 우리 한번 약간 애매한 방법이긴 하지만, 소리를 만들어보자. 짧은 전선줄을 마련해서 건전지에 이은 다음, 중간에 스위치를 설치해보자 〔그림 1〕. 스위치를 연결하는 순간 다음의 세 가지 일이 일어난다고 우리는 학교에서 배웠다.
 (1) 건전지의 한쪽에서 다른쪽으로 전류가 흐른다. (2) 전류의

흐름에 수직 방향으로 자장(磁場)이 형성되고, 이 자장은 매초 30 km의 빛의 속도로 무한정 사방으로 퍼져 간다. (3) 전선줄이 뜨거워진다.

그런데 아마도 다음의 사실은 학교에서 배우지 못했을 것이다.

(4) 전선줄이 뜨거워지는 순간, 당연히 전선줄이 팽창한다. 그리고 전선줄은 팽창하면서 주위에 있는 공기를 틀림없이 밀어낼 것이고, 그렇게 해서 소리가(파동이) 발생한다. 또는 (5) 이런 식으로 전선줄의 부피가 커지면 전선줄 표면에 중력파(重力波)가 발생한다. 물체의 부피가 커지면 언제나 중력파가 발생하기 때문이다. 이 중력파 역시 빛의 속도로 무한히 퍼져 나간다.

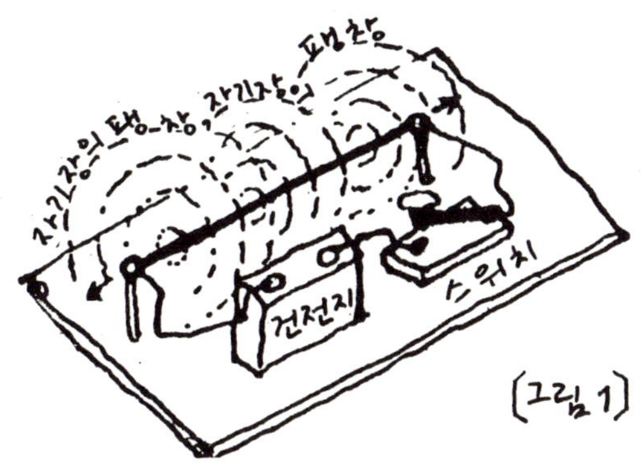

[그림 1]

어떤 이들은, 이 중력파는 무시해도 될 만큼 매우 약하다고 말할 것이다. 하지만 약하든 강하든 중력파는 거기에 분명히 존재한다.

따라서 적어도 이론적으로는, 스위치를 넣는 우리의 행위는 전선줄이 팽창함으로써 생기는 공기의 움직임을 통해 지구 주위의 대기권 끝까지 전달되며, 또한 전선줄 주위에 발생하는 자장과 중력파의 확장을 통해 천지사방 우주의 끝까지 널리 전해진다.

이러한 예를 드는 목적은, 적어도 원칙적으로는, 아무리 사소하고 하찮은 행동이라도 멀리까지 광범위하게 전해져서 다른 사물이나 존재에 반드시 영향을 미친다는 사실을 보여주기 위해서이다.
비록 그 사물이나 존재가 그 영향을 느끼지 못한다고 해도 말이다.

　이제 소리의 또다른 면을 살펴보자.
　작은 틀에 한개의 끈을 팽팽히 매어보자〔그림 2A〕. 그런 다음
끈의 중간을 손가락으로 튕겨보자. 그 순간 우리는 최대한의 폭으
로 끈이 진동하면서, 두개의 대칭되는 호(弧)를 그리는 모습을 보
게 된다.
　만일 끈의 4분의1 지점을 튕기면〔그림 2B〕와 같은 형태가 될
것이다. 이것을 〈서 있는 파동〉(standing waves), 즉 정상파(正
常波)라 한다.

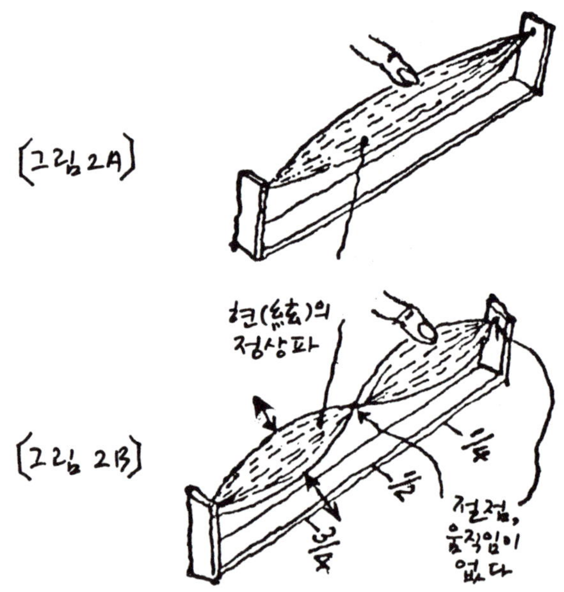

　정상파는 끈의 길이를 정수배(整數倍)로 나눈 위치에서 끈을 튕
겼을 때에만 얻어진다.〔그림 2A〕에서는 틀의 길이가 한 파장(波
長)의 절반 길이에 해당하고,〔그림 2B〕에서는 틀의 길이가 완전
한 한 파장의 길이에 해당한다.

44

〔그림 2B〕에서는 끈의 중간에 정지해 있는 지점이 있고, 끈이 틀과 연결된 양끝 두 지점도 정지해 있다. 이렇게 정지해 있는 지점을 〈파동의 마디〉, 즉 파절(波節)이라고 한다. 정지점을 제외한 모든 지점은 아래 위로 진동하고 있다.

이렇게 파절은 정지해 있고, 끈의 나머지 다른 부분은 진동하고 있을 때, 우리는 이러한 운동의 형태를 〈정상파〉라고 한다.

이제 끈 대신에 얇은 금속판이 앞에 있다고 생각해보자〔그림 3〕. 금속판의 한 끝을 죔틀에 수평으로 고정시킨 다음, 이 금속판 위로 마른 모래를 골고루 뿌려보자. 그리고나서 금속판의 한쪽 가장자리를 바이올린 활로 일정하게 긁어보자. 당장에 모래알들이 금속판 위에서 서로 대칭되는 무늬를 이루며 모이는 모습을 볼 수 있을 것이다. 자리를 이동하면서 금속판의 가장자리를 긁어주면 무척 다양하고 아름다운 모래알 무늬가 금속판 위에 펼쳐진다.

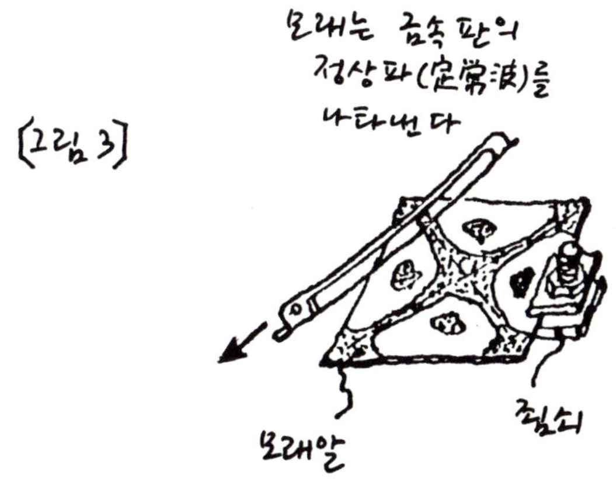

이런 식으로 모래알이 무늬를 이루는 이유는 앞서 말한 〈정상파〉가 금속판 위에 발생했기 때문이다. 다만 끈에 나타난 정상파는 1차원인 데 반해, 금속판의 평면 위에 나타난 정상파는 2차원인 것이 다를 뿐이다.

앞에서 설명했듯이, 정상파는 아래 위로 진동하는 활동적인 부분이 있는가 하면, 반대로 정지한 영역, 즉 파절(波節)도 있다. 따라서 모래알은 진동하는 부분에서 밀려나 정지해 있는 영역으로 모일 것이다. 모래알은 가만히 정지해 있는 것을 좋아하므로 안정된 장소로 몰려갈 것이다. 그래서 무늬가 이루어지는 것이다.

모래알이 이루는 무늬를 통해 우리는 금속판에 나타나는 정상파의 형태를 짐작할 수 있다. 정상파는 자동적으로 금속판의 폭과 길이를 반파장(半波長)의 정수배로 나눈다〔그림 4〕. 그렇게 해야만 정상파가 존재할 수 있기 때문이다. 정상파의 뜻 자체가 원래 그렇다. 정상파는 매개체를 반파장의 정수배로 나누지 않으면 존재할 수가 없다. 분수로 나누면 정상파는 유지될 수가 없다.

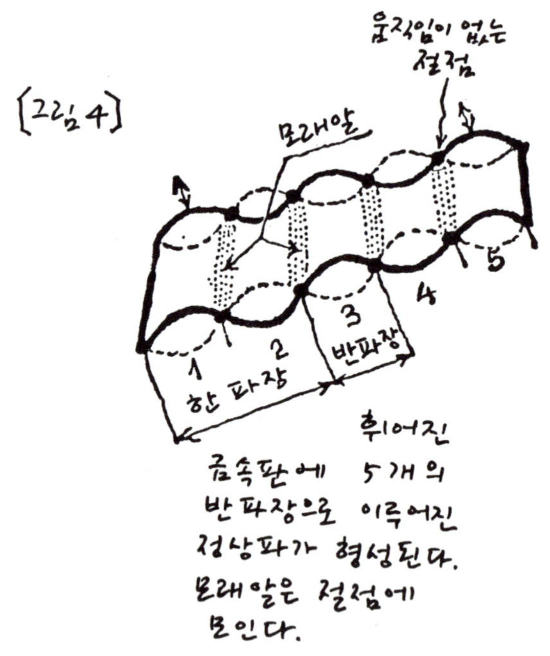

다른 방법으로도 역시 설명이 가능하다.

금속판의 폭과 길이는 그 금속판에 일어날 수 있는 정상파의 크기나 파장을 좌우한다. 어떤 구조물이 공명(共鳴) 상태에 있을 때 (다시 말해, 그 구조물에 가장 알맞는 진동수로 진동하고 있어서 진동 상태가 쉽게 유지되고 있을 때) 거기에는 정상파가 존재하고 있다는 뜻이 된다.

이제 3차원의 세계에서도 이러한 현상을 확인할 수 있는지 알아 보자.

투명한 상자를 하나 가져오자〔그림 5〕. 상자에 액체를 가득 채 우고, 그 액체와 똑같은 비중의 입자들을 그 속에 뿌려보자. 비중 이 같아야 입자들이 가라앉지 않고 액체 속에 골고루 떠 있기 때문 이다.

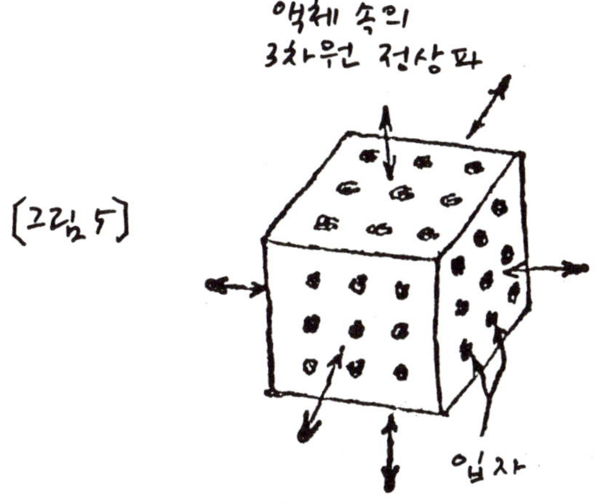

그 다음, 상자의 여섯 면에 동시에 진동을 가해보자. 입자들은 이내 서로 대칭되는 3차원의 형태로 모이게 될 것이다. 입자들이 뭉쳐진 덩어리를 결정체 속의 원자에 비유한다면, 이 3차원의 형태 는 마치 크게 확대한 하나의 결정체와 같은 모습이라고 할 수 있다.

이 상자의 경우에도 우리는 전과 똑같이 〈정상파〉를 만들었는데, 다만 끈이나 금속판에 나타난 정상파가 3차원으로 바뀌었을 뿐이다.

동시에 우리는 자연계를 구성하고 있는 기본 단위 —— 고도로 질서잡힌 결정체 —— 에 해당하는 3차원 물체를 만들어 본 것이다. 우리는 아무렇게나 입자가 뿌려져 있는 액체 속에 단순히 파동(波動)을 보냄으로써 이런 구조를 만들 수 있었다.

이제 막 우리는 상자 속에서 입자들의 위치를 결정짓는 정상파들이 서로 겹쳐지면서 만들어내는 〈간섭무늬〉(곧 설명될 것이다)를 보았다. 간단히 말해, 우리는 소리를 이용해서 전에는 전혀 질서가 없던 곳에 하나의 〈질서〉를 만들었다.

따라서 하나의 결정 구조는, 그 물체 속에서 상호작용한 〈파동〉의 결과라고 간주할 수 있다. 그렇다면 물질 속의 규칙적인 원자 배열은, 그 물질 속에서 상호작용한 어떤 〈파동〉의 결과라고 할 수 있지 않을까?

겹쳐진 파동

이제 우리 한 걸음 더 나아가서, 파동이 정보와 지식을 저장하는 데에도 사용될 수 있는지를 한번 보자.

이 실험을 하는 데 필요한 것은 납작한 둥근 남비 하나와 세개의 조약돌이다. 남비에 물을 채우자. 그런 다음 〔그림 6〕에서처럼 조약돌 세개를 동시에 떨어뜨려, 남비 안에 파문이 이는 모습을 지켜보자.

각각의 조약돌이 떨어진 지점을 중심으로 물결이 원을 그리며 일정하게 남비 가장자리로 퍼져 나간다(남비의 벽에 부딪쳐 반사되는 물결은 무시하자).

물결들은 서로 엇갈려 퍼져 나가면서 물 표면에 다소 복잡한 물결 무늬를 만든다. 얼핏 보기엔 물결들이 혼란스럽게 보일 것이다. 하지만 겉보기엔 혼란스럽지만 그 속에도 엄연히 하나의 질서가 있다.

이야기는 간단하다. 각각의 조약돌이 만들어낸 물결은 남비 가장자리로 둥글게 퍼져 나간다. 이렇게 하면서 각각의 물결들은 서로 엇갈리면서 상호작용을 한다. 이러한 상호작용을 통해 소위 〈간섭 무늬〉(interference pattern)라고 하는 하나의 복잡한 파동이 만들어진다.

하지만 이 복잡한 무늬를 차근차근 분석하기만 하면, 우리는 파동의 근원인 조약돌의 위치를 추적해 들어갈 수 있다.

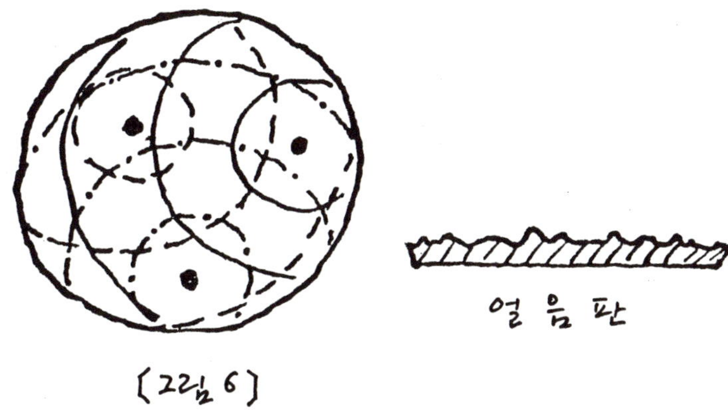

이제 남비 속의 물의 표면을 급속으로 냉동시켜서, 파문이 새겨진 얼음판을 밖으로 들어내보자. 이렇게 해서 우리는 파동들이 서로 상호작용하여 만들어낸 〈간섭 무늬〉를 손에 넣게 되었다. 이것을 입체영상(立體映像), 즉 홀로그램(hologram)* 이라고 부를 수도 있다.

---

* 홀로그램 ── 파동의 간섭 무늬 형태로 물체의 형태에 대한 정보가 기록되어 있는 평면적인 사진 필름. 정보가 기록될 때와 똑같은 빛을 이 필름에 비추면 그 파동이 재구성되어, 본래의 물체 형태와 똑같은 모습이 공중에 3차원적인 물체로 나타난다. 홀로그램에 대한 자세한 설명으로는 Winston E. Kock의 저서 《레이저와 홀로그라피》를 참조바란다.전파과학사 발간 현대과학신서36, 1974. (역주)

간섭 무늬와 맥놀이 주파수

간섭 무늬가 무엇인지 분명히 알기 위해서는 파동이 두 가지 다른 성질, 즉 (1) 보태기 간섭 및 빼기 간섭(constructive and destrutive interference)과 (2) 맥놀이 주파수(beat freqencies)를 이해해야 한다.

우선 첫번째 항을 보자. 〔그림 7A〕에서 당신은 똑같은 진동수와 진폭(振幅)을 가진, 즉 똑같은 파장을 가진 두개의 파동이 만났을 때 어떤 일이 벌어지는가를 보게 될 것이다.

〔그림 7A〕에서 보듯이, a열과 b열의 산과 골짜기가 서로 일치한다. 기준선을 중심으로 이 두 파동을 겹쳐놓으면 산은 산끼리, 골짜기는 골짜기끼리 만난다. 그리고 서로 보태져서, 본래 파동보다 높이가 두배인 파동이 c열처럼 만들어진다. 이와같이 두 파동이 만나 진폭이 커지는 경우를 〈보태기 간섭〉이라고 한다.

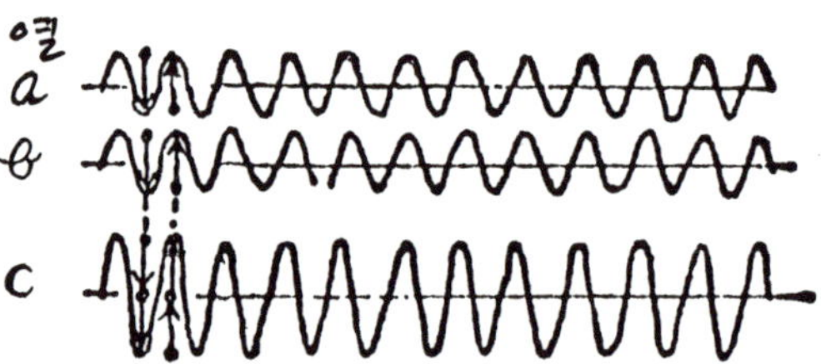

〔그림 7B〕에서는 산과 골짜기가 서로 반대로 만난다. 이것들을 겹쳐놓으면 서로 상쇄(相殺)되어, c열처럼 일직선이 된다. 이와같은 현상을 〈빼기 간섭〉이라고 한다.

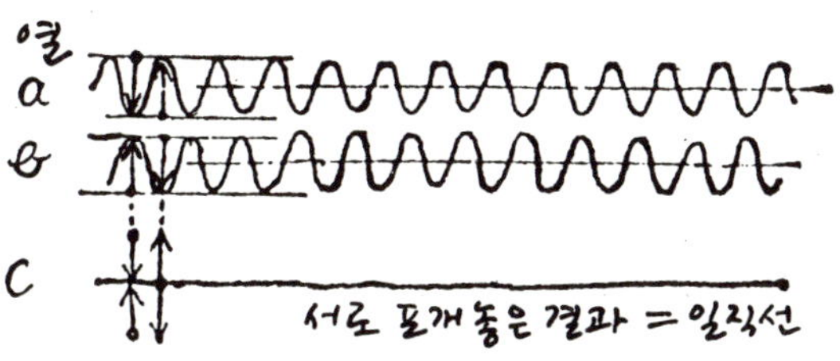

이와 똑같은 현상이 물이 든 냄비 속에서 일어난 것이다. 얼음판에 새겨진 물결 무늬를 자세히 살펴보면, 산과 산이 만나는 곳에서는 본래의 진폭의 두 배에 해당하는 산이 생기고, 산과 골짜기가 만나는 곳에서는 평평하게 되어버린다.

이것이 바로 <간섭 무늬>의 성질이다. 하지만 간섭 무늬는 여러 가지 형태로 나타날 수 있다. 끈이 진동할 때처럼 1차원일 수도 있고, 냄비 속에서처럼 2차원일 수도 있으며, [그림 5]에서처럼 상자 안에서는 3차원으로 나타난다.

맥놀이 주파수(비트 진동수)

이제 우리는 간섭 무늬가 무엇인지 알았다. 따라서 맥놀이 주파수(비트 진동수)를 이해하기가 비교적 쉬워졌다.

[그림 7C]에서 a열은 주파수가 매초 50사이클이고, b열은 매초 60사이클이다. 앞에서 두 파동을 겹쳤을 때처럼 이 두 개의 파동을 겹치면 흥미 있는 현상이 일어남을 알 수 있다. c열은 두 파동이 겹쳐졌을 때 나타나는 결과를 보여준다.

파동 a와 b의 형태 위에 조개 모양의 파동이 얹혀 있는 모습을 볼 수 있다. [그림 7C]를 자세히 살펴보면 이런 현상이 일어나는 이유가 분명해진다.

c열의 왼쪽에서부터 살펴보자. 산과 골짜기가 겹쳐지는 곳에서는 진폭(파동의 높이)이 낮아지고, 두 파동이 점점 일치해지면 진폭이 높아진다. 즉, 보태기 간섭이 일어난다.

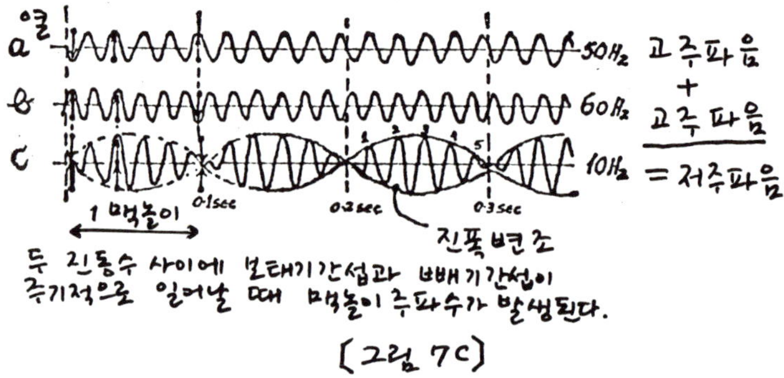

〔그림 7C〕

이제 오른쪽으로 옮겨가면, a와 b파동이 점차로 생김새가 달라지면서 산과 골짜기가 만나 서로 상쇄된다. 즉 빼기 간섭이 일어나는 것이다. 이와같은 빼기 간섭은 5사이클마다 최대가 되어 가느다란 개미허리를 형성한다.

따라서 c열에 나타난 조개 모양은 일정한 진폭을 가진 기본음의 〈변조(變調)〉이다. 변조란 주파수와 진폭이 일정한 파동에 변화를 일으키는 것을 말한다. 여기서는 그것이 매초 60사이클과 매초 50사이클인 파동의 진폭이 증가하거나 감소하는 것을 의미한다.

이 경우의 변조에서는 6사이클마다 진폭이 최소가 되는 경우가 매초 10번씩 일어난다. 이 10헤르츠* 변조를 〈맥놀이 주파수(비트 진동수)〉라고 부르는데, 이것은 a열과 b열의 차이와 같다. 60Hz에서 50Hz를 빼면 10Hz이다. 만약에 파동 a의 진동수가 10Hz이고 파동 b의 진동수가 12Hz라면, 12−10=2Hz인 맥놀이 주파수가 기본 진동수에 얹혀져서 나타난다.

---

* 1초당 1사이클의 진동을 1헤르츠(hertz)라고 하며 1Hz로 표시한다.

이와같은 파동의 두 가지 성질에 대해 이해해두는 것은 이 책을 끝까지 읽어 나가는 데 무척 중요하다. 두개의 빠른 진동수의 차이로부터 처음 두 주파수보다 훨씬 느린 제3의 주파수가 얹혀졌음을 기억하라. 이것은 고주파를 저주파로 바꿀 수 있는 아주 훌륭한 방법이다.

자연의 정보 창고

다시 남비에서 들어낸 얼음판으로 돌아가자. 우리, 적당한 빛을 이 얼음판에 비춰보자〔그림 8〕.

그런 상태에서 비추는 반대편에서 얼음판을 통해 그 빛을 바라보면, 놀랍게도 허공에 떠 있는 조약돌 세개가 보일 것이다. 그 조약돌들은 실제의 조약돌과 똑같이 입체적으로 나타날 것이다. 이것은 정말 전혀 예기치 않았던 결과이다.

그렇다면 얼음판의 물결 무늬 속에, 혹은 간섭 무늬 속에 조약돌

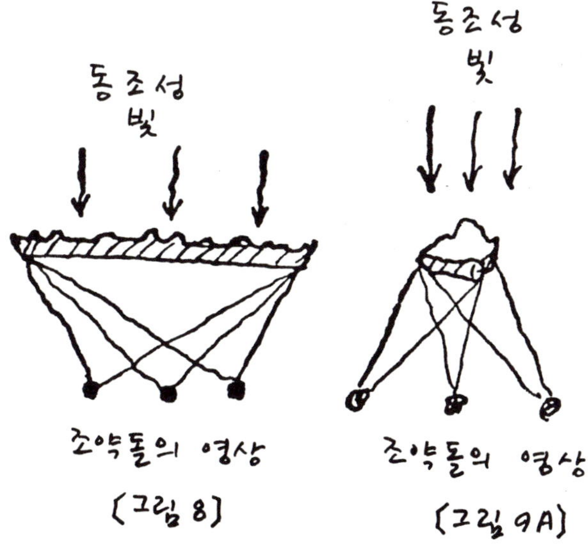

의 위치와 형태에 대한 정보가 기록되어 있는 것이 아닐까?

얼음의 표면이 굴절 렌즈 역할을 해서, 애초에 조약돌들이 떨어진 지점에다 빛의 촛점을 맞추기 때문에 그런 일이 일어나는 것이다. 겉으로 보기엔 우둘두툴한 얼음 표면이 실제로는 정보 저장 장치인 것이다.

그런데 이제, 한순간의 부주의나 실수로 이 얼음판이 바닥에 떨어져 그만 깨져버렸다고 상상해보자. 하지만 그것들을 내다 버리기 전에, 그중의 한 얼음조각을 집어 조금 전에 얼음판 전체를 갖고 했던 것처럼 같은 방식으로 빛을 보내보자.

너무 놀랍게도, 우리는 또다시 허공에 나타난 세개의 조약돌을 보게 될 것이다.〔그림 9A〕어떻게 이러한 일이 가능할까?

앞에서 우리는, 남비의 가장자리로 퍼져 나가는 물결들 속에 각각의 조약돌의 위치에 대한 정보가 담겨 있다는 것을 알았다.

만일 남비 속에 조약돌을 하나만 떨어뜨렸다고 하면, 물결 무늬를 통해 조약돌의 위치를 알아내기가 훨씬 간단할 것이다. 단순히 물결이 이루는 원의 중심점을 찾으면 되기 때문이다.

그리고 각각의 조약돌에서 발생한 물결들이 남비 전체의 물 표면 위를 지나갔다는 것을 우리는 알았다. 자연히 물 표면의 어느 지점에서나 각각의 물결들은 서로 엇갈리면서 상호작용을 했을 것이다.

우리는 그것을 이렇게 표현할 수 있다. 즉, 각각의 조약돌에서 발생한 물결의 원은 물 표면의 모든 지점을 다 지나갔으며, 따라서 아무리 작은 얼음조각이라도 그 조각 속에 남아 있는 원의 일부분을 추적해 들어가면 그 원의 근원을 알 수 있다〔그림 9B〕.

이것이 바로 입체영상, 즉 홀로그램의 기본 원리이다.

하지만 이제까지 말한 방식대로 이 실험을 직접 해보라고는 권하고 싶지 않다. 우리가 편의상 무시하고 지나간 어떤 복잡한 기술적인 문제 때문에 실제로는 그러한 결과를 얻기가 무척 어렵다.

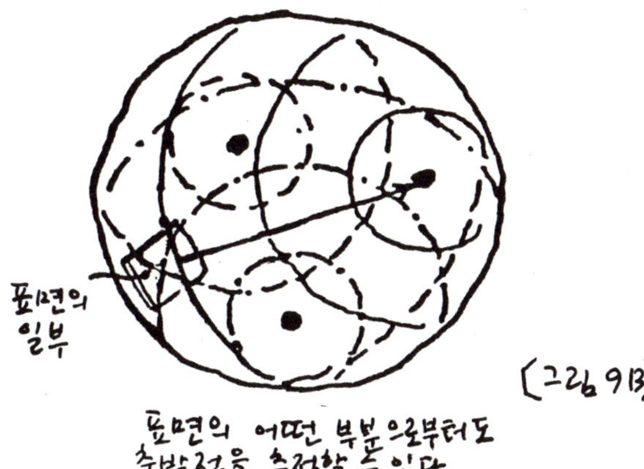

그러나 이것은 대단히 놀라운 정보 저장 장치인 〈홀로그램〉을 설명하는 데에는 완벽한 쓸모가 있다. 자연계가 정보를 저장하는 방식이 바로 이것과 똑같다.

우리의 두뇌가 홀로그램의 형태로 정보를 저장한다는 명백한 증거가 이미 나와 있다. 이러한 종류의 저장 수단이 자연계에 알려진 여러가지 방법 중에서 가장 짜임새 있는 수단이다.

그 한 예가 우리의 염색체 안에 들어 있는 유전인자(DNA)이다. 우리의 몸의 각각의 세포 속에는 우리와 똑같은 몸을 새로 하나 만

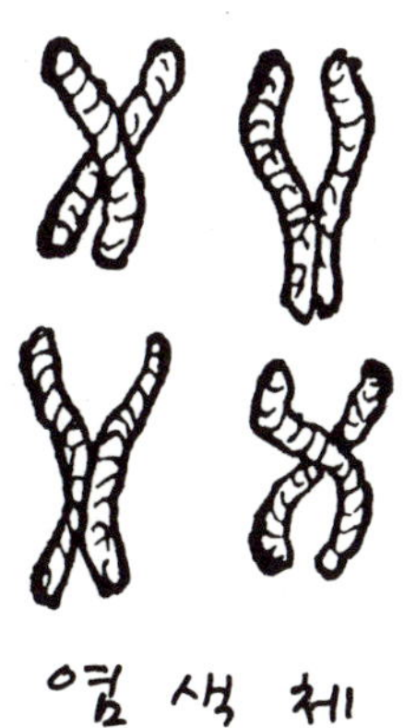

드는 데에 필요한 모든 정보가 다 저장되어 있다.

앞선 실험에서 우리가 간섭 무늬 속에 정보를 저장할 수 있었던 것은 두말할 필요도 없이 남비 속에서 일어나는 물결의 움직임이 질서있고 예측할 수 있는 것이었기 때문이다. 그 물결들은 퍼져 나가는 속도나 물결 사이의 간격이 모두 일관된 것이었다. 그렇기 때문에 그 물결 무늬는 정보의 전달자 역할을 할 수 있었던 것이다.
다시 말해, 남비 속에서 일어난 물결의 파동은 대단히 규칙적이고 또 단일(單一) 파장의 파동이다. 그렇지 않으면 우리가 얻을 수 있는 것은 고작해야 뒤범벅된 물결 모양뿐이다. 예를 들어 남비에 센 바람이 불고 있다면 거기에는 여러가지 파장의 파동이 일어날 것이며, 또 이들은 여러 방향으로 진행할 것이고, 여러가지 복잡한 모양을 수면에 그려 나갈 것이다.
이렇게 되면 이 물결 무늬는 간섭 무늬가 되지 못하고 따라서 정보의 전달자 역할을 할 수가 없다.

여기서 우리는 〈간섭성(干涉性)〉* 에 대해 알아볼 필요가 있다.
남비 속에서 일어난 물결의 파동과 마찬가지로 음파(音波)나 광파(光波)에 있어서도 매우 드물긴 하지만 단일 파장을 가진 일정한 파동이 있다. 이렇게 진행 방향이 일정하고, 규칙적이며, 단일 파장의 파동을 가진 빛을 우리는 〈간섭성 빛〉 혹은 〈동조성 빛〉(coherent lights)이라고 한다.

간섭성(동조성)

이 중요한 개념과 친숙해질 수 있도록, 여기서 먼저 진짜 홀로그램을 만드는 방법을 설명하는 것이 좋을 것 같다.

---

* 〈간섭성〉(coherency)은 동조성(同調性)으로 번역되기도 하며, 간섭성 빛은 〈동조성 빛〉과 같은 뜻이다. 여기서는 〈동조성〉이라는 말 대신에 간섭성으로 통일했음을 밝힌다. (역주)

간섭성—혹은 동조성(同調性)—이란 어떤 종류의 질서있는 움직임을 말한다. 이 경우에 우리는 먼저 간섭성 빛—혹은 동조성 빛—에 대해 이야기해야 한다.

간섭성 빛으로 가장 널리 사용되는 것은 레이저 광선이다. 레이저 광선의 첫번째 가장 중요한 특성은, 레이저 광선은 단일 진동수의 빛을 내보낸다는 것이다.

태양광선을 프리즘에 통과시키면 무지개색의 스펙트럼이 생긴다는 것쯤은 누구나 알고 있다. 레이저는 그 무지개색 중에서 단 하나의 색깔의 빛만을 내보내는데, 우리는 이것을 단색광(單色光)이라고 부른다.

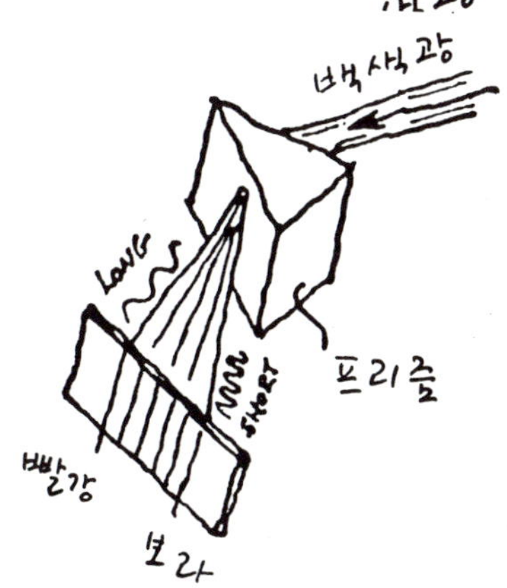

여기에 덧붙여, 레이저에서 방출된 빛은 간섭성이 강하다. 다시 말해 진행 방향이나 파장이 일정하다. 레이저에서 나오는 모든 빛은 일정하고 규칙적으로 진행해 나간다.〔그림 10〕이 때문에 레이저 광선은 가느다란 빛으로도 대단히 멀리까지 진행할 수 있다.

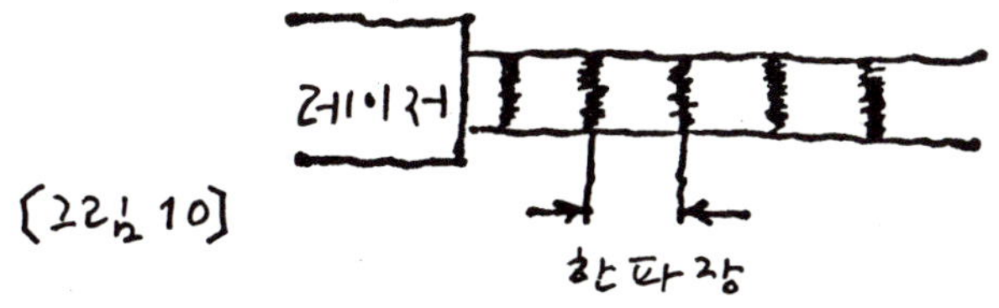

여기 〈간섭성〉을 보다 쉽게 설명하는 방법이 있다.

큰 도로를 군인들이 대열을 지어 행진하고 있다고 상상해보자. 군인들은 지금 무척 신경을 써서 줄과 열을 맞추면서 10열로 행진하고 있다.

각 열의 간격은 일정한데, 우리는 이것을 빛이 파동을 일으키며 진행할 때 생기는 산과 산 사이의 간격에 비교할 수 있을 것이다. 군인들이 신경써서 대열을 맞추면서 한 사람도 대열 밖으로 이탈하지 않고 질서정연하게 앞으로 이동하는 것은 빛이 일정한 속도와 파장으로 진행하는 것과 같다.

간단히 말해, 이 군인 대열을 레이저에서 방출된 광선에 비유할 수 있다. 그런데 이제, 군인 한 사람이 발을 헛디뎌 대열에서 이탈해 앞사람의 발뒤꿈치를 밟았다고 상상해보자. 뒤꿈치를 채인 사람은 당황해서 자기의 속도가 늦은 것으로 착각하고 급히 앞으로 돌진하다가 다시 앞사람과 부딪친다. 그러자 군인들 모두가 당황해 그 멋진 대열이 마구 흐트러지면서 서로 충돌하여 난리가 벌어진다. 지휘관이 고함을 치고 호루루기를 불고 제자리로 돌아가라

고 욕설을 해대지만, 똑바르고 간격이 일정했던 대열은 엉망이 되어버린다.

마구 분산되어버린 이 군인 대열에서 우리가 배울 수 있는 것은, 어떤 빛이 간섭성이 높을 때는(혹은 동조되어 있은 때는, 즉 일정함을 유지하고 있을 때는) 레이저 광선과 유사한 역할을 할 수 있다. 그러나 간섭성을 잃을 때(다시 말해 일정함이 사라질 때) 그 광선은 우리가 흔히 보는 백열등의 광선처럼 순식간에 분산되어버릴 것이다.

홀로그램(HOLOGRAM)

앞에서 우리는 파동의 간섭 무늬 속에 정보를 저장할 수 있다는 것을 알았다. 간섭 현상을 얻으려면 상호작용하는 최소한 두개의 성분이 필요하다. 여기에 자세한 그림이 있다〔그림 11〕.

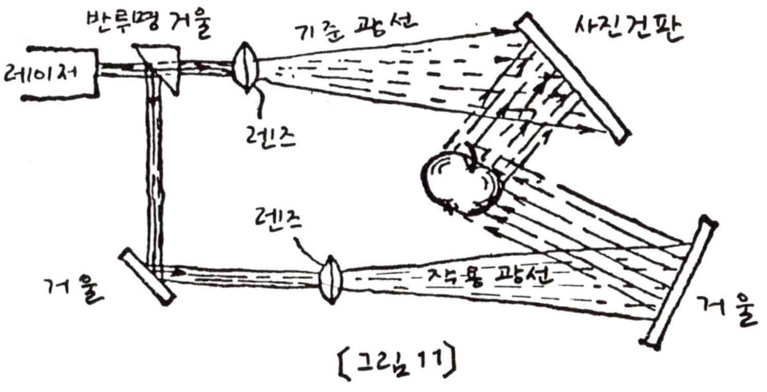

레이저 광원에서 나온 빛은 반투명 거울에 의해 두 부분으로 나누어진다. 이렇게 함으로써 한 부분은 방해받지 않고 그대로 앞으로 진행하고, 또 한 부분은 또다른 거울에 반사된다. 두개의 좁은 광선은 렌즈에 의해 크게 확대된다.

기준이 되는 광선, 즉 〈기준 광선(基準光線)〉이라고 칭하는 위쪽의 광선은 아무 사건 없이 그대로 직진하여 사진 건판에 도착한다. 렌즈를 통과한 기준 광선은 사진 건판에 도착하기까지 아무것도 거치지 않고, 본래 그대로의 상태로 가서 필름에 자국을 남긴다.

다른 나머지 절반의 광선을 우리는 〈작용 광선(作用光線)〉이라고 하자. 이 광선은 여행 도중에 하나의 사건을 만난다.

즉, 도중에 물체를 만난다. 이 경우엔 사과를 만난다고 하자. 사과를 만난 광선은 사과를 비추면서 사과와 상호작용을 한다(말하기 편리하도록 도중에 렌즈와 거울을 만나는 것을 무시하고 넘어가자).

사과에서 반사된 작용 광선은 필름에 도착한다. 거기서 그 광선은 쌍둥이인 기준 광선을 만날 것이고, 만나서는 도중에 사과에 부딪친 사건을 말해줄 것이다(둘 중 누구도 자신들이 지금 상호작용하면서 필름에 기록된다는 것은 의식하지 못할 것이다).

두 광선의 상호작용은 서로 겹쳐지면서 물결을 형성할 것이고, 자연히 간섭 무늬가 형성될 것이다. 이 경우에 우리는 빛의 파동도 물결의 파동과 똑같은 방식으로 작용한다는 것을 이미 알고 있다.

그러나 이 물결들은 전혀 사과의 모습을 닮지 않았다. 우리가 이미 얼음판의 실험에서 본 대로 사진 건판의 물결들은 사과의 정보만을 기록하고 있을 뿐이다.

그리고 노출된 이 필름에 지금까지 홀로그램을 만드는 데에 사용한 것과 똑같은 광선을 비추면 그 정보는 재구성된다. 그렇게 함으로써 우리는 실험에 사용된 사과와 조금도 다르지 않은, 완전히 입체적인 사과가 허공에 나타나는 것을 목격하게 될 것이다. 홀로그램에 의해 재구성된 사과는 누구나 진짜 사과라고 속을 만큼 실제와 대단히 흡사하다.

홀로그램을 만드는 과정에서 가장 중요한 부분은, 아무것도 접촉하지 않은 본래대로 순수한 〈기준 광선〉과 어떤 사건을 겪은 〈작용 광선〉의 상호작용이다. 사건을 겪은 작용 광선의 역할도 중요

하지만, 〈비교(比較)〉의 기준선 역할을 하는 기준 광선도 무척 중
요하다.

　우리의 모든 실체는 그러한 끊임없는 〈비교〉를 통해 구성되고
있다. 우리에게 우리 자신의 실체를 말해주는 우리의 감각기관은
잠시도 쉬지 않고 이러한 비교를 행하고 있다.

　불행히도 절대적인 기준선을 갖고 있지 않은 우리의 감각기관은
자신들만의 독특한 상대적인 기준선을 만들어야만 한다. 어쨌든
우리가 어떤 것을 지각한다고 하는 것은, 곧 그것과 다른 것의 차
이를 지각한다는 것에 지나지 않는다.*

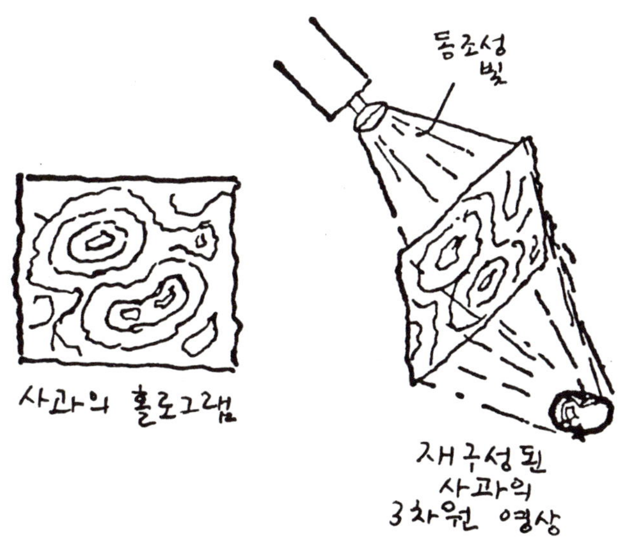

　그러한 차이를 지각하는 일이 아주 분명하게 사용되고 있는 보
기 하나를 자연계에서 찾아보는 것이 좋을 듯하다.

　박쥐를 예로 들어보자. 우리는 생쥐처럼 생긴 이 친구가 곤충을
잡아먹고 사는 것쯤은 알고 있다. 이 친구는 주로 밤에 활동하기

---

* 뜨거운지 차거운지, 밝은지 어두운지, 조용한지 시끄러운지를 구별할 때 우리는
언제나 그 두개의 상대적인 개념을 비교한다. 일상적인 차원에서는 우리는 어떤
것에 대한 절대적인 기준, 절대적인 잼대를 갖고 있지 못하다.

때문에 보다 편리하고 정상적으로 살아갈 수 있도록 음파탐지기 같은 장치를 발달시켰다. 그는 극히 좁은 폭으로 진행하는 매우 높은 진동수의 소리를 방출하는 고도의 전문화된 구조를 머리에 지니고 있다. 이것이 그의 〈기준파(基準波)〉이다.

이 기준파가 날아가는 곤충에 부딪치는 순간, 그 파동은 반사되어 박쥐에게로 되돌아간다〔그림 12〕. 이 메아리, 혹은 〈작용파(作用波)〉라고 이름붙일 수 있는 이 반사파를 들은 박쥐는 원래 내보낸 파동(찍찍소리)과 비교 분석한다. 둘 사이에는 차이가 있을 것이고 (이것을 〈도플러 효과 (Doppler Effect)〉라고 한다), 이 차이를 통해 박쥐는 그 곤충이 자신과 비교해 얼마나 멀리 떨어져 있고, 얼마나 빠른 속도로 날고 있는가를 안다.

박쥐가 성공적으로 그 곤충에 다가간 순간 두 파장, 즉 박쥐에게서 방출된 파장과 반사된 파장 사이의 차이는 사라진다. 그 차이가 최소한으로 작아졌을 때 박쥐는 입을 벌리고 그 반사파를 삼킨다. 어떤 반사파는 다른 반사파들보다 훨씬 맛있다는 것까지도 박쥐는 분명히 안다.

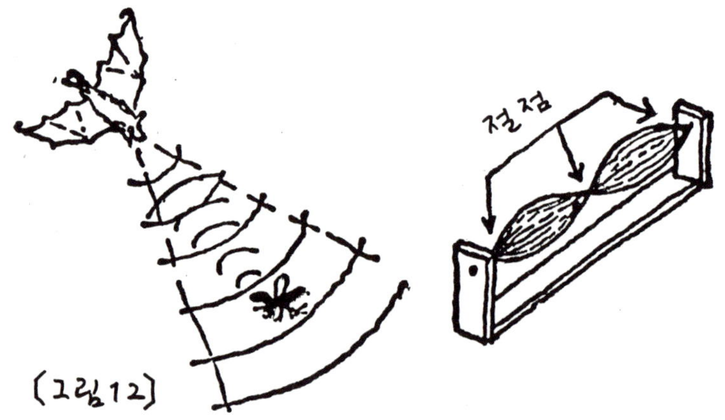

〔그림12〕

이제 우리는 두개의 소리나 진동의 차이를 인식함으로써 한 친구가 훨씬 잘 생명을 유지하는 것을 보았다. 박쥐 말고도 소리의 차이를 통해 생계를 유지하는 친구들은 고래·돌고래 등 수없이 많다. 우리 인간도 그보다 덜한 방식이긴 하지만 색깔을 본다든가 소리를 듣는 데에 이 기술을 이용하고 있다.

진동자(振動子)와 공명 체계(體系)

진동자(진자)라 하면 주기적이고 규칙적인 방식으로 움직이는 어떤 물건을 말한다. 진동하고 있는 끈을 진동자라 할 수도 있고, 스프링에 매달린 추나 시계추를 진동자라 할 수 있다. 그러니까 주기적이고 반복적인 운동을 하는, 즉 진동하고 있는 물체는 모두 진동자이다.

진동자가 주기적인 운동으로 주위 환경을 변화시키므로, 일반적으로 말해 진동자는 하나의 소리, 하나의 음파를 발생시킨다고 할 수 있다. 그 주위 환경은 대동맥 속의 진동체계처럼 하나의 세포조직일 수도 있고, 물이나 공기·전기자장·중력장, 혹은 그밖의 다른 것일 수도 있다.

두대의 바이올린을 조율하여, 한대는 탁자 위에 올려 두고 다른 한대를 가지고 음을 연주한다고 상상해보자.

아주 주의깊게 관찰하면, 우리가 연주하고 있는 바이올린의 선과 똑같은 선이 탁자 위에 놓인 바이올린에서도 울린다는 것을 알게 될 것이다. 다시말해 G선을 연주하면, 탁자 위에 놓인 바이올린의 G선도 같이 울린다는 것이다.

 분명히 두 바이올린 사이에는 〈서로 교감(交感)하는 공명 현상〉
이 있다. 왜 이런 일이 벌어지는지 좀더 자세히 알아보자.
 활을 가지고 바이올린의 선 하나를 켜면, 그 선은 그것 본래의
진동수로 진동한다. 이것을 〈자기 진동수(self-frequency)〉라고
한다. 두대의 바이올린이 아주 정확하게 조율되어 있다면, 양쪽 바
이올린의 각 선 고유의 진동수는 같을 것이다. 이처럼 한 조직체
(두대의 바이올린을 한 〈조직체〉로 간주한다면) 속에서는 에너지
전달이 대단히 쉽다. 이 경우에 우리는 지금 소리 에너지에 대해
말하고 있는 것이다.

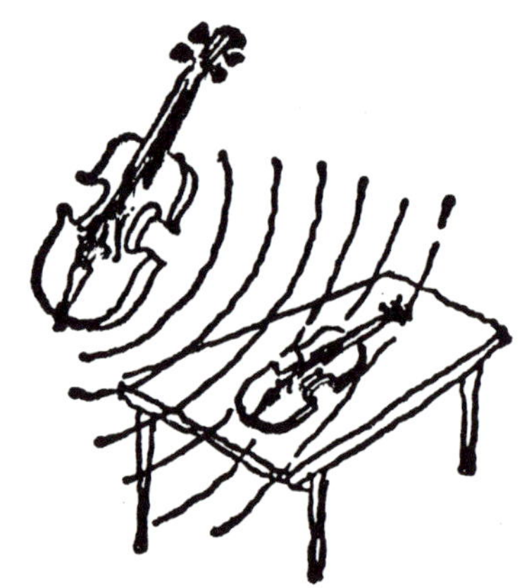

 첫번째 바이올린에서 발생한 공기의 파동은 두번째 바이올린에
가서 부딪친다. 방출된 음과 똑같게 조율된 두번째 바이올린의 선
은 우선적으로 그 파동의 에너지를 흡수할 수가 있다. 왜냐하면 그
파동의 진동수와 자신의 고유한 진동수가 같기 때문이다.
 이러한 체계 속에서 전달되는 에너지는 당연히 가장 최적의 조
건 상태에서 전달될 수 있다. 이러한 체계, 다시 말해 두개 이상의
〈동조된 진동자〉로 이루어진 체계를 〈공명체계〉라고 부른다.

우리 또다른 보기를 들어보자.

구식 괘종시계가 여러개 있다고 하자. 그것들을 전부 벽에 걸어 제각기 추가 움직이게 했다고 하자. 다시 말해 추들이 한결같지 않고 서로 다르게 움직인다고 하자.

하루나 이틀이 지나면 모든 추들이 마치 함께 묶여서 움직이듯이 일제히 같은 방향, 같은 속도로 움직이는 것을 보게 될 것이다 (물론 추의 길이는 모두 같아야 한다).

여기서 우리는 벽을 타고 시계에서 시계로 전달된 작은 양의 에너지만으로도 그것들이 서로 가락을 맞추기에 충분하다는 것을 알게 된다. 그 가운데 하나의 추를 건드려 다르게 움직이게 하더라도, 얼마 안 가서 또다시 다른 시계와 리듬을 맞춘다.

이러한 체계 속에서는 진동자의 숫자가 많을수록 그 체계가 더 안정되며, 혼란시키기가 더 어려워진다. 제멋대로 움직이는 에너지를 재빨리 원위치시키는 힘이 그만큼 더 강한 것이다.

몸의 소리

　심장은 대단한 소음꾼이다. 다른 사람의 가슴에 귀를 대보면 이 점을 쉽게 알 수 있다. 심장의 각각의 박동은 몸 전체를 흔들며, 따라서 몸은 이 박동에 특별한 반응을 하고 있는데, 이것은 아주 쉽게 측정할 수 있다.

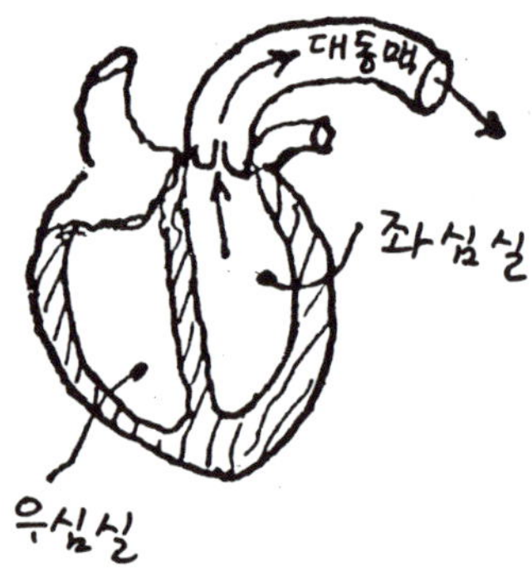

　〔그림 13〕은 그러한 동작을 민감한 지진계 같은 장치로 측정한 것이다. 이 움직임은 심장의 박동과 밀접한 관계가 있다. 실제로 이 그래프에 나타난 가장 높은 봉우리들은 심장의 좌심실에서 피가 뿜어져 나갈 때 생긴 것들이다. 그래프 상으로도 확실히 불규칙적으로 나타나는 이 높은 봉우리 부분들은 대동맥에서 피가 나갈

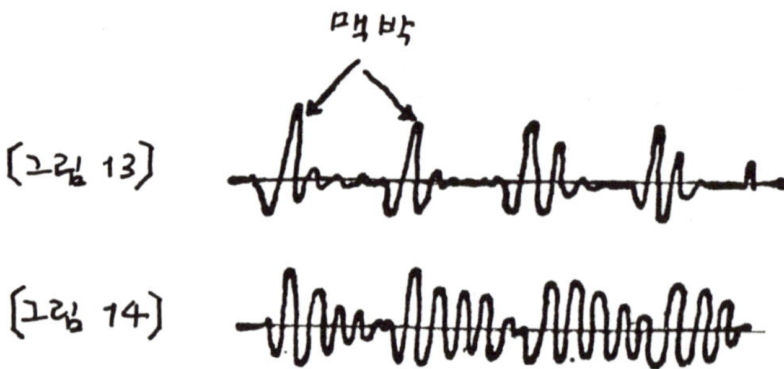

때의 박동 때문에 생기는 몸의 진동을 나타낸다.

대동맥은 몸속에서 가장 큰 동맥이다. 이 불규칙적인 부분은 나중에 설명하는 것처럼 대동맥 속에서 발생하는 〈빼기 간섭 현상〉에 기인한 것이다.

우리가 숨을 멈추면 〔그림 13〕에서의 불규칙적인 신호는 아주 일정하고 규칙적인 운동으로 변한다〔그림 14〕. 이것은 놀라운 변화인데, 이러한 변화의 원인을 찾아보면, 심장의 대동맥 조직이 공명 체계를 갖추고 있기 때문임을 알 수 있다.

〔그림 15〕에서 보는 것처럼 대동맥의 길이는 이 체계 속에서의 한 파장의 2분의1 길이에 해당한다. 공명체계라는 것은 앞에서 실험했듯이 조율한 악기처럼 공명하는 것을 의미한다.

여기에 더 자세한 설명을 해보자.

심장의 좌심실이 피를 내뿜으면 탄력성 있는 대동맥은 잔뜩 부풀어올라 일시에 판막을 밀어내며, 여기에 힘입어 한번의 압력파(壓力波)가 대동맥을 타고 내려간다. 이 압력파가 아랫배의 분기

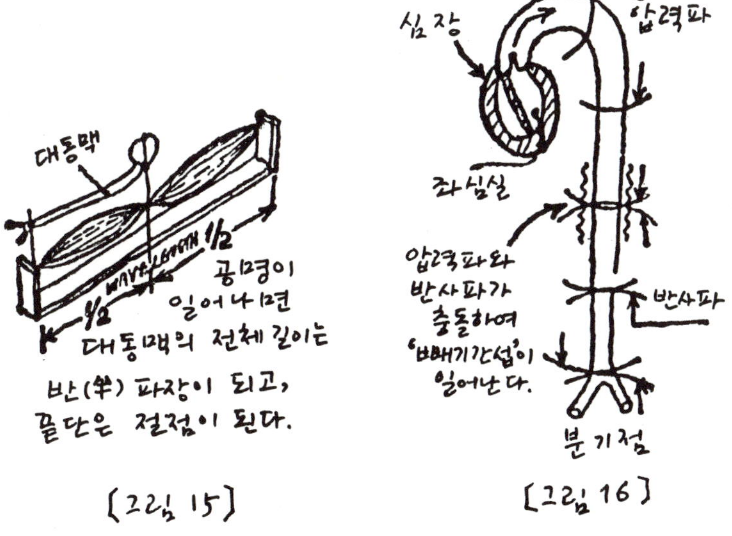

점에 이르면(여기서 대동맥은 두 갈래로 갈라져서 다리 쪽으로 내려간다), 압력파의 일부분은 그 분기점에 반사되어 대동맥으로 다시 올라오기 시작한다.

그러는 사이 심장은 또다시 피를 내뿜을 것이고, 새로운 압력파가 다시 내려올 것이다. 이렇게 되면 거꾸로 반사해오는 먼저의 압력파와 나중의 새로운 압력파는 대동맥의 어디선가 충돌할 것이고 간섭 무늬를 형성할 것이다.

이것이 몸의 운동에 반영되어〔그림 13〕처럼 불규칙적인 운동 현상을 낳는 것이다.

그러나 숨을 멈추었을 때는, 심장과 그 분기점 사이에 어떤 의사 소통이 이루어지는 것 같다. 어떤 종류의 신호가 분기점에서 심장으로 전달되어 이렇게 말하는 듯하다.

「심장이어, 멈추어라. 분기점에서 너한테로 반사파가 전달되어 올 때까지 다음 박동을 중지하라. 반사파가 전달될 때만 다음의 피를 내뿜어라.」

이런 일이 일어나면, 반사되어 올라온 압력파와 새로운 압력파가 동시에 심장에서 나올 것이고, 그것들은 나란히 아래 위로 운동을 계속할 것이다. 이것은 일종의 공명 상태라고 할 수 있다. 이것은 몸을 일초에 일곱 차례씩 조화롭게 아래 위로 운동하게 해주며, 그래서 〔그림 14〕와 같은 규칙적이고 질서정연한 파동의 신호가 나타나는 것이다. 이 신호는 보통 때의 정상적인 신호보다 약 세배 가량 신호의 폭이 높다. 공명 현상의 또다른 특성은, 공명 상태 속에서는 운동을 유지하는 데에 최소한의 에너지가 필요하다는 것이다.

그렇지만 우리는 과연 얼마나 오랫동안 숨을 참고 있을 수 있는가? 분명 1분 남짓도 안되어 숨을 쉬기 시작할 것이고, 질서정연한 리듬 현상은 깨어진다.

여기서 우리의 몸에는 머리가 달려 있으며, 두개골 속에는 조심스럽게 포장된 〈두뇌〉라고 하는 미묘한 도구가 있다는 것을 상기하자.

　이 두뇌는 충격을 방지하도록 얇은 층의 액체에 떠 있으며, 뇌막이라고 하는 단단한 보자기에 싸여 있다. 밀도 높은 단물에 담겨 통조림 깡통에 보관되어 있는 복숭아처럼 비교적 부드럽고 둥근 과일을 상상하면 두뇌 조직을 금방 이해할 수 있다.

　만일 그 깡통을 흔들면 복숭아는 깡통의 천정과 바닥에 부딪칠 것이고, 깡통이 움직이는 방향으로 약간의 시간차를 두고 가속도가 붙을 것이다. 이 운동은 작아서 0.005mm에서 0.010mm이다. 이것과 똑같은 현상이 바로 우리의 두뇌에 일어나고 있다.

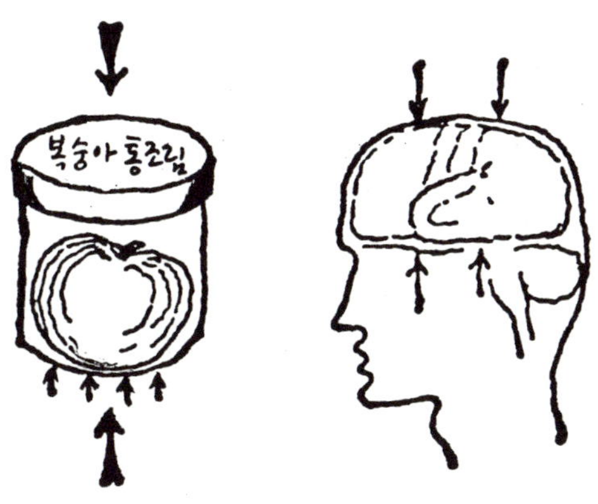

　문제는 이것이다. 즉, 우리는 어떻게 해서 우리에게 일어나는 이러한 일을 의식하지 못하는 것일까? 그것은 아마도 어떤 일이 신경조직에 일정 기간 동안 계속해서 일어나면 외상(外傷)이 없는 한, 신경에서 올려보내는 신호들을 분류하는 두뇌에서 그 신호를 쓸모없는 신호로 처리하여 더이상 의식적인 주의를 기울이지 않기 때문일 것이다. 우리는 경험을 통해 곁에 있는 괘종시계의 큰 똑딱 소리나 열차 안에서 듣는 소음 같은 것들에 쉽게 익숙해질 수 있다는 것을 안다.

　그러나 그 소리는 어디엔가 쌓이며, 어떤 미묘한 방식으로 우리에게 영향을 미친다. 만일 우리의 두뇌에게, 이따금 불규칙적으로 충격을 받는 것과 질서있고 조화있는 운동 중 어느 쪽을 더 좋아하느냐고 물으면 두뇌는, 혹은 그 점에 있어서는 우리의 몸 전체가, 당연히 후자 쪽을 더 좋아한다고 말할 것이다.

리듬 편승

어느 은은한 여름날 밤 숲에서 깜박이는 반딧불들을 보러 나갔다고 상상해보자. 처음에는 깜박거림이 제각기일 것이다. 그런데 얼마 안 가서 그 깜박거림들 사이에서 하나의 질서가 만들어질 것이다. 잠시 후 우리는 숲 전체의 반딧불들이 일제히 불을 켰다가 껐다가 하는 현상을 목격하게 될 것이다.

이러한 현상을 〈리듬 편승〉(rhythm entrainment)이라고 한다.

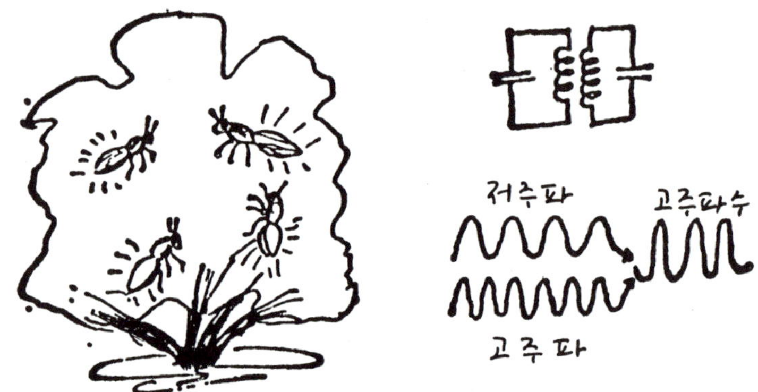

또다른 예를 하나 들어보자. 라디오나 텔레비전에 흔히 사용되는 전기 형태의 진동자가 달린 전기 회로를 만들어놓았다고 하자. 그런데 우연히 서로 맞붙어 있는 진동자들이 비슷한 진동수로 진동하고 있다고 하면, 얼마 안 가서 두 진동자가 어느 한쪽의 진동수에 맞추어 똑같이 진동하고 있는 것을 보게 될 것이다. 대개는 진동이 빠른 진동자가 느린 진동자를 자기 쪽의 속도에 맞추게 한다.

여기서 다시 자연계는, 비슷한 진동수를 가진 것들이 두개 혹은 여러개 있으면 그 작은 차이를 고집하는 것보다는 함께 보조를 맞추어 같이 진동하는 것이 훨씬 경제적이라는 사실을 잘 알고 있다는 것이 드러난다. 리듬 편승의 주된 효과는 자연계에서 일어나고 있다.

우리의 생체 리듬은 빛의 영향을 받으며, 어느 정도는 중력의 영향도 받고 있다. 빛과 중력, 이 두 가지가 가장 분명한 요소이다. 그러나 현재로는 명백히 밝혀지지 않았지만 자기(磁氣)·전자기(電磁氣)·대기, 그리고 지구 물리학적인 효과도 우리에게 영향을 미친다.

우리는 대개 낮에 깨어 있고 밤에 잠이 든다. 문명화된 인간들보다 짐승이나 새들은 잠들고 일어나는 사이클이 빛과 어둠의 사이클과 더욱 밀접하게 연결되어 있다. 그러나 우리 인간은 인공적인 빛을 발명하여 빛과 어둠의 사이클을 마음대로 변화시킬 수 있다.

하지만 비행기를 타고 몇 시간대를 뛰어넘어 다른 나라로 여행을 하는 경우처럼 우리 몸의 생체 시계를 움직이는 빛과 어둠의 사이클이 급격히 변화했을 때는, 우리의 생체 리듬이 간섭을 받아 하루나 이틀 동안은 새로운 환경에 적응하지 못한다.

일리노이 주의 에반스턴에 있는 노스웨스턴 대학의 교수 프랭크 브라운 2세(Frank Brown, Jr.)는 아주 흥미있는 실험을 한 적이

있다.

동물의 생체 리듬에 영향을 미치는 요인들을 알아내기 위해 그는 몇개의 살아 있는 굴을 동서 방향으로 수천 마일이나 떨어진 롱아일랜드 사운드에서 자기의 실험실까지 배에 실어 옮겨왔다. 굴은 바닷물로 채워진 불투명한 상자 속에 넣어진 채 운반되었다. 도착해서도 햇빛을 받지 못한 채 실험실에만 갇혀 있었다.

첫번째 실험에서 굴은 롱아일랜드 사운드의 조수에 맞추어 입을 열었다 닫았다 했다. 그런데 약 2주일 만에 굴은 리듬을 바꾸기 시작하더니 잠시 후엔 일리노이 주의 에반스턴에 뜨고 지는 달의 주기에 정확히 맞추어 입을 열고 닫기 시작했다.

이 경우에 우리는 굴이 분명히 달의 중력에 의해 리듬 편승하고 있다는 것을 알 수 있다.

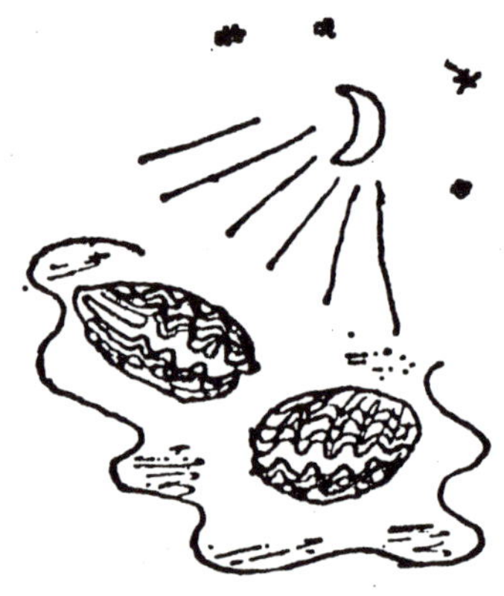

하지만 리듬 편승하고 있는 것은 이 지구의 작은 생명체인 우리들뿐만이 아니다. 거대한 행성들과 별들 자체도 자기들의 태양 주위를 돌면서 리듬 편승되고 있으며, 공명체계를 발달시키고 있다. 작은 행성들은 태양의 인력에만 영향을 받는 것이 아니라 큰 행성의 중력장에도 강하게 영향을 받고 있다. 따라서 소행성들은 두 주인의 가락에 맞추어 춤을 춘다고 할 수 있으며, 그래서 소행성들은 자기에게 힘을 미치는 두개의 천체의 음악에 맞추어 춤을 춘다. 그

것들은 공명하는 궤도 속으로 들어가 크게는 태양을 돌면서 작게
는 자기의 지구 둘레를 도는 것이다.

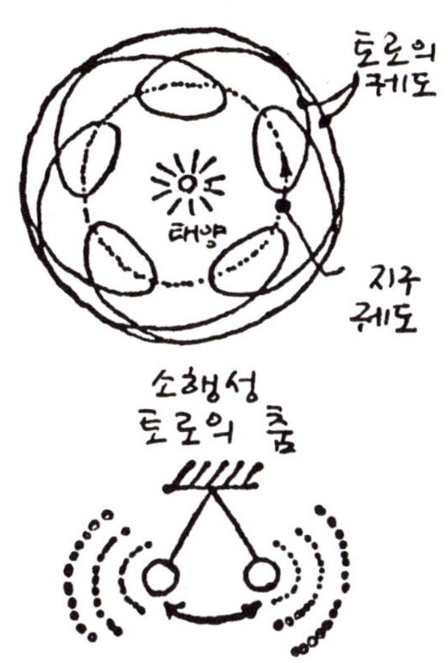

이 장에서 설명한 현상들은 모두가 주기적이고 반복적인 성질을
가진 것들이다. 처음부터 우리는 하나의 일반적인 법칙을 만들어
나갔다. 즉, 리듬 있는 어떤 운동이 일어나면 그것은 주위 환경에
영향을 미친다는 것이다. 그 주위 환경이 공기든 물이든 고체든 전
자장이든 중력장이든 마찬가지이다.

공기나 물 혹은 고체일 경우에는 이러한 진동은 우리의 가까운
환경에만 영향을 미칠 것이고, 우리는 그것을 〈소리〉(파동)라고
부른다.

만일 우리가 전자장이나 중력장을 흔들면, 그 떨림은 무척 빠른
속도로 무한정 멀리까지 전달될 것이다. 여기에도 우리는 〈소리〉
라는 단어를 적용시킬 수 있지만, 이 소리는 다른 소리와는 달리
빛의 속도로 여행할 것이다.

우리 자신은 실제로 이런 저런 소리(파동)를 통해 우주 전체의
모든 생명체와 연결되어 있다고 할 수 있다. 왜냐하면 우리 모두는

일종의 진동체(振動體)이며, 그 속에는 어느것 하나 고정되고 정지해 있는 것이 없기 때문이다.

엄청난 속도로 진동하고 있는 원자 속의 핵을 가만히 들여다보면, 전자와 분자들이 독특한 진동수로 서로 밀접하게 연결되어 있음을 알 수 있다. 물리의 특성을 결정짓는 가장 중요한 요소는 진동 에너지인 것이다.

우리가 어떤 생각을 하면 우리의 두뇌는 주기적인 전기 흐름을 발생시키며, 전기 흐름이 생기면 자연히 자장이 형성되어 이들은 빛의 속도로 우주 공간으로 멀어져간다. 우리의 심장에서 발생하는 전파나 소리도 마찬가지다. 이것들 모두는 거대한 간섭 무늬를 형성하면서 퍼져 나가 지구에서 멀어져간다.

물론 이것들은 매우 약하긴 하지만 분명히 존재한다. 우리의 신경조직이나 세포조직이 더 섬세하게 동조(同調)되어 있을수록, 일반적인 소음이나 〈소리〉의 뒤범벅 속에서도 우리는 더욱 분명하게 의미있는 신호를 수신할 수 있다. 우리가 소위 〈동조된 진동자〉의 조직을 가지고 있을 때는 매우 미약한 신호까지도 수신할 수 있다. 실험을 통해 보았듯이 진동수가 비슷할수록 공명체계를 유지하는 데 훨씬 적은 에너지가 필요하다.

우리의 지구 자체도 태양계 전체를 채우고 있는 플라즈마(plasma)*
에 충격파를 발생시키고 있다. 이 충격파는 다른 별들에 의해
생긴 충격파들과 상호작용하면서 행성과 별들 사이에 공명을 일으
키고 있다.

결론적으로 말해, 우주의 모든 생명체들은 한 가지 공통된 요소
위에 기초하고 있는데, 그것은 바로 주기적인 변화, 혹은 소리이다.
우리의 감각은 이들 서로 다른 〈소리〉에 상호 연결되어 반응하고
있다. 그러나 우리는 언제나 한 가지 소리와 다른 것을 비교하고
있을 뿐이다. 우리는 오직 〈소리의 차이〉만을 인식할 뿐이다.

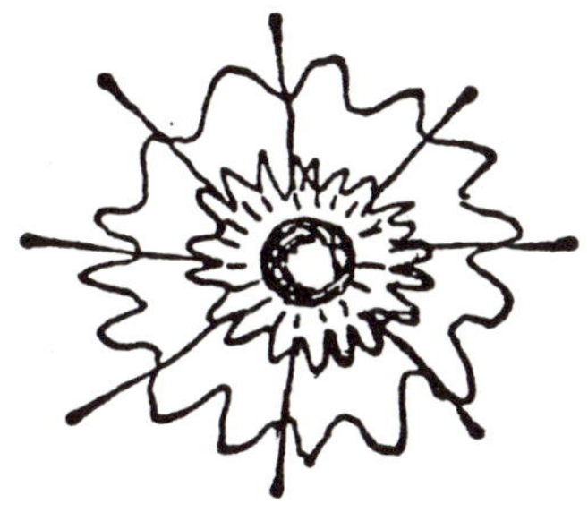

간 추 림

우리는 소리를 만드는 다양한 방식을 보아 왔다. 줄이나 다른 물
체가 진동할 때는 〈서 있는 파동〉(전문용어로는 〈정상파〉이다)이
발생한다는 것을 알았다. 이 파동은, 끈이나 금속판이나 액체를 채
운 용기나 혹은 혈관 등 어느 구조물 속에서도 반드시 〈고정된〉 지
점을 가지고 있다.

이 고정된 지점을 〈파절(波節)〉이라고 하는데, 파절에서는 극소

---

* 플라즈마는 여기서 전기를 띤 입자를 포함하고 있는 엷은 가스층을 말한다.

화된 운동만이 일어난다.

파동들이 겹쳐지면 〈간섭 무늬〉가 생긴다.

〈홀로그램〉(입체영상)은 사진 건판 위에 빛의 간섭 무늬가 새겨진 것이다.

진동수가 다른 두개의 파동이 겹쳐지면 〈맥놀이 주파수〉가 발생한다.

간섭성 — 혹은 동조성(同調性) — 은 파동이 규칙적이고 질서정연하게 진행하는 것을 말한다.

〈진동자〉는 두 정지점 사이를 주기적이고 반복적으로 움직이는 장치를 말한다. 우리의 몸도 그러한 장치의 일종이다.

서로 다르게 진동하는 진동자들은 〈리듬 편승〉의 영향으로 진동하는 양상이 같아진다.

진동하는 양상이 같은 진동자들은 〈공명〉하기 쉽다.

우리의 현상계는 모두가 진동하는 실체이며, 서로 다른 종류의 〈파동〉으로 가득차 있다.

우리는 이 파동들의 〈차이〉에 반응한다.

제 2 장
초현미경을 통한 관찰

앞 장에서 우리는 소리와 파동이 작용하는 방식에 대한 몇가지 지식으로 무장했다. 이제 이 지식을 이용해 신체조직 내에서의 정상파(定常波), 공명, 리듬 편승 현상 등을 살펴볼 수 있게 되었다.

매우 특수한 현미경을 하나 가지고 있다고 상상하자. 대단한 고율배로 확대가 가능하기 때문에 원자 크기 정도도 쉽게 관찰할 수 있다고 하자. 이 초현미경으로 살아 있는 조직 하나를 관찰해 보자.

처음엔 낮은 배율로 확대하여보자. 불규칙적인 모세혈관의 그물망이 보이고, 연결조직의 쪼가리들, 근육조직과 뼈 같은 것들이 보인다. 그리고 이 모든 것들 위에 약간의 피가 보인다. 따라서 전체적인 인상은 매우 불규칙하고 끈적끈적하다.

이제 근육조직에 촛점을 맞추고 좀더 확대하여보자. 끈적끈적해 보이던 근육이 갑자기 고도로 질서잡히고 멋지게 정돈된 근육 섬유로 바뀐다.

조금 더 확대하면, 긴 근육 섬유는 사실은 나선형으로 길게 꼬여 있는 분자들이 규칙적으로 배열된 것임을 알 수 있다.

여기서 좀더 확대하여보자. 그러면 우리는 끈적끈적한 작은 근육조직들이 실제로는 고도로 질서잡힌 결정체라는 것을 알게 될 것이다.* 확대 비율을 좀더 높이면, 길게 꼬인 나선형의 분자들 속에서 작은 원자들이 집단을 이루어 진동하는 모습을 볼 수 있다.

---

* 제1장에서 액체가 가득 든 상자를 이용해 파동의 간섭 무늬의 작용으로 하나의 결정체를 만들어 본 기억이 날 것이다.

분자의 전 부분이 규칙적으로 물결치고 있다. 모든 움직임이 아주
빠르고 중단이 없지만, 동시에 매우 질서가 있다. 진동하는 횟수는
1초에 수백만번이 넘는다.

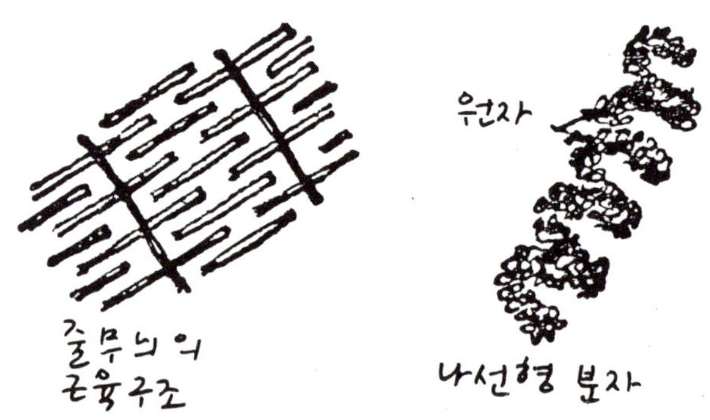

　이제 이 근육조직에 자석을 가까이 대보자. 당장에 분자 구성원
들의 진동에 미세한 변화가 일어남을 알 수 있다. 전기장을 접촉시
켜도 비슷한 결과가 일어날 것이다. 그것은 우리가 분자 구성원들
의 파동 운동을 변화시켰기 때문이다.

　아마도 이런 결과는, 분자를 구성하고 있는 원자 내의 외곽을 도
는 전자들의 궤도를 우리가 약간 변화시켰기 때문에 일어나는 것
같다.

　이제는 뼈조각을 확대시켜 보자. 금방 하나의 질서가 나타날 것
이다. 대단히 질서잡힌 뼈의 결정체들이, 마치 길다란 분자의 끈으
로 이루어진 그물망에 매달린 보석같은 모습을 하고 있을 것이다.
모든 것이 진동하고 있다.

　이제 이 뼈에 전기장(電氣場)＊ 을 가해보자. 그와 동시에 결정
체들의 길이가 달라질 것이다. 전기장에 반응하여 당장에 줄어들
거나 늘어난다.

　좀더 확대하면 결정체를 더 자세히 볼 수 있다. 마치 잘 익은 밀

＊ 전기장이란 전기적인 힘이 존재하는 하나의 영역을 말한다. 그러한 장(場)은 그 속에 있
　는 전기를 띤 입자에게 힘을 가한다.

밭에 바람이 불어올 때처럼 원자들이 앞뒤로 누비듯이 물결치는 모습을 볼 수 있다. 원자들은 일제히 아름다운 율동으로 움직인다. 음향 에너지가 결정체를 통하여 흐르고 있는 것이다.

이제 원자에 촛점을 맞추어보자. 처음에 원자는 분자 내의 일정한 지점을 중심으로 진동하고 있는 작고 희미한 공으로 나타난다. 확대할수록 우리 눈에 보이는 것은 점점 적어진다. 외곽을 돌고 있는 전자의 궤도가 어느 정도 사라지면 텅빈 진공 상태가 나타난다.
여기서 좀더 확대하면 무엇인가 작은 것이 움직이는 모습을 볼 수 있다. 원자 안의 거대한 공간에 위치하고 있는, 원자의 핵(核)이라고 추측되는 그것에 촛점을 맞추어보자.

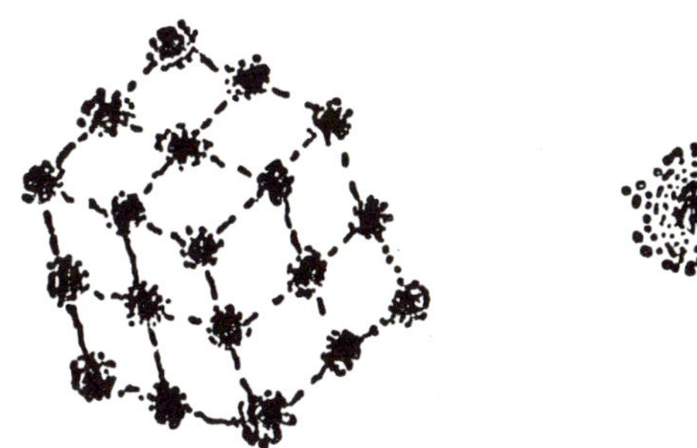

만일 수소의 원자핵의 직경을 1mm라고 가정한다면, 전자궤도의 직경은 10cm로, 비율이 1:100,000이다. 그리고 그 사이의 공간은 텅빈 진공이다.
진동하는 원자핵에 촛점을 맞추고 좀더 확대하면, 원자핵이 사라져 없어진 것처럼 보인다. 원자핵이라고 할 만한 것은 없고 어떤 어렴풋한 파동만을 보게 된다.
여기서 좀더 확대해보면 원자핵은 거의 사라져버린다. 단지 어떤 에너지를 가진 파동만을 감지할 수 있을 뿐이다. 그것은 매우 빠르게 파동치는 에너지 장(場)처럼 여겨진다.
그렇다면 애초의 뼈는 어디로 가버린 것일까? 우리는 우리가 딱딱한 고체 조각을 보고 있다고 생각했었지 않은가!

글쎄, 아무래도 이것이 실체의 진짜 모습인 것 같다. 우리가 상식적으로 알고 있는 모든 딱딱한 물체의 밑바닥에 깔린 최소 단위의 실체는, 이제 방금 우리가 본 대로 진동하는 장(場)으로 채워져 있는 거대한 빈 공간으로 이루어져 있다.

이 빈 공간에서는 서로 다른 많은 종류의 장이 상호작용하고 있다. 한쪽 장에 작은 혼란이 일어나면 금방 다른쪽 장으로 전파된다. 각각의 장은 그물망처럼 맞물려 있으며 각자 고유한 비율로 진동하면서 서로 조화를 이루고 있다. 그리고 각각의 진동은 우주 전체로 멀리멀리 퍼져 나간다.

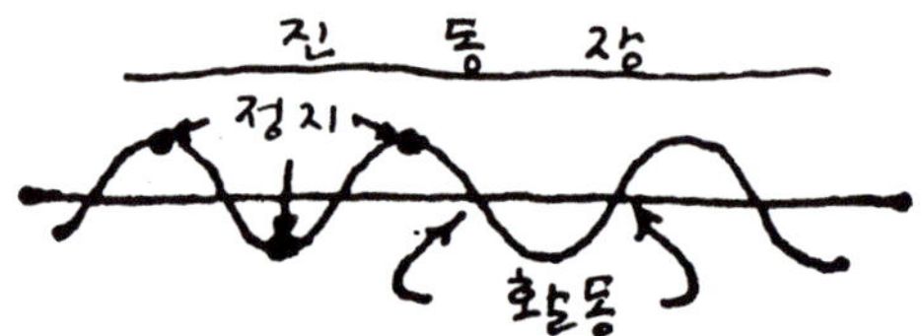

한쪽 장(場)에 교란이 일어나 질서있는 리듬이 깨질 때마다, 그 불규칙성이 퍼져 나가 이웃하는 장까지 교란시킨다. 교란의 원인이 제거되면 당장에 질서있는 리듬이 회복된다.

이와 반대로, 서로 맞물린 장으로 형성된 이 그물 조직에 강력한 조화를 갖춘 리듬을 가하면, 그 조화의 영향으로 조직체는 훨씬더 질서있게 된다.

질병이라는 것은 우리의 신체기관 중 어떤 부분이 조화가 깨어진 상태에 있는 것이라고 볼 수 있다. 그 부분에 강력한 조화를 갖춘 리듬을 가하면, 파동들의 간섭 무늬인 그 기관은 다시 조화로운 상태에서 박동하기 시작한다. 이것이 심령치료의 원리일 것이다.

지금까지 우리는 〈딱딱한〉 실체를 고배율로 확대하여 그 속에서 상상의 여행을 함으로써 밑바닥에 깔려 있는 새로운 실체를 발견했다. 견고한 모습을 하고 있던 우리의 실체는 없어져버리고, 고속으로 진동하는 에너지 장만이 나타났다.

파동들의 간섭 무늬라고 할 수 있는 이 에너지 장은 우리 신체의 거대한 진공을 채우고, 나아가 그보다는 약간 약해진 방식이긴 하지만 우주 공간으로 무한히 퍼져 나간다.

우리는 또 이 에너지 장에 다른 에너지를 가하면, 이제는 다소 추상적인 의미가 되어버린 소위 〈물질〉이나 조직 세포의 행동이 어느 정도 영향을 받는다는 것을 알았다. 그 에너지가 전기·자기·중력·음향에너지든간에, 그리고 그것이 멀리 떨어진 곳에서 작용하든지 피부 곁에서 작용하든지간에 그것은 늘 어느 정도 우리와 상호작용하고 우리에게 영향을 미친다.

이제 앞 장에서 설명한 일리노이 주 노스웨스턴 대학의 프랭크 브라운 박사가 실험했던 롱아일랜드의 굴의 행동이 조금도 이상하지 않을 것이다. 달 때문에 생긴 지구의 중력장의 변화는 쉽게 모든 물질에 스며들며, 따라서 거기에 리듬 편승해서 굴이 에반스턴의 시간에 맞추어 입을 열고 닫은 것은 하나도 이상할 게 없다.

우리의 신체는 물론 여러 종류의 조직체로 이루어져 있다. 그중의 어떤 조직은 특별한 진동 에너지에 대해 다른 조직들보다 훨씬 민감하게 반응한다.

예를 들어, 방사선은 종류에 따라 각각 다른 깊이로 우리의 살갗에 침투한다. 자외선은 피부의 한 층에만 영향을 주고 그 이상은 영향을 주지 못한다. 더 깊이 침투하지 못하기 때문이다. 음파(音波)는 세포조직에 따라 훨씬 잘 침투하거나 더 많이 반사된다.

그리고 신체 전체는 중력과 자기효과(磁氣效果)에 영향을 받는다. 그 영향이 아무리 작아도 우리의 정신은 매우 강하게 반응한다. 가까운 경찰서로 가서 보름달이 범죄 발생율에 미치는 영향에 대한 기록을 찾아보거나, 아니면 정신병원의 보호실에서 일어난 폭력사건의 빈도수와 보름달의 관계를 조사해보라. 두 경우 모두 높은 증가율이 발견될 것이다.

보름달이 가장 효과가 크고, 초생달은 그 다음이다. 하지만 둘 다 평균 이상의 영향을 미친다. 앞에서 우리는 신체와 두개골의 율동적인 운동이 두뇌를 위 아래로 가속화시키는 것에 대해서 알아보았다. 이렇게 두뇌를 가속화시키는 힘은 멀리 떨어진 달의 영향보다 훨씬 강하다. 그렇지만 이 힘 역시 달의 영향을 받으며, 또한 달의 힘은 우리의 정신에 대단한 영향을 미치기에 충분하다.

물론 사람들 모두가 달에 똑같이 강한 반응을 보이는 것은 아니다. 감정이 풍부하거나 혹은 정서적으로 불안한 사람들이 가장 강하게 영향을 받는다.

이제 우리의 신체 주변에서 만나게 되는 여러 종류의 에너지 장(場)에 대해 살펴보자.

우리 신체를 구성하고 신체의 모양을 만드는 전자기장과 정전기장(靜電氣場)은 그 힘이 비교적 강하고 우리 몸의 원자나 분자들을 함께 붙잡아두는 역할을 한다. 이런 장은 우리 몸에서 멀어짐에 따라 그 힘이 약해진다. 우리는 다음과 같은 몇개의 장에 의해 둘러싸여 있고 침투당하고 있다.

1. 소위 행성의 정전기장(정식 명칭은 정전위장).
2. 우리의 신체에 의해서 만들어지는 정전기장.
3. 지구의 자기장.
4. 전자기장. 이것은 매우 넓은 범위의 스펙트럼으로, 여기에는 대기의 교란에 의해 발생한 아주 느린 파동에서부터 가시광선(우리 눈에 보이는 빛)의 스펙트럼, 그리고 자외선과 더 높은 주파수의 방사선에 이르기까지 두루 포함된다.
5. 지구와 달, 그리고 이웃하는 행성들과 태양의 중력장.
6. 인간이 만드는 정전기장, 예를 들어 라디오와 텔레비전 방송망 등의 다양한 전파.

앞의 두개의 장(場)에 대해 이야기해보자.

알다시피 우리의 지구는 전리층(電離層)이라고 하는, 전기를 띤 입자의 층으로 둘러싸여 있다. 전리층의 아랫부분은 지구 표면의 약 80km 지점부터 시작된다. 이것은 전기를 띤 층이며, 라디오 전파를 반사하는 것으로 알려져 있다. 따라서 이 층은 라디오 방송에 절대적으로 필요하다. 그러나 우리는 이 층의 다른 성질에 관심을 가져보자.

이 층은 높게 하전된 상태이기 때문에 〔그림 17〕에서 보듯이 지구와 함께 소위 축전지 형태를 하고 있다. 이 말은 곧 음전기를 띤 지구와 양전기를 띤 전리층 사이에 전압의 차이가 있다는 것을 뜻한다. 이 전압의 차이는 지구와 전리층의 거리를 따라 고르게 분포되어 있으며, 대략 미터당 200볼트이다.

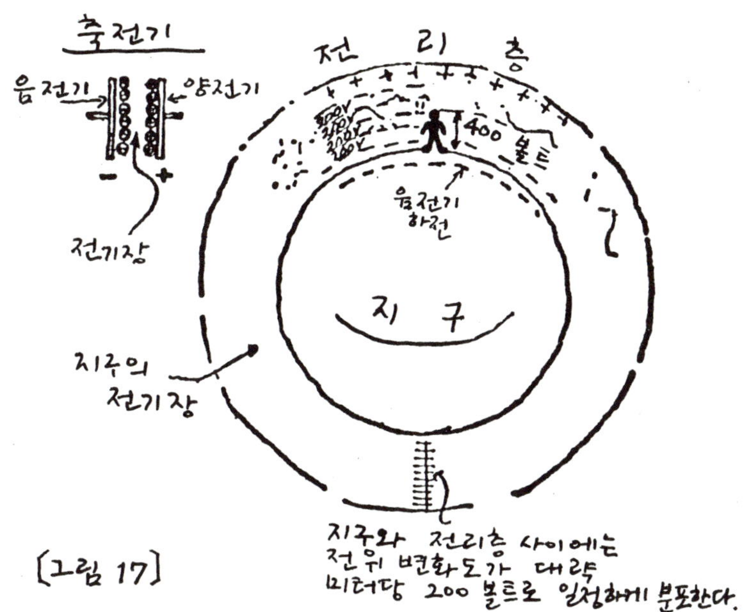

〔그림 17〕

지구 표면을 걸어다닌다는 것은 다시 말해 소위 〈빽빽한〉 이 전기장 안을 움직이는 것과 같다. 이것은 상당히 굳은 젤리처럼 행동하고 있다는 뜻이다. 누구나 젤리 그릇을 다루어본 경험이 있을 것이고, 또 그것이 얼마나 진동에 민감한가를 알고 있을 것이다.

젤리 그릇에 건포도 몇개를 집어 넣었다고 생각해보자. 건포도 한개를 집고 진동시켜보라. 이내 젤리 속에 있는 다른 건포도들까지 진동하는 것을 보게 될 것이다. 따라서 우리는 건포도가 젤리의 장(場)과 잘 〈연성(連性)되어 있다〉고 해도 무방하다. 여기서 연성이라는 것은 건포도와 젤리 사이가 잘 연결되어 있으며, 둘 사이에 에너지 전달이 좋다는 것을 뜻한다.

지구의 정전기장은 굳은 젤리와 같다. 우리의 신체가 움직이고 진동하면, 이 운동은 주위로 전달되어 인간 전체뿐 아니라 동물의 신체 구석구석까지 전달된다. 이 정전기장은 우리의 신체에 부딪칠 뿐만 아니라, 신체 속의 전기의 흐름에도 영향을 미친다.

그렇다면 이 연성(連性) 효과는 얼마나 큰 것일까? 아무리 작은 움직임이라도 탐지될 수 있다는 말인가? 그리고 이 연성 효과는 어떤 영향을 주는가?

사실 연성 효과는 대단히 높다. 측정에 의하면 사람의 신체는 정상적인 조건에서 땅 위에 서 있을 때 전기적으로 연결이 되어 있음을 알 수 있다. 다시 말해 전기적으로 접지(接地)되어 있는 상태이다.

인간의 신체는 정전기장의 배출구 역할을 함으로써 어느 정도 정전기의 힘을 억제시킨다. 그러나 우리의 신체에 전류가 흐르고 있다면 전기의 극에 상관없이 상호작용은 더 강해질 것이다.

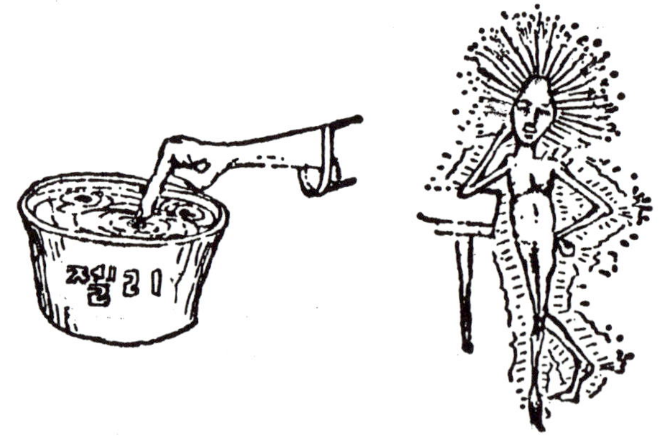

실제로 우리의 신체는 전기를 띠고 있다는 것이 판명되었다. 신체는 살아 있는 한 주위에 하나의 장(場)을 계속적으로 형성하고

있다. 신체의 정전기장은 시중에서 판매되는 정전기 검출기로 쉽게 측정할 수 있다. 우리는 우리의 실험실에서 이 정전기장을 측정할 특별한 기구를 만들었다〔그림 18〕.

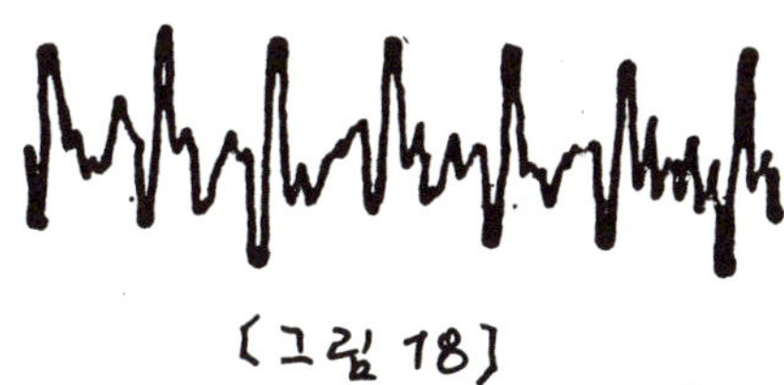

여기에 그 기구로 측정한 결과가 나와 있다. 우리의 신체에 의해 정전기장* 이 교란되는 것을 측정할 수 있다. 이 기구는 아주 민감하기 때문에 신체에서 40cm 내지 45cm 떨어진 지점에서도 신호를 잡아낼 수 있다. 여기에 나타난 커다란 파동 역시 심장의 좌심

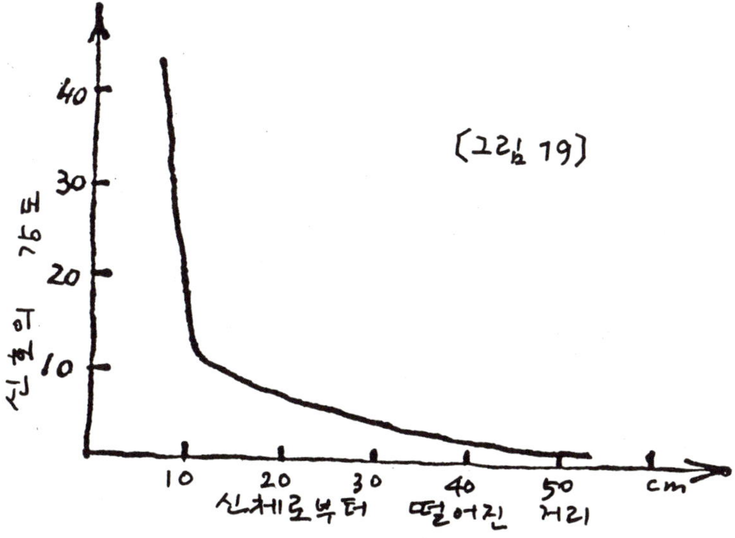

---

* 더 정확히 말하면 이 장은 신체의 운동에 기인한 역동적(力動的)인 전기장이라고 할 수 있다.

실이 피를 분출할 때 생기는 몸의 반동에 기인한 것이다.

신호의 강도는 신체와의 거리에 따라 변화했다. 변화되는 모양이 〔그림 19〕에 나타나 있다.

탐지기가 신체로 가까이 갈수록 신호가 점차로 증가하는 것을 알 수 있다. 그런데 몸에서 약 10cm 정도 떨어진 지점에서 급격한 증가가 일어난 것이 보인다. 이러한 증가는 탐지기를 0.6cm 정도 움직였을 때 발생한다.

이 신호의 강도는 실험 대상의 생명력에 따라 크게 달라진다. 기운이 넘치는 사람은 큰 신호가 나타나고, 활기가 없는 사람은 실제로 아무런 신호도 나타나지 않았다.

이와같이 우리는 신체 주위에 정전기장을 가지고 있다. 이 정전기장은 우리를 지구의 정전기장 ——원래는 정적 등전위장(靜的等電位場) —— 과 잘 〈연성(連性)〉이 되게 한다. 이 말은 곧 우리 신체의 움직임이 지구 주위로 멀리 폭넓게 전해진다는 것을 의미한다. 물론 전달되는 신호는 매우 약할 수밖에 없다.

이제 1장에서 이야기한 공명체계(共鳴體系)를 기억해주기 바란다. 서로 같은 고유 진동수(주파수)를 가지고 있어서 진동자 중의 하나가 진동하기 시작하면 곧바로 상대방 진동자에도 그 신호가 전달되는, 최소한 두개 이상으로 구성된 소위 〈동조체계(同調體系)〉가 생각날 것이다.

이것을 다른 말로 하면, 두 진동자 사이에 이상적인 연성(連性)이 형성되어 있다는 것이 된다. 이러한 체계 속에서는 아무리 작은 신호에도 반응하여 공명하기 시작한다.

이번엔 벽에 걸어놓은 추시계들이 서로 리듬 편승한 경우를 기억하기 바란다. 자, 지구의 고유 진동수, 즉 전리층 공간의 고유 진동수는 매초 7.5사이클이고, 신체의 극소 단위의 진동은 6.8헤르츠 내지 7.5헤르츠이다. 이것은 둘 사이가 동조된 공명체계라는 것을 암시한다.

이제 우리는, 깊은 명상 상태에서는 사람과 지구는 서로 공명하고 에너지를 교환하기 시작한다고 말할 수 있다. 이것은 약 4만km

정도의 긴 파장으로 일어나며, 이 길이는 지구의 원주 길이에 해당한다. 다시 말해, 신체의 움직임에 의한 신호는 우리가 속에 있는 정전기장을 통해서 7분의1초에 지구를 한 바퀴 여행한다.

이처럼 파장이 긴 파동은 어떤 것에도 방해를 받지 않으며, 그것의 강도는 장거리를 지나서도 별로 약해지지 않는다. 당연히 이 파동은 금속·콘크리트·물·우리의 신체를 구성하고 있는 여러 장(場)까지 무엇이든 통과한다. 이것은 텔레파시 신호를 보내는 이상적인 매개체이다.

앞에서 호흡을 멈추면 대략 세가지 요소 때문에 극소 운동의 진폭이 증가하는 것을 알았다. 왜냐하면 신체가 공명 상태에 들어가고, 그 운동이 매우 규칙적으로 되기 때문이다. 다른 방법으로도 이러한 공명 상태를 얻을 길이 없을까?

명상 상태

이러한 조화로운 공명 상태를 넓히는 기술은 수천년 전부터 알려져왔다. 그것은 매우 종류가 다양한 명상(瞑想) 기법이다.

명상은 신체의 신진대사율을 낮추고, 따라서 적은 양의 산소를 가지고도 신체를 움직일 수 있게 해준다. 게다가 명상 수련에 숙달되면 호흡이 아주 부드러워져 대동맥의 공명 상태를 방해하지 않게 된다. 이것은 호흡이 들어가도 공명 상태를 잘 유지하고 확장할 수 있도록 심장의 혈관계를 조정하는 자동적인 과정이 허파와 횡경막 사이에 발달하기 때문이다.

그 공명 상태는 자연히 몸 전체에 작용할 것이다. 두개골과 신체의 모든 내부기관은 〈동조(同調)가 되어〉 매초 7사이클 정도로 진동할 것이다. 이것은 정상적인 신체의 고유 진동수가 그 범위에 있기 때문이다.

따라서 이 진동수로 심장 혈관계가 온몸을 도는 데에는 매우 적은 노력밖에 들지 않는다. 그것은 마치 그네를 타이밍을 맞추어 밀어주는 것과 같다. 보통 때에 일어나는 빼기 간섭이 사라지고, 신체는 대단히 동조된 방식으로 활동하기 시작한다.

이와같은 신체의 공명 상태는 매우 편안하고 유익한 상태인 것 같다. 최근의 과학적 연구에 따르면,* 명상의 효과는 단순히 주관적인 것이 아니라 수행자에게 매우 현저한 인체 생리학적 효과를 주는 것으로 나타나 있다.

하지만 명상은 신경을 진정시키고 혈압을 낮추는 효과뿐 아니라 다른 효과들도 있다. 명상은 느린 속도이긴 하지만 분명히 〈의식의 향상〉을 꾀해준다. 이것은 사람들 개개인에 따라 다른 비율로 나타난다. 섬세한 신경조직을 가진 예민한 사람은 남들보다 훨씬 빠르게 효과가 나타날 것이다. 어쨌거나 늦든 빠르든 명상 수행자의 대다수가 내면의 새로운 지평선이 넓게 열리고, 전에는 상상조차 할 수 없을 정도로 자신들의 삶을 충족시키게 된다. 다음 장에서는 이 점에 관해 좀더 자세히 설명될 것이다.

여하간 신체의 운동으로 돌아가보자. 전기를 띤 신체가 진동하면 지구

---

* Bloomfield, Harold 등 공저 《TM》, New York, Delacorte Press, 1975. 아니면 〈정신세계사〉에서 1987년에 발행한 피터 러셀 지음 《초월명상 TM 입문》 PP.67-87을 참조할 것. (역주)

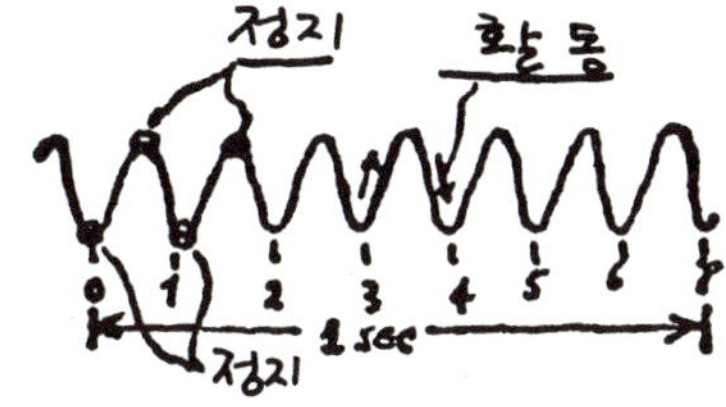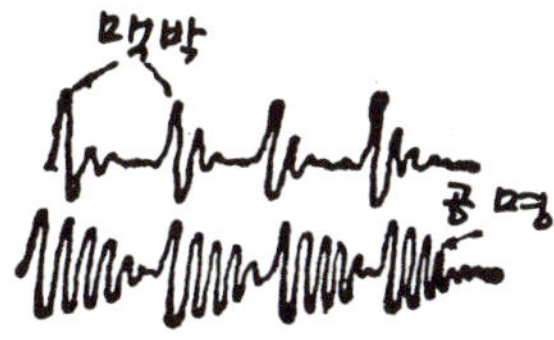

의 정전기장과 잘 〈연성(連性)〉이 된다고 하였다. 이 진동은 규칙적이고 반복적인 신호를 발생시킨다. 혹은 파동을 일으키며 이 정전기장에 퍼져 나간다.

이러한 신호는 자연히 비슷한 진동수(주파수)로 진동하고 있는 다른 〈신체〉에 리듬 편승하려는 경향이 있다. 다른 말로 해서, 근처 또는 지구상의 어딘가에 명상 상태에 들어가 이 공명 진동수에 접근하고 있는 사람들이 있으면 함께 떠밀려가 그 진동수에 고정된다.

따라서 명상중에 있는 한 사람의 신체, 혹은 집단의 신체는 지구의 정전기장을 통해서 대략 7헤르츠의 단순 조화운동, 혹은 〈파동〉을 방출하고 있다고 말할 수 있다. 이렇게 방출된 파동은 다른 사람들을 리듬 편승시킬 것이고, 그들이 쉽게 공명 상태에 들어올 수 있도록 도울 것이다.

보다 많은 신체가 같은 진동수(주파수)에 결합될수록 그 신호는 더욱 강력해진다. 지구상의 서로 다른 시간대 덕분에 언제나 몇몇 사람은 서로 공명하면서 이 파동을 유지하고 있다.

다음 장에서 지구도 의식(意識)을 가지고 있다는 것을 배우게 되면 우리가 그러한 동조 상태를 유지하는 일이 지구를 끝없이 기쁘게 하는 일이라는 것을 발견하게 될 것이다.

간 추 림

신체의 구성 물질을 고배율로 확대하면 우리가 대부분 진동장(振動場)

으로 구성된 진공으로 만들어져 있음을 발견하게 된다. 이것이 우리가 알고 있는 〈객관적인 물체〉의 진짜 모습이다.

인간의 신체를 구성하고 있는 진동장(振動場)들은 외부의 장들에 쉽게 영향을 받는다. 그것이 달이나 태양에 의한 자기장과 중력장의 변화든가, 기후 형태에 따라 달라지는 저주파 전자기장의 변화 등과 같은 자연적인 것일 수도 있고, 혹은 라디오나 텔레비전 방송망처럼 인간이 만든 인위적인 장일 수도 있다.

우리의 신체는 스스로 정전기장을 발생시킨다.

명상 상태에 있을 때 우리의 신체는 지구의 전기장과 공명한다.

제 3 장
활동과 정지의 모르스 부호

앞 장에서 우리의 신체와 모든 물질이 엄청난 속도로 진동하는 전자기장(電磁氣場)들의 상호작용으로 이루어져 있다는 것을 알았다. 평균 온도에서 원자는 10^{15}헤르츠의 속도로 진동한다(이것은 1다음에 0이 15개 있다는 뜻이다). 원자핵은 대략 10^{22}헤르츠로 진동한다. 이 정도면 거의 상상할 수 없을 정도로 빠른 속도이다.

생명 조직체를 탄생시키는 과정에서 자연계는 생명체가 주위 환경과 상호작용하도록 감각기관을 만들어야만 했다. 그래서 우리가 앞에서 본 대로 매우 예민한 기본단위를 이용해야만 했다. 그러나 느린 의식과 교신(交信)을 하기 위해 자연은 물질 자체가 본래 갖고 있는 막대한 정보 처리 용량을 대부분 포기해야만 했다.

한 원자가 1초에 1,000조번(10^{15}헤르츠) 진동한다면, 이것은 1초에 별개의 두 상태를 그렇게 많은 숫자로 오간다는 뜻이다. 다시 말해, 1초당 「예, 아니오, 예, 아니오」를 그렇게 여러번 말할 수 있다는 얘기다.

이제 만일 이러한 빠른 움직임에 진동수나 진폭을 바꾸는 변조(變調)를 행하여 이 용량을 모두 활용할 수만 있다면 우리는 매우 빠른 정보 교환 수단을 가질 수 있을 것이다. 이 속도는 분자의 상호작용에 이용되고 있지만, 우리의 감각기관은 이렇게 엄청난 정보의 홍수를 직접 취급하기에는 절망적으로 느리다.

그래서 여러번의 실험 끝에 자연계는 합리적인 해결책을 마련했다. 즉 자연은 원자를 묶어 분자를 만들었으며, 분자는 덩어리가 크기 때문에 원자보다 훨씬 낮은 진동수로 진동하게 되었다. 그래도 분자의 진동수는 아직 10^9헤르츠이다.

그래서 자연은 다시 분자들을 모아 살아 있는 세포를 만들었으며, 이 세포가 모든 유기체(有機體)를 구성하는 기본단위가 되었다. 그리고 여기서 신경세포인 뉴론(neuron)이 분화되어 나왔다. 그리하여 하나의 기본적인 신경계가 형성되어, 감각기관이 입력한 정보를 〈활동과 정지〉라는 형태의 느린 모르스 부호로 번역하는 일을 맡게 되었다.

이것은 원자의 높은 진동수를 분자의 〈무리없는〉 진동수로 점차 낮추고, 그것을 다시 세포가 〈수용할 수 있는〉 진동수 (10^3헤르츠)로 낮추는 과정이었다. 다른 말로 해서, 세포는 그 정도의 진동수에서만 자극에 반응할 수 있는 것이다.

일반적인 불안이나 걱정 또는 비관, 초조감이나 흥분처럼 직접 감각기관을 통하지 않는 감정은 다른 종류의 구조를 통해 경험할 수가 있다. 이런 감정들은 우리가 속해 있는 여러 가지의 장(場)이 동요하든지, 혹은 두뇌나 내분비선에서 일어나는 분자의 진동수 때문에도 생겨날 수 있다.

바로 앞 장에서 우리는 달이 감정에 미치는 영향을 말했다. 정전기장의 변화 역시 권태나 흥분의 효과를 줄 수 있다.

감각기관

우리의 감각기관은 생물시간에 배운 대로 감각기관 내에 적당히 배치되어 있는 감각신경세포 조직으로 이루어져 있다. 이 세포들은 긴 신경섬유에 연결되고, 이 신경섬유는 다시 이웃하는 신경섬유들과 함께 신경다발을 형성한다. 이 신경다발은 최종적으로 척추에 연결되어 척수(脊髓)를 형성하고, 두뇌의 여러 지역으로 이어진다.

생체학(生體學)에 따르면, 감각신경세포는 아무런 자극을 받지

않을 때면 드문드문하고 고르지 않게 분포된 전기적인 맥박(pulse)
의 형태로 출력을 내보낸다〔그림 20〕.

그러나 신경세포에 압박을 가하거나 다른 자극을 가하면 출력이
매우 활발해진다. 자극을 가할 때마다 신경세포는 촘촘히 이어진
맥박으로 일제사격을 발사한다. 시간당 비율은 자극의 세기에 달
려 있다〔그림 21〕.

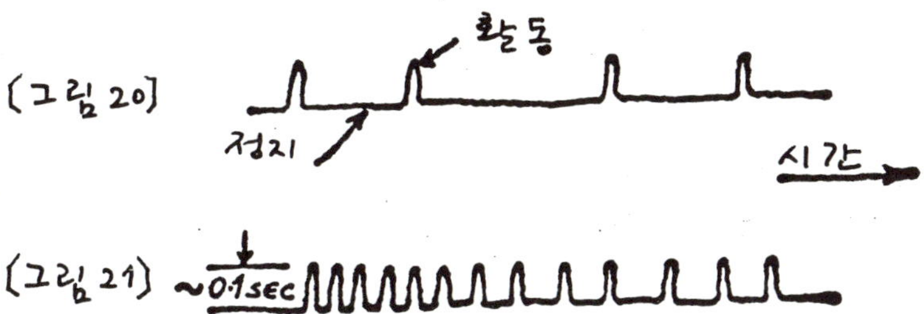

우리의 모든 감각계는 이런 식으로 작동한다. 눈을 통해서 들어
오는 시각 입력이나, 귀를 통한 청각 입력이나, 또는 피부를 통한
감촉이나, 모두 최종적인 결과는 일련의 전기적인 맥박이며, 이것
이 두뇌로 전달되는 것이다.

간단히 말해, 우리의 감각기관은 주위의 실체를 〈활동과 정지의
모르스 부호〉로 번역하여 우리에게 전달한다. 여기서 활동이란 신

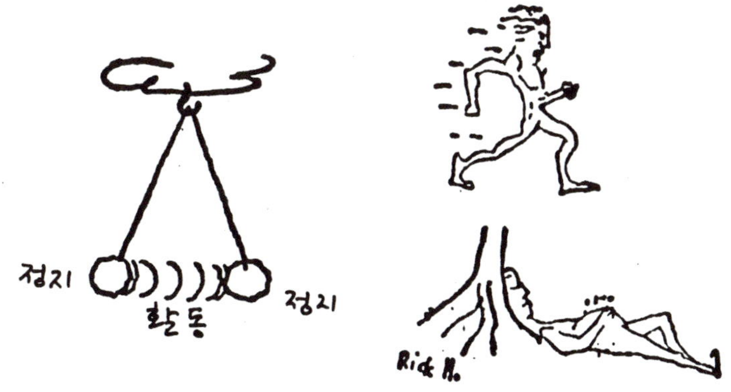

경세포가 전기적인 맥박을 발사할 때이며, 정지는 세포가 다음 발
사를 위해 재생하고 준비하고 있을 때이다.

　이러한 활동—정지 부호로부터 우리의 두뇌는 이를테면 장미의
형태나 구조·색깔·느낌 등, 다시 말해 〈장미다움〉을 구성한다.
또는 망원경의 렌즈를 통해 들어오는 먼 은하수의 희미한 영상을
구성해낸다.

　활동—정지의 토대 위에서 작동하는 다른 시스템을 알아보자.
아무래도 끈에 매달린 추가 가장 단순한 형태일 것이다. 우리 모두
는 느리게 왔다갔다하는 괘종시계 추의 느긋한 속도에 익숙해 있
다. 괘종시계의 추는 물리학자들이 말하는 단순조화운동(單純調和
運動)을 하고 있다.

　추를 실에 매달아놓고 원을 그리는 운동을 시켜보자〔그림 22〕.

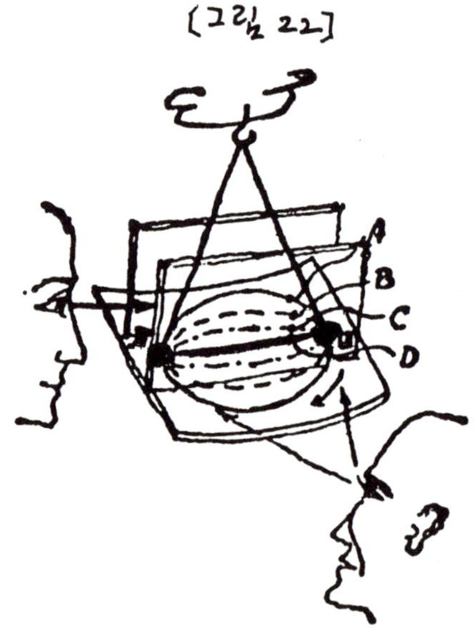

이 원을 A궤도라고 하자. 이 원은 추가 움직이고 있는 평면 위의
두 지점 1과 2를 연결하고 있다.

이제 두 평면을 이용하여 추의 운동 범위를 제한시켜보자. 양옆에 두 평면을 세워놓고서 추가 두 평면 사이에서만 움직이도록 하는 것이다. 그런 다음 서서히 평면 사이의 거리를 좁혀 나가면 추의 운동 궤도는 길고 좁은 타원이 된다. 이 궤도를 B라 하자. 만약에 두 평면을 보다 가까이 좁혀서 추의 궤도를 더욱 제한하면 매우 길쭉한 타원형 궤도 C가 얻어진다. 추의 자유를 더욱 구속하면 마침내는 1과 2지점을 잇는 직선 위를 움직이게 된다.

우리는 지금 이 운수 나쁜 추의 자유를 제한하고 한 평면을 따라서만 움직이게 했다. 두 지점 사이의 왕복운동은 추의 운동을 관찰자의 시선에 면한 평면 스크린에 투영(投影)한 것과 같다. 추의 자유를 구속해서 우리는 원운동을 직선왕복운동으로 전환시켰다.

그러나 왕복운동에 걸리는 시간은 변화시키지 않았다. 추는 여전히 정확한 시간을 지키고 있다. 우리는 다만 단순한 원운동을 직선운동으로 변화시켰으며, 변화된 후에도 추는 여전히 본래의 원운동에서 생겨난 단순조화운동을 계속하고 있다.

이런 방식으로 우리는 전자의 운동이나 행성의 운동이나 관계없이 모든 종류의 원운동을 단순조화운동으로 전환시킬 수 있다. 여기에 관찰자 두 사람이 있어서 각자가 보는 추의 위치와 시간에 대한 의견이 서로 같으려면, 두 사람 모두 추의 운동을 같은 평면과 같은 각도에서 관찰하기만 하면 된다.

이렇게 해서 그림에 주관이 개입한다. 외관상 운동이 없는 양끝의 두 정지점은 이 사건이 같은 각도에서 관찰되지 않는 한 관찰자 각자에게 서로 다르게 나타난다. 예를 들어 만일 관찰자가 왕복운동의 직선 방향 쪽에서 추의 운동을 본다면 아무런 운동도 볼 수 없게 된다. 그는 추가 약간 가까와졌다가 약간 멀어져가는 것을 볼지 모르지만, 옆방향 운동은 전혀 볼 수 없다. 두개의 정지점만 관찰하고 있을 것이다.

운동의 계급

　제 2장에서 우리는 물체를 구성하고 있는 최소 단위의 실체가 입자들로 표현될 수 있는 에너지 장(場)들의 상호작용으로 이루어져 있다는 것을 알았다. 이 입자들은 여러 가지 고유성질을 가지고 있다. 전기를 띠고 있고, 회전하고 있으며, 기묘도(奇妙度)가 있고, 자기(磁氣) 모멘트를 가지고 있다. 게다가 요 근래에는 입자를 묘사하는 데에 〈색깔〉이나 〈매력〉이라는 단어까지 동원되고 있다.

　원자핵과 전자의 외곽 궤도로 이루어진 원자 하나를 상상해 보자. 전자가 핵 둘레를 빠른 속도로 궤도운동을 하면서 동시에 자신의 축을 중심으로 회전하고 있는 것을 발견할 수 있다.

　이번에는 한 결정체 속의 원자의 집합체를 바라보면, 그것들이 결정체의 격자(格子) 내의 고정된 지점을 중심으로 진동하는 것을 보게 된다. 따라서 자연계를 구성하고 있는 최소 단위는 다음 두 종류의 운동으로 대표될 수 있다. 하나는 자전 상태에서의 공전운동이고, 또 하나는 진동에 의한 왕복운동이다. 두 경우 모두 상대적으로 고정된 지점을 중심으로 운동한다.

　이제 자연계를 구성하고 있는 구조물 계급에서 한 계단 위, 이를테면 다분자의 계급으로 올라가보자. 이들 분자는 원자들을 상대적으로 고정된 지점에 묶어두고 있으며, 그러한 분자의 모든 자유로운 가지는 추와 같은 왕복운동과 회전운동을 하고 있다. 길다란 분자의 자유로운 부분은 들어갔다 나왔다 하는 진동운동, 마치 팅겨진 끈의 진동운동과 닮은 운동을 한다. 그 진동수는 원자핵을 중심으로 궤도운동하는 전자의 진동수에 비하면 매우 작다.

　이제 원생동물(原生動物)이나 플랑크톤 같은 단순한 생명체에 눈을 돌려보면, 단지 한 종류의 운동만을 발견하게 된다. 즉 추나 용수철의 왕복운동이나 전후운동만이 눈에 띈다. 현미경을 통해서 간단한 단세포 동물을 보면 그들의 움직임이 급격하고, 편모를 앞뒤로 빠르게 움직여 운동을 유지하는 모습이 보인다. 이들은 자신

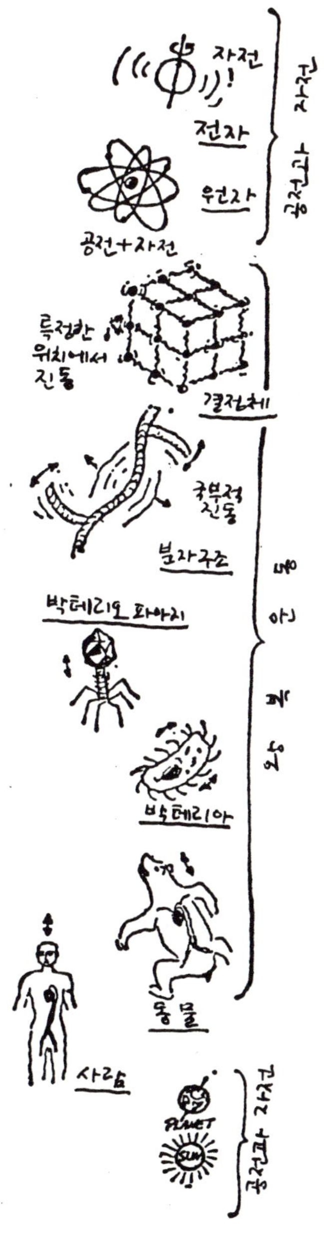
자전
전자
원자
공전＋자전
특정한
위치에서
진동
결정체
국부적
진동
분자구조
박테리오 파아지
박테리아
동물
사람
PLANET
SUN
공전과 자전

들의 축을 중심으로 회전할 수도 있지만, 그것은 어디까지나 그들의 작은 다리의 왕복운동을 통해서 이루어진다.*

유기체가 좀더 복잡해짐에 따라 원시적 심장이 개발되고, 원시적이지만 혈액의 전후 맥박을 발견할 수 있다. 이 맥박은 다시 신체를 전후운동시킨다.

플랑크톤에서 코끼리와 인간에 이르는 동물 왕국을 통틀어 왕복운동이 널리 보급되어 있음을 알 수 있다. 생명체에서는 회전운동이 거의 발견되지 않는다. 우리 모두가 추의 왕복운동, 혹은 이런 말이 마음에 들지 않는다면 진동자의 반복운동에 묶여 있다.

크기의 계급을 따라서 천체(天體)까지 올라가면, 궤도운동과 자전운동이 다시 나타난다. 모든 행성은 자신의 축을 중심으로 자전을 하며 동시에 각자가 숭배하는 별을 중심으로 궤도운동을 한다. 은하계도 회전하고 있으며, 성운(星雲) 등도 그렇다.

결론적으로 말해, 우리는 생명체의 독특한 특성 가운데 하나가 왕복운동이라는 사실을 발견할 수 있다. 하지만 우리의 가장 원시적인 조상도 쉽게 다룰 수 있었던 바퀴 하나를 발명하지 못할 정도로 자연은 어리석은가? 어떻게 된 일일까? 아니면 눈에 보이는 것보다 더 많은 것이 있는 것일까?

---

* 어떤 박테리아에게는 현재 일종의 회전장치가 있다는 것이 밝혀졌다. 편모가 회전식 관절로 박테리아의 몸에 붙어 있어서, 이것이 분자 회전 원동력에 의해 움직인다. Howard C. Berg, 〈박테리아는 어떻게 헤엄치는가? (How Bacteriae Swim)〉, 1975년 8월호 Scientific American, 36－44pp.

추에 대한 접근

앞서 말하던 괘종시계의 느긋하게 흔들리는 추의 이야기로 되돌아가서, 그 왕복운동에 이상한 점이 없나 알아보자. 겉으로 보기에는 아무것도 이상한 것이 없다. 그 운동은 〈활동과 정지〉로 이루어져 있다고 표현할 수 있다. 전에 이런 이야기를 들은 기억이 희미하게나마 있을 것이다.

우리 한번 추의 운동을 분석해 보자. 정지점(静止點)을 향해 다가갈수록 추는 점점더 속도가 느려져서, 마침내는 완전히 정지했다가 다시 반대 방향으로 움직이기 시작한다. 고전역학(古典力學)의 법칙에 따르면, 정지점에서는 물체의 가속도가 최대이고, 위치에너지도 최대이며, 속도는 제로이고, 추의 속도를 바꾸는 데 걸리는 시간도 제로이다.

그런데 만일 양자역학(量子力學)의 관점으로 정지점에서 일어나는 사건을 분석해보면, 전혀 다른 양상이 나타난다. 예를 들어 시계 추를 수학적인 한개의 점, 다시 말해 너무 작아서 측량할 수 없는 점(차원이 없는 점, 무차원점)으로 생각하고 점점 속도가 느려지는 그 점을 따라가보자. 반환점에 가까와질수록 그 점은 분명히 단위시간당 점점더 작은 거리를 움직일 것이다.

그런데 양자역학에 따르면, 움직인 거리가 플랑크(Plank) 거리, 즉 10^{-33}cm 이하이면 우리는 결과적으로 새로운 국면에 접어든다. 사건들 사이의 인과관계(因果關係)가 깨어지고, 부드럽던 운동은 갑작스러운 운동으로 변한다. 시간과 공간은 〈낟알처럼〉 혹은 〈덩어리처럼〉 되어버린다. 물질의 입자는 반드시 시간의 도움을 받지 않고서도 어느 방향으로나 공간을 이동할 수 있다. 간단히 말해, 한쌍의 사건이 시간과 공간 속에서 일어나지만, 그 쌍은 인과적으로 연결되지 않고 임의로 변화한다.

실제로 하나의 물질적인 점이 공간을 이동하는 데 시간을 꼭 필요로 하지 않는다고 상상해보라. 이런 일이 일어난다면 시간의 경

과 없이도 공간을 이동한 것이 된다. 어떤 짧은 거리를 0이라는 시
간으로 나눈다면, 그 사건은 무한속도로 일어난 셈이 된다. 쉽게
말해, 공간을 움직이는 데 시간이 전혀 걸리지 않았다면, 아무리
짧은 거리일지라도 무한속도로 움직인 것이 된다.

　물리학에는 한 가지 원리가 있는데, 물리 법칙을 어기지 않는 한
어떤 사건이든지 일어날 수 있다는 것이다. 그러면 앞서 말한 추에
서는 무슨 일이 일어난 것일까? 추가 움직이는 궤도 상의 모든 점
이 같은 방식으로 행동한 것이다. 따라서 모든 점이 아주 작은 시
간 동안에 무한속도로 움직인 셈이다. 어떤 물체가 빛의 속도보다
더 빠르게 이동할 수 있는 것일까?

　이것을 다른 각도에서 접근해보자. 하이젠베르크(Heisenberg)
의 불확정성(不確定性)의 원리에 대해 들어본 적이 있을 것이다.
이 원리에 따르면, 어떤 입자의 변수(變數) 두 가지를 측정하려고
할 때—예를 들면, 운동량과 위치처럼—운동량을 더 정확히 측
정할수록 위치에 대해서는 더 알 수 없게 된다. 그 반대도 마찬가
지이다(여기서 운동량이란 단순히 질량에 속도를 곱한 것이다).
　어떤 입자의 운동량이나 위치를 측정하려면, 우리는 단지 어느
한쪽만을 정확히 측정할 수 있을 뿐이다. 입자의 운동량을 정확히

알고자 한다면, 그때는 입자의 위치는 완전히 불확실하고 알 수 없게 된다. 그 반대 역시 마찬가지다. 이것이 바로 원자 크기나 그것보다 더 작은 입자가 행동하는 기묘한 방식의 한 보기이다.

추가 정지점에 도달해 방향을 바꾸기 직전에는 추의 속도는 제로이다. 그런데 최저의 속도에서도 운동량은 질량 곱하기 속도이다. 그러나 어떤 양에 0을 곱하면 0이 얻어진다. 따라서 정지점에서 추의 운동량은 0라는 것이 확실해졌다. 다시 말해 〈운동량이 0이다〉라는 사실을 확실히 알았다.

그런데 앞에서 입자의 운동량을 정확히 알면 그 위치는 매우 불확실해져서 측정할 수 없게 된다고 말했다. 즉 이때 추는 어느 위치에나 있을 수 있다는 말이 되며, 우주의 끝에 있다고도 할 수 있다. 아니 그뿐만 아니라 그곳까지 도달하는 데 거의 시간이 걸리지 않는다. 이 모든 사건이 0시간에 일어나기 때문이다. 제자리로 돌아올 때에도 마찬가지다. 추는 모든 방향으로 무한속도로 사라져야만 한다. 풍선이 터지는 것처럼 공간 속으로 매우 빠르게 팽창했다가 다시 똑같이 빠른 속도로 되돌아와야만 할 것이다.

이런 일을 하고나서 제자리로 돌아오면 추는 다시 속력을 얻어 마치 아무일도 없었던 것처럼 보통의 자연스러운 행동으로 되돌아온다. 우리들 가운데 누구도 느긋하게 움직이는 추가 아무도 보지 않을 때 그런 터무니없는 짓을 했으리라고는 의심하지 않는다. 그러나 다시 말하지만 겉모양만 보고 판단할 수는 없다.

더욱 쉽게 이러한 행동을 이해할 수 있도록 카메라를 예로 들어 보자. 거의 빛에 가까운 속도로 날아가는 새를 찍으려고 한다고 가정하자. 선명한 새의 사진을 얻으려면 노출 시간을 아주 짧게, 말하자면 0.001초 정도로 해야 한다는 것쯤은 우리도 알고 있다. 그

런데 노출계를 보니 0.001초로는 영상을 필름에 기록하기에 충분한 빛을 얻을 수가 없다. 충분한 빛을 얻으려면 적어도 0.1초 정도는 노출이 되어야 한다. 그러나 0.1초라면 새가 이미 시야에서 사라져버릴 것이고, 사진에 나타나는 것은 새가 긋고 지나가는 줄무늬뿐이다. 따라서 두 가지 방법이 다 곤란하다. 바꾸어 말해 이러지도 못하고 저러지도 못할 판이다.

지금까지 우리는 시계추를 예로 들었다. 그러나 여기서의 시계추는 동심원을 그리며 맥박치든 궤도를 돌든 혹은 자전(自轉) 하든간에, 진동을 하고 있거나 왕복운동을 하고 있는 모든 시스템을 가리킨다. 한 관찰의 입장에서 보면 이러한 시스템 어느것에나 정지한 것처럼 보이는 두 지점이 언제나 있다.

그러나 완전히 정지해 있으려면, 다시 말해 한 방향으로 움직이던 것이 방향을 바꾸거나 반환점에 서 있으려면, 그러한 정지점에서는 어쨌든 물체가 사라지고 무한속도나 무한에 가까운 속도로 움직여야만 한다. 무한속도와 완전한 정지는 어느 정도 보완적인 것 같다.

지금까지 우리는 추시계를 모델로 삼았는데 그것은 상상하기가 쉽기 때문이었다. 아무튼 정상 온도에서 물질의 원자는 대략 10^{15} 헤르츠로 진동한다. 따라서 우리의 물질은 매초 그 속도로 깜박거린다고 할 수 있다.

객관적 실체와 주관적 실체

제2장에서 우리는 초현미경을 통해 우리의 〈객관적인 실체〉가 텅 비고 진공 상태이며, 두개의 정지점 사이를 움직이면서 진동하고 맥박치는 전자기장으로 채워져 있다는 것을 발견했다. 각 정지점은 주기적인 운동을 통해서 도달된다.

이 장의 앞부분에서 우리는 우리의 주관적인 실체의 본성을 분석하려고 시도했다. 주관적 실체는 감각기관을 통해 전달되는 인상의 총합으로 구성된다는 것을 우리는 알았다. 또한 우리의 신경계는 활동 또는 운동과 정지의 모르스 부호로 객관적 실체를 우리에게 번역해주는데, 이 활동과 정지는 신경계의 전기적 진동 상태이다.

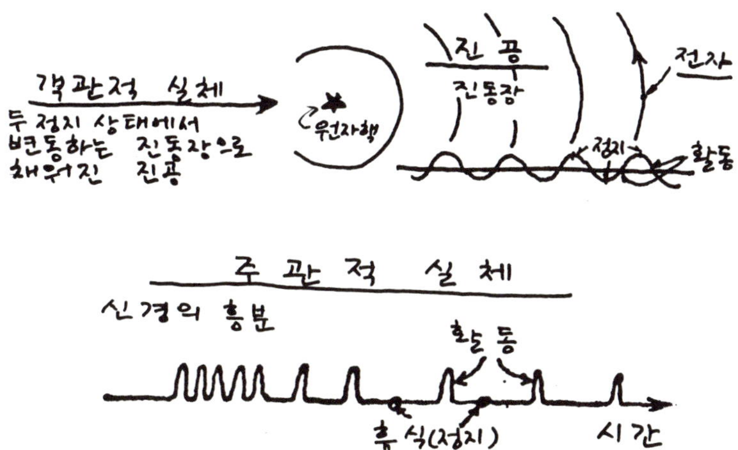

이렇게 해서 우리는 우리의 객관적 실체와 주관적 실체의 공통 분모를 뽑아낼 수 있게 되었다. 양쪽의 실체가 모두 〈두개의 정지 상태 사이에서 일어나는 변화나 운동에 의해서만 존재하게 된다〉는 것을 발견할 수 있을 것이다. 바꾸어 말해, 만일 변화가 없다면 우리는 영원한 정지 상태만 계속하게 될 것이고, 영원한 정지 상태란 지각할 수 있는 실체가 아니라는 뜻이다.

다음 사실의 가능성에 대해 심사숙고하는 것이 바람직하다. 〈만질 수 있는 실체〉는 오로지 운동이 진행될 때에만 우리에게 존재하고, 운동이 중단되면 물질도 물체도 흩어져 사라져버린다. 여기에서 나는 알렉산드라 데이비드 닐과 라마 용덴이 쓴 《티벳 승려의 비밀스런 가르침(The Secret Oral Teachings In Tibetan Buddhist Sects)》* 이란 책에서 몇줄 인용하고 싶은 유혹을 더이상 참을 수가 없다.

초인(超人)은 말한다.

「만질 수 있는 세계는 운동 바로 그것이다. 세계는 운동하는 물체들의 집합이 아니라 운동 그 자체이다. 〈운동〉 속에는 아무런 물체도 없으며, 우리한테 드나드는 물체들을 구성하고 있는 것이 바로 운동이다. 물체들은 운동 이외의 아무것도 아니다.

이 운동은 지속적이고 무한히 빠른 에너지 섬광의 연속으로 이루어져 있다(에너지는 티벳말로 〈tsal〉 또는 〈shoug〉이다). 우리의 감각으로 지각할 수 있는 모든 물체와, 어떤 종류나 모양에 관계없이 모든 현상은 찰나적 사건들이 매우 빠르게 연속적으로 모여 이루어진 것이다.

세계를 운동으로 보는 두 가지 이론이 있다. 그 하나는 (현상을 창조하는) 이 운동의 과정이 조용한 강물의 흐름처럼 연속적이라고 말한다. 다른 하나는, 이 운동은 간헐적인데 서로 분리된 에너지 섬광이 매우 빠른 간격으로 이어지기 때문에 간격이 없는 것처럼 보이는 것이라고 말한다.」

마치 누군가 전에 이 책을 미리 본 것 같다. 그런데 물질이 주기적으로 사라진다면 과연 어디로 가는 것일까? 그리고 우리가 켜졌다 꺼졌다 하면서 깜박거리고 있는 것이라면 그 순간 우리에게는 무슨 일이 일어나는 것일까?

다음 장에서는 여기에 대하여 배울 것이다.

---

* Alexandra David－Neel and Lama Yongden, City Light Books, San Francisco, 1967. 아니면 알렉산드라 데이비드 닐의 대표작 《Magic and Mystery in Tibet》(1986년 영국 Unwin 출판사 MANDALA Books)이나, 국내에도 이미 번역된 바 있는 Baird T. Spalding의 《히말라야 초인생활 (The Life and Teaching of Masters in Far East)》을 참조할 것. (역주)

간추림

우리의 감각기관은 물체를 〈활동과 정지〉의 모르스 부호로 우리에게 번역해준다. 이것이 우리의 〈주관적인 실체〉이다.

이 〈활동과 정지〉로 된 언어는 시계추나 진동자의 운동에 비교할 수 있다.

진동자가 정지점에 도달할 때 매우 짧은 시간 동안 그것은 물질이 아니어야 하며, 거의 무한에 가까운 속도로 공간으로 확장되어야 한다는 것을 우리는 알았다.

티벳 승려의 책에서 인용한 글도 같은 내용을 말하고 있다. 「만질 수 있는 세계는 운동 바로 그 자체이다.」

변화나 운동이 없이는 객관적 실체도, 주관적 실체도 존재하지 않는다.

제 4 장
시간에 대한 실험

    내용에 들어가기 전에, 먼저 머리말에서 밝힌 바 있는 이 책의 목적을 독자들은 다시한번 상기하는 것이 좋을 듯하다. 이 장에서 우리는 설명하기 어려운 현상들과 만나게 된다. 과학을 통해 다소나마 정신 현상을 이해하려면 아직까지도 여러 해가 걸릴 것이다.

    과학에서는 일련의 현상을 비슷하게나마 설명하기 위하여 하나의 〈모형(模形)〉을 만드는 것이 공통적인 관례이다. 이런 모형들은 대개가 처음에는 간단한 모형이었다가 점차로 다듬어져서 보다 폭넓은 현상을 설명할 수 있게 된다.

    어떤 일련의 현상을 설명하기 위해서 만든 모형이 아주 성공적인 것이려면, 무엇보다도 간단하고 능률적인 방식으로 그러한 현상과 잘 맞아떨어져야 한다. 새로운 내용이 모형에 첨가될수록 모형은 점점더 골치아픈 것이 되고, 현상에 잘 맞지 않게 된다.

    지식이란 위쪽으로 끝없이 팽창해가는 나선 모양의 움직임이며, 따라서 높이 올라갈수록 우리는 이전에 가졌던 지식을 보다 폭넓은 시각으로 바라볼 수 있게 된다. 그렇게 해서, 뉴턴의 역학(力學)은 아인슈타인의 상대성이론(相對性理論) 속에서는 하나의 〈특별한 경우〉가 된다. 마찬가지로 결국엔, 아인슈타인의 상대성이론도 물질과 정신 현상 둘 다를 설명할 미래의 과학 속에서는 하나의 〈특별한 경우〉가 될 것이다.

　더욱 정교한 새로운 장비들이 개발됨에 따라서 갈수록 복잡해지는 여러 측정도 가능하게 되었다. 지금은 두뇌의 미세한 전류에 의해 발생되는 머리 둘레의 자기장도 측정할 수 있게 되었다.

　또한 대단히 정교한 측정을 통해, 신체의 한 조직에 아무리 작은 변화가 일어나도 금방 다른 모든 신체조직이 약간씩 영향을 받는다는 사실도 알 수 있게 되었다.

　그러니 이제는 우리의 신체를 놓고, 세상에 어떤 특별한 전문가가 있어서 신체의 각 기관을 푸대자루에 쓸어담듯이 담아 각 기관이 상호 영향 없이 작동하고 있다고 단정지을 수는 없게 되었다.

　신체와 마찬가지로, 사회나 지구 전체, 태양계, 사실상 우주 전체도 똑같다. 이 책이 끝날 때쯤에 가서, 넓은 의미에서 보면 우리 모두가 고도로 통합되고 상호연결된 한 조직체의 구성원들이라는 사실을 보여주고 싶다.*

　어쨌든 우리의 모형으로 되돌아가자. 이 모형 속에서 나는 매우 다양한 현상들을 될수록 많이 포함시켜서 간단한 체계 속에 설명하고자 한다. 이러한 모형의 출발점으로는 신비하고 주관적인 현상보다는 우선 물리적이고 객관적인 현상을 택하는 것이 좋다.

시간에 대한 실험

　앞 장에서 우리는 주위 환경에서 입력을 받아 그것을 활동과 정지의 언어로 번역, 그 부호를 우리에게 전달해주는 신경계의 활동에 대해 알아보았다. 두말할 필요없이 이 활동은 시간대 속에서 일어난다. 다시 말해, 그러한 사건이 일어나려면 시간이 걸린다.

　시간을 말할 때 우리는 언제나 시계의 시간을 생각한다. 전세계에서 일어나는 모든 활동은 열차시간표에서부터 항공운항계획·항해·천문·세계통신에 이르기까지 전부가 시계의 시간에 맞추어져 있다. 이러한 활동들은 정확한 시간에 전적으로 의존하고 있다. 공간통신·항해·천문 등에 점점더 정확한 시간이 요구됨에 따라서 정확한 표준시간을 나타내는 장치가 급속도로 발달했다.

　오늘날에는 기계적인 시계를 사용하기보다는 원자시계에 더 의존하는 편이다. 원자시계는 흔히들 말하는 그런 시계가 아니라, 세

---

* 이것은 물리학적인 표현 이전에 동양의 사상가들은 말할 것도 없거니와 존 던의 시를 비롯해 서양의 많은 시인들의 시에서도 그러한 통찰을 발견할 수 있다.
　한 알의 모래 속에서 세계를 보며 / 한 송이 풀꽃에서 천국을 본다 / 그대 손바닥 안에 무한을 담고 / 한 순간 속에서 영원을 보라 —— William Blake.
　돌담 틈바구니에 핀 꽃 / 나는 너를 들추어내어 / 뿌리채 손에 들고 서 있다 / 작은 꽃, 그러나 내가 / 뿌리에서부터 너의 모든 것을 알 수만 있다면 / 신과 사람도 무엇인지 알 수 있으리니 —— Alfred Tennyson.
　누구든, 그 자신 홀로있는 섬이 아니다. 모든 인간은 대륙의 한 조각이며, 대양의 일부이다. 만일 흙덩이가 바닷물에 씻겨 내려가면, 유럽은 그만큼 작아지며, 모래톱이 그리 되어도 마찬가지. 그대의 친구들이나 그대 자신의 영지가 그리 되어도 마찬가지이다. 어느 사람의 죽음도 나를 감소시킨다. 왜냐하면 나는 인류 속에 포함되어 있기 때문이다. —— John Donne(역주)

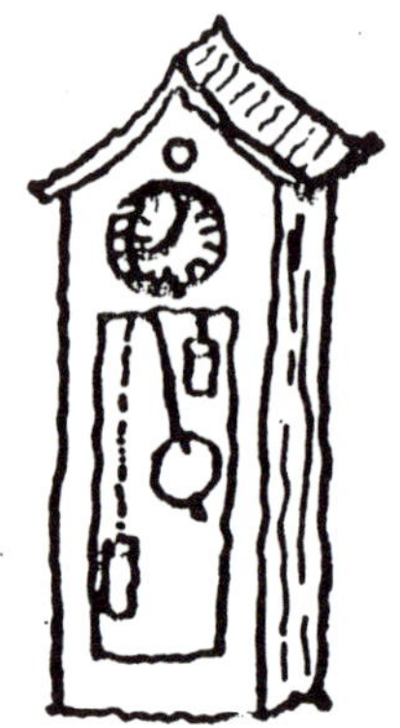

슘 원자의 매우 일정한 진동을 이용하여 표준시간을 유지하는 장치이다.

추시계에서부터 손목시계·탁상시계·전자시계 등 모든 종류의 시계는 하루 24시간을 어느 정도는 정확하게 시·분·초로 나눈다. 이러한 종류의 시간을 〈객관적 시간〉이라고 하자. 왜냐하면 누구의 시계이든지 시간을 똑같은 길이로 나누기 때문이다.

그러나 우리들 각자는 환경에 따라 시간이 다르게 지나가는 것을 〈느낀〉 경험이 있을 것이다. 예를 들면 신나는 일을 할 때는 시간이 〈날아간다〉. 반면에 치과병원에서 치료를 기다릴 때는 시간이 〈기어간다〉.

한번은 누군가 〈심리적인 시간〉에 대하여 아인슈타인에게 질문한 적이 있었다. 그는 다음과 같은 유명한 대답을 했다. 「멋있는 여성과 함께 보낼 때는 두시간이 1분처럼 느껴지고, 뜨거운 난로 위에 앉아 있을 때는 1분이 두시간처럼 느껴진다.」

시간의 상대성을 분명히 알았으니, 이제 그러한 주관적인 시간을 어떻게 이용할 수 있는지 살펴보자.

잠에 대한 연구를 통해 꿈속에서는 시간의 팽창이 일어난다는 사실이 알려졌다. 다시 말해, 만일 아주 짧은 시간 동안 활동적인 꿈을 꾼 사람을 깨워 꿈속에서 일어난 일을 설명해달라고 하면, 보통 길다란 이야기가 나온다. 그런 정도의 사건이 객관적인 시간 속에서 일어나려면 훨씬 긴 시간이 필요하다.

알다시피 최면 상태에서도 시간의 팽창이 일어나며, 보다 쉽게 그러한 체험을 할 수 있다.* 마리화나, LSD 등 의식에 영향을 주는 약품의 효과로도 시간의 변형(變形)이 일어나는 것이 밝혀졌다. 대부분의 독자들이 이러한 약품들에 대해 많이 들어 알고 있으므로 그것들을 예로 들어 설명하겠다.

환각제에 취한 상태에서 상대방이 말하는 소리를 들으면, 말이 대단히 느리고 단어와 단어 사이의 간격이 무한히 길게 느껴진다. 실제로 그 다음 말이 나올 동안에 운동장을 한 바퀴 돌아올 수 있을 정도이다. 음성의 높낮이에는 변화가 없으므로 느린 속도로 돌아가는 녹음 테이프에서 들리는 소리와도 다르다.

확실히 이러한 현상은 주관적인 시간을 통해서 설명할 수밖에 없다. 환각 상태에서 얼마간 더 많은 주관적인 시간을 갖기 때문에 상대방이 말하는 행동을 보다 상세히 관찰할 수 있는 것이다.

그렇다면 말하는 사람의 정신작용에 비해 상대적으로 우리의 정신작용이 빨라진 때문일까? 아니면 단순히 사건을 관찰할 시간이 더 많아진 것일까?

이 풀기 어려운 문제에 실마리를 줄 수 있는 실험을 해보자.

세타파(뇌파의 일종으로 수면시에 나오는 뇌파)에 들어가도록 훈련받은 사람이나 깊은 명상 상태에 들어갈 수 있는 사람은 그러한 상태 속에서 시계의 초침을 보는 순간 문득 초침이 정지해 있는 것을 보고 놀라게 된다.

이것은 다소 놀라운 경험이 될 것이고, 당연히 그는 「이것은 불가능한 일이다!」라는 반응을 보일 것이다. 놀라는 그 순간 초침은 다시 속력을 얻어 정상 속도를 되찾게 된다.**

---

* Leslie M. Le Cron, 《Experimental Hypnosis》, New York, Macmillan, 1952, pp. 217.

** Keith Floyd, 《Of Time and Mind》, In white, John, ed:, 《Frontiers of Consciousness》, New York, Julian Press, 1974.

그러나 놀라지 않고 침착하게 바라볼 정도가 되어, 깊은 명상에 들어가 반쯤 감은 눈으로 시계를 바라보면 우리는 우리의 의지대로 오랫동안 시계의 초침을 정지시킬 수 있다.

물론 이 실험은 자신의 의식 상태를 특별히 잘 조절할 수 있는 사람에게만 가능하다. 그래서 나는 변경된 시간을 체험하고자 하는 사람이면 누구에게나 실질적으로 가능한 실험 하나를 고안했는데, 이것은 최선의 방법은 못 되지만 차선책은 된다. 아무런 훈련이나 약물도 필요치 않다. 초침이 달려 있는 탁상시계나, 비교적 큰 시계판이 있고 초침을 쉽게 볼 수 있는 손목시계 하나만 있으면 된다.

제1단계. 긴장을 풀어라. 반쯤 감은 눈으로도 쉽게 볼 수 있도록 탁자 위에 시계를 놓는다. 팔뚝을 탁자 위에 올려놓고 기대어도 좋다.

제2단계. 긴장이 풀어진 상태에서 시계를 바라보면서 초침을 따라가라. 초침이 움직이는 리듬에 완전히 몰두해서 그 리듬을 기억하라. 이 모든 일이 힘들지 않게 진행되어야 한다.

제3단계. 여기가 이 실험의 결정적인 단계이다. 눈을 감고 당신 자신이 가장 좋아하는 활동을 하고 있다고 상상하라. 가능한 한 완벽한 상상이어야 한다. 예를 들어, 태양이 눈부신 해변에 당신이 누워 있다고 상상한다면, 당신의 전부가 그곳에 가 있어야 한다. 단순히 당신이 그곳에 있다고 생각만 해서는 안되며, 태양의 열기와 모래의 감촉 등을 실제로 느낄 수 있어야 한다. 발 앞에 와서 부서지는 파도소리가 들려야 한다. 모든 감각을 총동원하라. 활발하고 움직임이 많은 행위보다는 긴장이 없고 편안히 쉬는 행위를 상상하는 쪽이 더 좋은 결과가 나온다.

제4단계. 이제 별다른 무리 없이 이러한 상상이 진행된다고 느껴질 때 천천히 눈을 반쯤만 떠라. 시계에 촛점을 맞추지 마라. 눈앞의 일에는 전혀 관심이 없는 방관자처럼 그저 시계판 위에 시선을 떨어뜨려라.

앞의 지시를 똑바로 따르기만 했다면 당신은 시계의 초침이 몇몇 지점에서 완전히 정지하거나 움직이는 속도가 차츰 느려져 잠시동안 머뭇거리는 것을 보게 될 것이다. 매우 성공적인 경우에는 초침을 한동안 멈추게 할 수도 있다.

어떤 사람들에게는 이것이 약간 충격적인 경험일 것이다. 충격을 받는 순간 초침은 다시 속도를 얻어 정상 속도를 회복한다. 분명히 여기에 매우 이해하기 어려운 무엇인가 있다.

지금까지 우리는 시간을 〈늘리는〉(확장시키는) 경우를 몇가지 알아보았다. 그렇다고 우리가 진짜로 시계의 움직임을 느리게 한 것은 아니다. 시계의 초침은 여전히 진행을 하면서 객관적인 시간을 훌륭히 지키고 있다. 다만 우리쪽에서 주관적 상황에 대처하기 위해서 주관적 시간을 늘린 것일 뿐이다.

이것은 처음에 상대성이론을 통해 확인되었다. 즉 두 관찰자가 서로 상대적인 속도로 움직이고 있을 때 그들 각각의 시계가 움직이는 비율은 일치하지 않는다는 사실이 상대성이론을 통해 증명된 것이다.

이런 여러 가지 경우에 어떤 공통점이 있는가를 찾아보면 〈변경된 의식 상태〉가 공통점이라는 사실을 발견하게 될 것이다.* 어떤 이는 마지막 실험이 변경된 의식 상태와는 아무런 상관이 없다고 주장할지도 모른다. 사실 어떤 이들은 의식(意識)을 통해 그러한 일이 벌어진다는 것을 아예 부정하려고 들 것이다.

그러면 시계는 무엇 때문에 속도가 느려지거나 잠시 정지하는가? 내가 생각하기에 그것은, 두뇌가 보내주는 정보를 서로 연결시켜 의미를 파악하는, 주체자인 관찰 의식(쉽게 말해 관찰자)이 잠시

---

* Charles T. Tart, 《Altered States of Consciousness》, New York, Wiley, 1969, pp. 335−45. 이것은 뒤에서 언급될 카를로스 카스타네다의 《돈 후앙의 가르침》에 나오는 〈비일상적인 체험〉과 동일한 현상이다. 이 책에서 주인공은 돈 후앙이라는 멕시코 인디언이 제공한 약초를 먹고 수차례 그러한 비일상적인 의식을 체험한다.(역주)

사라졌던 것이다. 관찰자는 해변으로 떠나버렸고, 하드웨어(본체)만 집에 내버려져 있었다.

감각기관과 두뇌를 의미하는 이 하드웨어가 정보를 처리하고 생산하지만, 그 정보들을 서로 연결지어 뜻을 파악하는 주체는 잠시 동안 육체를 떠나 있었던 것이다.

이것은 들리는 것처럼 그렇게 경솔한 판단이 아니다.* 조건이 갖추어진 상태에서 소위 예민한 투시능력자의 눈으로 보면 그렇게 최면 상태에 빠져 무단이탈한 〈관찰자〉가 해변에서 발견된다. 관찰자는 해변에서 자신에게 전달되는 정보를 상호 연결시키느라고 시계를 바라보는 육체적인 눈으로부터 제공되는 정보는 취급할 겨를이 없었던 것이다.

시계가 정지한 순간에서부터 다시 움직이기 시작한 순간까지 관찰자는 〈신체를 떠난 상태(유체이탈한 상태)〉였다. 그리고 시계가 완전히 정지해 있지 않고 단지 속력만 느려진 경우에는 관찰자는 양쪽으로 분열되어 있었다. 즉 일부분은 해변에, 일부분은 시계 앞의 육체 속에 존재하면서 훨씬 느린 속도로 정보를 해석하고 있었다.

이러한 이상한 일이 어떻게 가능한가에 대해서는 다음 장에서 설명하겠다. 당분간은 우리가 얻어낸 실험결과에 주목하여 그 결과가 뜻하는 바를 알아보자.

시계의 초침이 완전히 정지한 경우에, 눈은 생기 없는 카메라처럼 되어서 관찰자가 육체를 떠나기 전에 보아둔 마지막 정보를 두뇌의 스크린에 비춘다. 이것은 오늘날 많이 사용되는 소형 전자계산기와 비슷하다. 소형 전자계산기의 숫자판은 작동자가 마지막으로 입력시켜놓은 정보만을 보여준다.

예민한 독자라면 아마도 지금쯤 이 관찰자의 흥미있는 속성을

---

* Robert A. Monroe, 《Journeys Out of the Body》, New York, Doubleday & Co., 1971.
Russell Targ and Harold Puthoff, 《Remote Viewing of Natural Targets》, Parapsychol, Rev. 6. 1975. pp. 1–3.

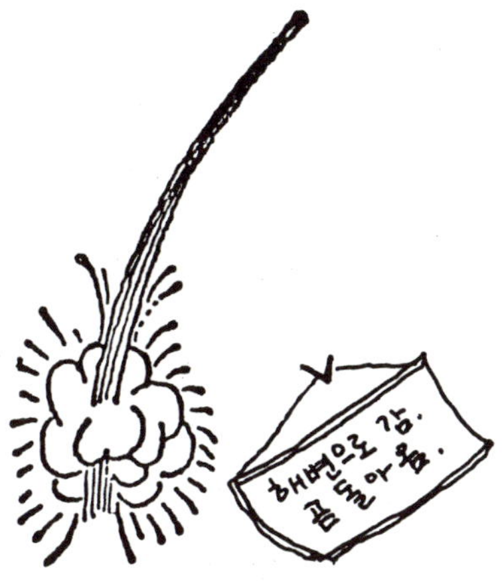

눈치챘을 것이다. 즉 관찰자는 수분의 일초에 먼 장소를 훌쩍 건너뛸 수 있다. 이 관찰자는 육체를 떠나서 불과 일이초 안에 수천 마일 떨어진 해변까지 갔다가 다시 돌아올 수 있다.

앞장에서 우리는 추와 진동자의 행동방식에 대하여 알아보았다. 추가 양쪽 끝지점에 도달하는 순간에 일어나는 현상을 다시 한번 생각해보자.

추가 완전히 정지한 지점과 다시 왕복운동을 시작하려는 지점 사이에 시간과 공간의 인과관계가 깨어지는 지역이 있다는 것을 우리는 알았다. 이 지역에서는 추의 위치가 〈애매해져서〉 무한이나 무한에 가까운 속도가 된다. 왜냐하면 양자 크기의 물질에서는 불확정성의 원리가 작용하기 때문이다.

우리는 물질을 무한속도는 말할 것도 없고 빛의 속도로도 움직이게 할 수 없다는 것을 알고 있다. 하지만 우리가 지금 거론하고 있는 조건 하에서는 물리적인 물체가 명확성을 상실하고 견고함이 많이 사라지기 때문에 관찰자가 그것에서 빠져나가기가 한결 쉽다.

제 1장에서 관찰한 바대로 우리의 신체는 진동자(진자)와 같은 방식으로 진동하고 있다. 그렇다면 물리적인 질량을 가지지 않은 관찰자가 신체의 상하 진동에 맞추어 무한히 빠른 속도로 나타났

다가 사라졌다가 하는 일이 가능할까? 과연 그것이 사실이라면 관찰자는 어디로 가는 것일까?

간단한 도표를 그려서 설명하면 앞서 토론한 현상을 보다 쉽게 이해할 수 있을 것이다. (도표를 겁낼 필요는 없다. 필자는 대부분의 사람들이 수학이나 그래프 등을 싫어한다는 사실을 잘 알고 있다. 하지만 도표를 사용하면 말보다 정확하고 빠르게 전달된다. 그러니 잠시 참으면 된다. 금방 끝날 것이다.)

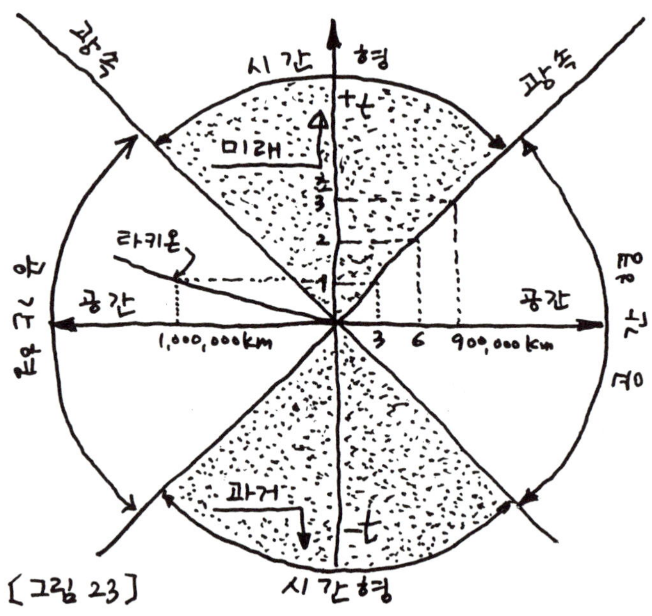

[그림 23]에서 우리의 4차원적인 시간 – 공간이 두 직선으로 표시되어 있다. 수직 방향은 시간을, 수평 방향은 공간을 의미한다. 공간은 원래 3차원이지만 여기서는 수평 방향으로만 표시되어 있다는 것을 염두에 두자.

수평축을 기준으로 위쪽은 미래의 시간을 나타내고, 아래쪽은 과거에 일어난 일을 나타낸다. 수평축과 수직축이 만나는 지점이

116

현재이다. 이 점이 모든 사건의 출발점이다.

이 도표를 사용하여 빛의 입자인 광자(光子)가 도표 위에서 어떻게 행동하는가를 살펴보자. 빛이 1초에 30만km로 움직인다는 것쯤은 누구나 알고 있다. 따라서 현재 지점에서 출발하여 수직축에 시간의 단위인 1,2,3초를 표시하고 수평축에는 광자가 이동한 거리를 표시한다. 다시 말해, 1초에는 30만km, 2초에는 60만km, 3초에는 90만km 등으로 표시한다.

시간의 단위를 나타내는 수직축의 한 점에서 수평으로 점선을 긋는다. 또한 거리의 단위를 나타내는 수평축의 한 점에서 수직으로 점선을 긋는다. 이렇게 그은 선은 서로 만나게 되며, 그 교차점을 이으면 현재 지점에서 시작되는 하나의 사선이 그어진다.

이 사선은 현재 지점에서 과거 방향으로 확장할 수도 있다. 수직축을 기준으로 처음의 사선에 대칭이 되는 사선을 그리면, 이 사선역시 현재 지점을 지나 과거로 이어진다.

이렇게 그어진 두 사선은 삼각형 두개가 현재 지점에 꼭지점을 맞대고 있는 모습을 하게 된다. 물론 삼각형의 밑변은 열려 있다. 왜냐하면 과거나 미래에 한계를 그을 수는 없기 때문이다. 사실상 현재 지점은 과거를 구성하는 여러 지나간 발자국을 남기면서 미래를 향해 움직이는 점으로 상상할 수 있다. 점이 찍힌 위쪽의 삼각형은 미래에 일어날 활동을 나타내고, 아래의 그늘진 삼각형은 과거의 시간을 나타낸다.

물질계에서는 모든 움직임이 빛의 속도에 한정된다. 다시 말해 아무리 빠른 움직임이라도 빛의 속도를 넘지 못한다. 따라서 빛의 속도를 표시하는 사선은 한 물체가 우리의 물질계에서 움직일 수 있는 속도의 한계를 나타낸다.

우리의 평범한 시공간 우주와 관련시켜 물리학자들은 이러한 행동방식을 〈시간형〉 행동이라 부른다. 왜냐하면 이 도표에서 빛의 속도보다 느리게 일어나는 모든 행위는 수직의 시간축 주위로 모여들어 집단을 이루기 때문이다.

겉으로 나타나는 이러한 명백한 한계에도 불구하고 용기있는 물리학자들은 빛보다 빠른 속도로 움직일 수 있는 가상의 소립자, 타키온(tachyon)에 대하여 연구를 거듭하고 있다. 타키온은 광속(光速)의 바로 위에서 시작하여 무한속도까지 모든 속도를 낼 수 있는 것으로 생각되고 있다.*

이것을 통해 우리는 도표의 나머지 부분으로 들어갈 수 있게 된다. 하나의 타키온 입자가 거의 무한에 가까운 속도로 움직이고 있다고 가정하자. 다시 말해 수평 공간축을 따라서만 움직인다고 하자. 너무 빨리 움직이므로 시간이 거의 걸리지 않는다.

앞에서도 도표에 나타난 바와 같이 3초에 90만km를 이동하는 광자의 경우를 예로 들었었다. 타키온은 그만한 거리를 이동하는 데 거의 시간이 걸리지 않으므로 수직의 시간축과는 거의 무관하게 수평의 공간축을 이동할 수 있다. 수직축에는 표시를 할 필요가 없다. 왜냐하면 타키온이 움직이는 데에는 거의 시간이 걸리지 않기 때문이다.

여기서 타키온의 속도를 조금 느리게 잡아 1초에 1백만km로 여행한다고 가정해보자. 빛의 속도보다는 훨씬 빠르지만, 그래도 타키온의 속도를 나타내는 점을 도표에서 보듯이 수직축에 표시할 수 있다. 어쨌든 수직축보다는 수평축에 가깝게 사선이 그려질 것이다.

결론적으로 말해, 광속보다 빠른 모든 속도는 수평의 공간축 주위로 떼지어 몰려든다. 이러한 행동방식을 물리학자들은 〈공간형〉 행동이라고 부른다. 거의 시간이 걸리지 않고 공간을 이동하는 속도를 〈공간형〉 행동이라고 한다.

어떤 물체가 매우 빨리 움직여서, 움직이는 데 거의 시간이 걸리지 않는다고 한다면, 그것은 〈무한에 가까운 속도〉로 움직이는 것이다. 그리고 그렇게 빨리 움직이는 물체가 있다면 그 물체는 한꺼

---

* Olexa-Myron Bilaniuk and E.C.Sudarshan, 《Physics Today》, May 1969, Vol. 22.

번에 모든 장소에 출현해야 한다!

우리 인간은 이러한 종류의 행동에 무소부재(無所不在)라는 적당한 이름을 붙였다. 이것은 살펴봐야 할 매우 중요한 개념이다.

무소부재(無所不在)

초음속 비행기가 대서양을 횡단하는 데 한시간 반 걸렸다는 이야기를 들어본 적이 있을 것이다. 우주비행사는 15분 만에 대서양을 횡단한다. 그런데 지금 30초 만에 런던과 뉴욕을 왕복할 수 있는 비행기를 개발했다고 상상해보자. 비행기 안에서 스튜어디스한테 우리가 어디쯤 날고 있는지 물어보았다치자. 그녀는 다음과 같이 대답할 것이다.

「방금 뉴욕을 출발했읍니다…… 런던에 거의 다 왔읍니다…… 어머나! 우리는 지금 뉴욕으로 돌아가고 있는 중입니다.」

이렇게 되면 질문이나 대답이 성립되지 않는다. 어찌됐거나 거의 동시에 두 장소에 존재한다는 사실을 받아들여야만 한다.

이제 빛만큼 빠르게 움직일 수 있는 비행체를 만들었다고 가정하자. 이는 매초 일곱번 정도 지구 둘레를 회전할 수 있다는 뜻이다. 이 비행체를 이용하면 우리는 1초 안에 지구의 모든 장소를 구경할 수 있다. 또한 지구상에 있는 사람은 어떤 위치에서든지 우리를 볼 수 있으며, 따라서 우리는 지구 둘레에 우리의 위치를 나타내는 하나의 껍질을 형성하게 된다.

이번에는 거의 무한속도로 우리가 움직이고 있다고 상상해보자. 그러면 1초 동안에 태양계(이 경우에는 은하계나 우주라도) 주위를 여러번 돌거나 횡단할 수 있게 되어 태양계 안에 빈틈없는 이동곡선을 그리게 된다. 실제로 그렇게 되면 조금도 시간이 걸리지 않으면서도 모든 곳을 볼 수 있고, 모든 곳에 존재할 수 있다. 바꾸어 말하면 우리는 무소부재(無所不在)할 수 있다.

이렇게 처음에는 신기하던 무소부재도 차츰 시들해지고, 또한 웬만큼 고속에 익숙해지면, 그렇게 빨리 태양계 둘레를 도는 것만으로는 뭔가 부족하다고 느껴진다. 그래서 이번에는 태양계에서 어떤 일이 일어나고 있는지 알고 싶어진다.

그러려면 먼저 우리가 여행하는 속도에 버금갈 만큼 고속으로 정보를 처리할 수 있는 컴퓨터가 개발되어야 한다. 물론 이러한 컴퓨터 제작에는 엄청난 시간과 경비가 뒤따른다. 그런데 빠르고 값싸게 만드는 방법이 있다. 바로 우리의 상상력을 이용하는 방법이다.

이래서 우리는 태양계에 대한 정보를 나오는 대로 모두 흡수할 수 있게 되었다. 이렇게 되면 우리는 무소부재할 뿐만 아니라 전지(全知)하게 된다.

이제 우리 자신은 모든 것을 보고 모든 것을 알면서 태양계 주위의 진동하는 껍질 속에 깜박거리면서 두루 존재한다. 이렇듯 훌륭한 기술적인 업적을 달성하는 데 드는 어려움들을 모두 무시한다면, 무한에 가까운 속도를 얻는 것은 우리에게 흔해빠진 일이 될 것이다.

이제 잠시 내면으로 시선을 돌려 지금 우리의 상태에 대해 심사숙고해보자. 그러면 역설적이긴 하지만, 그렇게 빨리 움직이는 것은 곧 동시에 모든 장소에 정지해 있는 것과 같다는 결론이 나온다!

만약에 우리가 어떤 방법으로든 우리의 의식을 확장시켜서 〈관찰자 의식〉이 전 우주 공간을 채우게 할 수만 있다면 우리는 그렇게 빠른 속도로 여행할 필요가 없을 것이다.

또한 이제 우리는, 무한속도를 얻는 것은 또다른 높은 차원의 휴식 상태나 존재 상태를 얻는 것을 의미한다는 사실을 알고 있다. 여기서 일단락 지어진다.

이제 도표로 돌아갈 때가 되었다.

〔그림 23〕과 동일한 〈객관적 좌표계〉를 가진 도표 하나를 그리자. 〈객관적 좌표계〉는 우리가 보통 알고 있는 공간과 시간을 나타낸다. 여기에 주관적인 시간과 주관적인 공간을 나타내는 점선을, 앞에 그려 놓은 객관적 좌표계에 평행하게 그려놓자〔그림 24〕.

우리의 의식이 멀쩡한 〈평범한〉 의식 상태에서는 두 좌표계는 평행하게 겹친다. 하지만 대부분의 시간을 두 좌표계는 서로 떨어졌다 붙었다를 거듭하며, 대략 한시간 반마다 반복한다.*

변경된 의식 상태에서는 주관적인 시공간의 좌표계는 객관적인 좌표계에서 분리되어 〔그림 25〕에서 보듯이 원점을 중심으로 회전한다. 여기서 주관적인 좌표계를 임의의 각도 A만큼 왼쪽으로 회전시킨 다음, 1초를 표시하는 지점에서 객관적 공간 좌표축에 수평으로 선을 긋는다(이것은 객관적 시간에서의 1초에 해당하는 주관적 시간을 나타낸다).

이제 그 선이 주관적 시간축과 만나는 교차점을 살펴보자. 현재 지점에서 교차점까지 사선을 따라 거리를 재보면 주관적인 시간의 단위가 객관적인 시간의 단위보다 길어진다는 사실을 알 수 있다. 결론적으로 말해, 우리가 일에 몰두해 있을 때는 〈시간이 더 많아진〉 것처럼 느껴진다. 실제로 이 도표에서 주관적인 시간 4초와 객관적인 시간 1초가 대응하는 것은 각도를 적당히 선택하여 마음대로 바꿀 수 있다.

---

* Peretz Lavie and Daniel F. Kripke, 《Psychology Today》, April 1975. p. 54.

시간
객관적
주관적
주관적
좌표계가
회전한다
주관적공간
객관적 공간
공간
주관적시간
객관적
시간

[그림 24]

객관적
시간
↑미래
A
객관적
1초
주관적 시간
4초
객관적 공간
객관적
공간
주관적 시간
"현재"
↓
과거
객관적
시간
주관적 공간

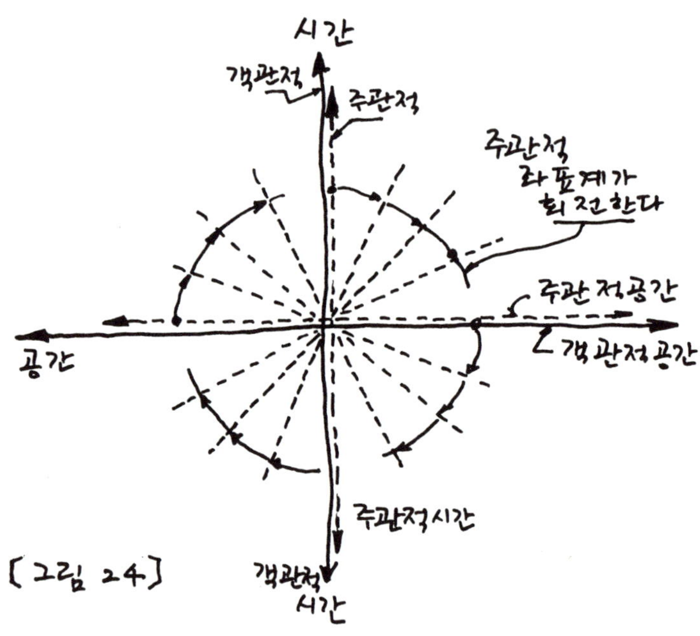

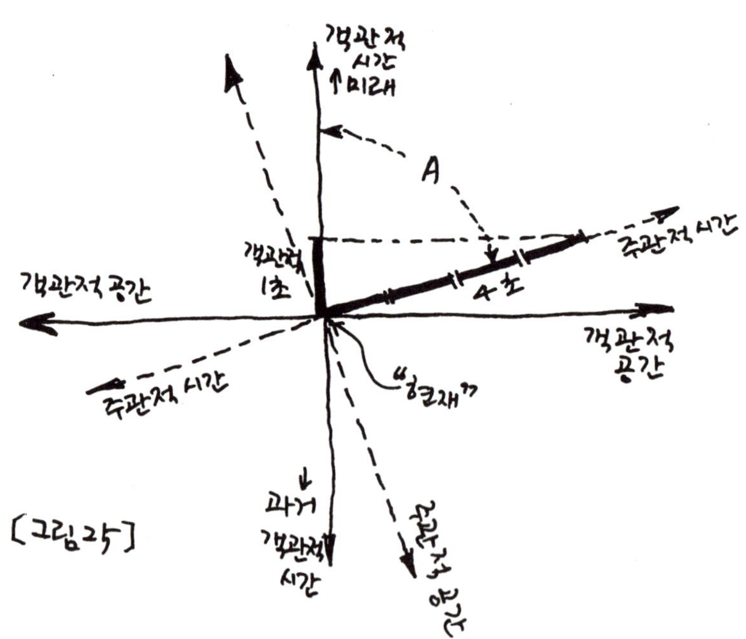

[그림 25]

환각제를 복용한 상태에서 상대방이 말하는 소리를 듣고 있는 사람의 경우로 돌아가보자. 말하는 사람이 1초당 한 단어씩 이야기한다고 하자. 환각제를 복용한 사람은 의식이 변경된 상태이므로, 말을 듣는 데에 주관적 시간을 보다 많이 가지게 될 것이며, 따라서 단어를 해석하는 데 훨씬 유리할 것이다. 왜냐하면 그의 정신활동은 정상적인 객관적 속도로 진행하기 때문이다.

이러한 현상과 비슷한 간단한 예를 들어 보자. 마디가 있는 막대를 세워놓았다고 치자. 이때 태양이 기울어진 각도에서 비치면 막대의 그림자가 길게 드리워진다. 따라서 마디 사이를 훨씬 자세히 살펴볼 수 있다〔그림 26〕.

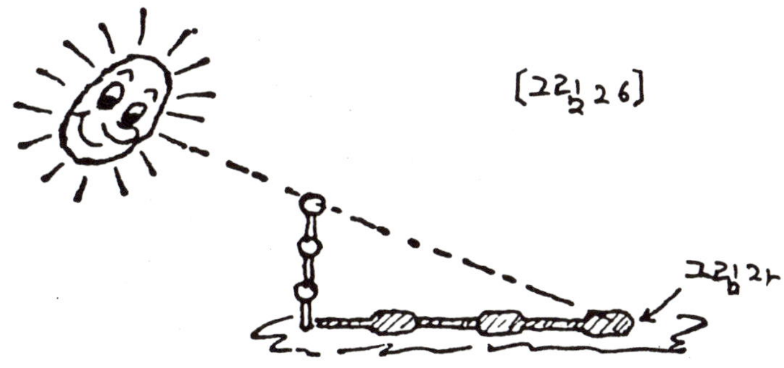

눈치 빠른 독자는 아마도 이쯤에서 다음과 같이 생각할 것이다.

「왜 그렇게 복잡하게 설명하는가? 우리의 정신작용이 매우 빨라졌으며, 따라서 지각능력도 훨씬 높아졌다고 가정하면 이 모든 현상은 간단히 설명될 수 있다. 시간의 변형을 설명하기 위하여 복잡하게 주관적인 시간이니 공간이니 하는 것들을 예로 들 필요가 없다.」

그러나 나중에 다시 보겠지만, 이것은 경우가 매우 다르다. 도표로 돌아가서, 경사각 A가 증가할수록 주관적인 시간은 엄청나게 증가한다는 사실을 알 수 있다. 주관적 시간축이 수평축에 가까이 갈수록 객관적 시간 1초당 주관적 시간은 수백만초가 된다. 왜냐하면 객관적 시간 1초를 나타내는 점에서 수평선을 그어서 기울어진 주관적 시간축과 만나는 지점은 〈현재〉를 나타내는 원점으로부터 매우 멀리 떨어져 있기 때문이다.*

또한 주관적인 시간축이 완전히 기울어져 마침내 수평이 되면, 주관적 시간은 무한대로 길어지며, 이런 조건 하에서는 객관적 시간은 거의 필요없게 된다.**

이쯤에서 두개의 시공간 좌표로부터 배운 사실을 정리해보자. 〔그림 23〕에서 알 수 있는 것은, 무엇인가 빠르게 움직일수록 수평축에 더욱 가까와진다는 것이다. 즉 〈공간형(空間形)〉 행동을 하게 된다는 것이다. 그리고 〔그림 25〕를 통해서는 주관적 시간축이 수평으로 기울어질수록 주관적인 시간을 더 많이 가지게 된다는 것을 알 수 있다.

이 두 그림을 합칠 경우, 주관적 시간축을 기울일수록 우리가 더욱 〈공간형〉 방식으로 행동하게 된다고 결론지을 수 있다. 이것은 변경된 의식 상태에서 우리가 급격히 공간으로 팽창한다는 것을 의미한다. 다시 말해 〈의식이 확장할수록 공간으로 팽창한다〉고 할 수 있다. 이러한 일은 광속보다 느린 속도에서나 빠른 속도에서나 관계없이 일어날 수 있다.

여기서 주의깊은 독자라면 아마도, 주관적인 시간을 취급하고 있을 때에 우리가 광속(光速)의 벽을 버릇없이 슬그머니 빠져나가 버린 것을 눈치챘을 것이다. 이것은 물질적 물체로서는 불가능한 일이다. 그러나 우리의 관찰자는 비물질적 실체이므로 이러한 일을 하는 데 아무런 문제도 없다.

하지만 관찰자는 아직도 가늘게나마 신체에 연결되어 있으며,

---

* 각도가 89도를 넘을수록 객관적인 시간과 주관적인 시간의 비율은 급속도로 커진다. 89.9도에서는 그비율이 573이다. 그리고 98.999도에서는 비율이 백만이 넘는다.

** 각도 A가 90도가 되면 주관적인 시간이 무한히 길어진다. 이것은 코사인 90도가 0이기 때문이다. 따라서, 주관적인 시간 $= \dfrac{1}{\text{cosine A}} = \dfrac{1}{0} = \infty = $ 무한대

신체의 감각기관은 여전히 외부에서 받아들이는 정보를 빠짐없이 관찰자에게 전달하고 있다. 관찰자는 비록 느슨하기는 하지만 아직도 물질적 시공간을 배경으로 작용하고 있다.

광속의 벽을 통과함으로써 관찰자는 그 자신이 공간형 우주에 있는 것을 발견한다. 여기는 속도의 제한이 없고, 시간이 공간으로 전환되는 낯설고 새로운 우주이다.

〈깜박거리는〉 우리들

이제 제3장에서 살펴본 추와 진동자의 기이한 행동 방식을 놓고 함께 생각할 때이다. 추가 움직이는 궤도상의 양끝 지점에서 단위 시간당 움직이는 거리가 극히 작아지게 되면, 무한에 가까운 속도나 무한속도를 갖게 된다. 그러면 무엇이 무한속도를 가지는 것일까?

그 해답은 이렇게 생각할 수 있다. 비물질적인 실체인 관찰자가 무한속도를 가지는 것이다. 반면에 물질적인 육체는 공간상에서의 위치가 불확실해진다(그 위치는 알 수 없다).

관찰자는 공간으로 무한히 빠르게 팽창하고 있긴 하지만 정보 처리 기능은 여전히 발휘하고 있다. 한편 육체에 대하여 말할 수 있는 것은, 육체는 1회 진동시마다 두 차례씩 양쪽 끝의 정지점에서 깜박거린다는 것이다.

우리의 육체가 1초 동안에 7회씩 위 아래로 진동할 때(우리의 육체가 대략 7Hz로 진동하기 때문에 그렇다) 관찰자는 매운동의 끝에서 아주 짧은 객관적인 시간 동안 우주 공간으로 무한속도로 확장했다가 수축하며, 자신은 그 사건을 전혀 인식하지 못한다.

바꾸어 말해, A각이 순간적으로 열렸다가 다시 객관적인 시간과 평행하도록 되돌아와서 닫힌다. 이러한 일은 한번의 운동 주기당 위 아래 두 지점에서 정지하므로 초당 14회 정도 일어난다.

보통 우리는 그 사건을 기억하지 못한다. 그렇긴 해도 관찰자는 매우 짧은 시간 안에 먼 거리를 다녀오며, 여러 가지 일을 관찰한다. 이렇게 되면, 불과 몇초 이내에 멀리 떨어진 해변에까지 갔다가 돌아오는 것은 놀랄 만한 일이 못된다.

의식이 확장된 상태를 유지하는 능력이 커짐에 따라 A각은 0이 되는 법이 없이 객관적 시간축에서 어느 정도 떨어진 상태에서 커졌다 작아졌다를 거듭한다. 이렇게 주관적 시간이 증가하게 되면 신체를 떠나 있는 동안에 얻은 정보도 기억할 수 있게 된다.

위와 같은 모든 사실을 통해, 객관적 시간에 대한 주관적 시간의 비율로 어떤 사람의 의식 상태를 나타낼 수 있음을 알 수 있다. 이 비율이 변할 수 있는 범위는 무척 크다. 보통 〈주의산만한 상태〉(앞에서 시계를 가지고 실험할 때처럼)와 같은 작은 경우에서 시작해, 변경된 의식 상태가 분명한 최면적 시간 확장, 꿈에 이르기까지 다양하다. 그리고 마지막으로 깊은 명상(瞑想) 상태에 이르러서는 시간이 정지하거나 거의 정지해 있다.

이것을 간단한 수학적 형태로 나타내 보면,

의식 수준 지수 ＝주관적 시간 ÷ 객관적 시간

또는 〔그림 25〕에서 예를 들면,

(주관적 시간＝ 4초) ÷ (객관적 시간＝ 1초) ＝ 4 ÷ 1 ＝ 4

이것이 의식 수준 지수이다.

지금까지 시간축과 함께 회전하는 주관적 공간축에 무슨 일이 일어나는지에 대해서는 신경을 쓰지 않았다. 주관적 시간이 늘어남에 따라 관찰자는 자신의 주관적 공간으로 확장된다. (공간축은 3차원 공간을 나타낸다는 것을 기억하기 바람.)

우리가 시간형 차원에서 공간형 차원으로 〈흘러들어가면〉 우리의 공간축은 객관적 시간축에 접근하게 된다. 이렇게 되면 어떤 놀라운 결과가 초래된다. 우리의 시간형 주관적 공간은 객관적 시간이 된다. 이것은 관찰자가, 자신이 공간이라고 생각하는 곳을 여행하고 있으나 사실은 〈그 자신이거나 다른 사람의 객관적인 시간을 통하여〉 미래나 과거로 여행하고 있음을 의미한다.

　이렇게 설명하면 투시 능력자가 작용하는 방식을 이해할 수 있을 것이다.* 투시능력자는 과거의 일을 얘기할 수 있고, 경우에 따라서는 놀라울 정도로 잘 들어맞는다. 또한 미래를 예측할 수도 있으나, 미래란 인간의 자유의지와 관련된 확률로 이루어지므로 미래로의 여행은 보다 불분명하고 믿을 만한 게 못된다〔그림 27〕.

〔그림 27〕

　투시 능력을 행하는 사람한테 「어떻게 그러한 일을 하느냐?」고 물어 보면, 그는 「당신의 과거로 간다」라고 대답한다. 다시 말해 그는 시간을 통해서 여행한다는 느낌을 갖고 있다. 그에게는 시간이 공간이다.

　다시 처음의 시계를 이용한 실험으로 되돌아가자. 상상할 때 자신이 가장 좋아하는 장면을 상상하라고 하였다. 이것은 당신의 관

---

* 투시능력자는 시간과 공간에 얽매이지 않고 물질적인 영역과 비물질적인 영역 둘 다에서 자유롭게 과거와 미래에 일어난 일을 볼 수 있고, 말할 수 있는 사람을 말한다. 흔히들 천리안이라고 하며, 이렇게 되는 상태를 개안(開眼)이라고 말한다.(역주)

찰자를 자동적으로 과거 속으로 여행하도록 하기 위해서였다. 왜
냐하면 자신이 가장 좋아하는 장면은 당연히 과거의 경험일 수밖
에 없기 때문이다.

　이렇게 해서 당신의 관찰자는 과거 속으로 여행하는데, 한번 깜
박이면 해변에 떨어져 있다가 다시 깜박이면 되돌아온다. 그는 자
신의 주관적인 시공간을 통하여 다른 실체계 속으로 들어갔다가
나온 것이다. 너무 긴장되고 힘들지만 않는다면 자신의 관찰자를
미래로 보낼 수도 있다. 그러면 또다시 시간이 느려질 것이다.

　이 모든 얘기가 처음에는 매우 복잡하게 들릴 것이다. 그러나 이
렇게 설명하는 것이 지금까지 과학적으로 설명하지 못하던 수수께
끼같은 많은 현상을 설명하는 비교적 간단하고 쉬운 방법이다.

　그러면 우리의 참모습(실체)은 과연 무엇으로 이루어져 있을까?
이 모든 견지에 비추어 어떻게 하면 우리의 실체를 인식할 수 있을
까?

견고한 실체와 견고하지 않은 실체

　진동자 역할을 하는 우리의 신체로 다시 돌아가자. 신체는 매초
7회씩 상하로 진동한다. 신체가 정지점에 도달할 때마다(매초 14
회) 관찰자는 주관적 시간을 통해서 객관적 공간 속으로 매우 빠
른 속도로 팽창한다. 이러한 팽창을 하는 데 사실상 거의 시간이
걸리지 않는다.

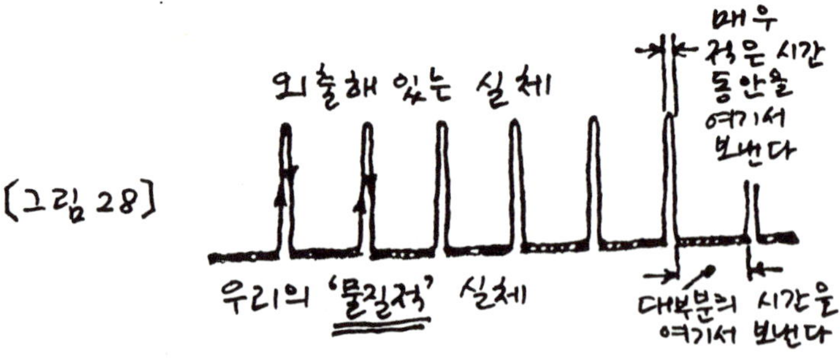

[그림 28]은 우리와 다른 실체계와의 관계를 나타낸다. 우리의 견고한 육체적 실체는 관찰자가 떠났다가 되돌아오는 극히 짧은 순간만을 제외하고는 보통 그 존재가 지속된다. 훈련되지 않은 관찰자는 다른 차원이나 다른 실체들 속으로 떠나 있는 짧은 동안에 의식과 두뇌에 아무런 지식도 기억하지 못한 채 돌아온다. 바꾸어 말해, 이 경험은 보통 의식적으로 생각하는 수준에까지는 이르지 못한다.

영화나 텔레비전의 〈스폿 광고〉가 훌륭한 예가 될 것이다. 이것은 몇해 전에 사용되던 기술로서 영화나 텔레비전의 화면에 매우 짧은 순간 동안 메시지를 스쳐 지나가게 함으로써 상품을 광고하던 수법이다. 화면이 너무 빨리 지나가므로 관람자나 시청자의 의식을 자극시켜 연결된 생각을 만들 겨를이 없기 때문에 보는 사람은 무슨 일이 일어나는지 전혀 의식하지 못한다. 그러나 잠재의식은 보다 빠르므로 광고를 읽어내고, 따라서 사람들은 의무적으로 그 상품을 사게 된다. 이 기술은 다행히도 법으로 금지되었다.

훈련된 관찰자(잠시동안 높은 의식 상태에 머무를 수 있는 사람)는 앞에서 본 바와 같이 자신의 주관적인 시간을 매우 길게 늘릴 수 있다. 자연히 그는 사건을 관찰할 수 있으며, 자신이 얻은 정보를 마음속에 새겨놓을 수가 있다. 그리고 돌아와서는 자신이 새겨놓은 광경을 생각으로 나타낼 수가 있다.

확장된 의식 상태에 있는 사람의 실체는 〔그림 28〕보다는 〔그림 29〕에 가깝다. 그림의 위쪽 선을 보면 그의 다른 실체는 육체적 실

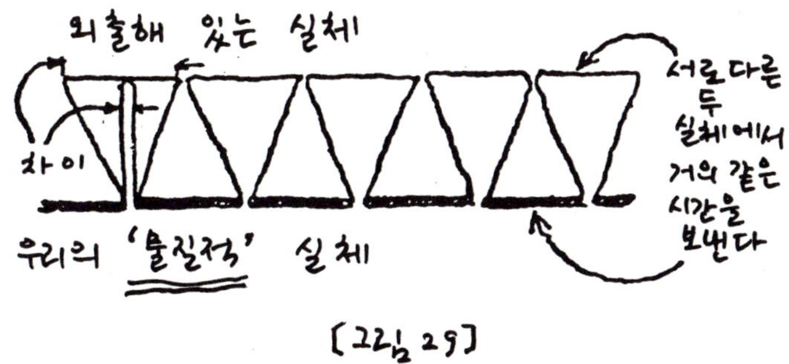

〔그림 29〕

체처럼 연속적이고 늘어나 있음을 알 수 있다. 이러한 비육체적인 상태에서도 그는 육체 상태에서 소비하는 만큼의 시간을 소비한다 (실제로는 객관적인 시간이 아님). 따라서 그는 자신의 경험을 서로 연결된 영상으로 만들 수 있으며, 그곳에서 자신이 본 것을 설명할 수 있다. 정보를 잊어먹지 않고 보존하는 능력을 개발하는 문제에 대해서는 다음 장에서 설명할 것이다.

지금까지 우리는 관찰자를 밖으로 내보내는 방아쇠로서 신체의 7헤르츠 운동을 사용하였다. 하지만 제3장에서 보았듯이 모든 진동자는 자신의 고유한 비율로 사라졌다가 나타났다가 하는 버릇이 있다. 신체를 구성하는 원자도 그러한 진동자이다.

원자들은 10^{15}헤르츠 정도의 비율로 진동한다. 따라서 우리의 신체가 그렇게 높은 비율로 깜박이는 것도 가능하다. 과연 그럴지 알 수 있는 방법은 없다. 왜냐하면 그렇게 빠른 현상을 기록할 방법이 없기 때문이다.

그렇지만 신체를 구성하고 있는 모든 원자가 함께 조율된 것처럼 똑같이 진동한다고 볼 수는 없다. 신체를 구성하고 있는 각 원자는 제각기 진동하고 있기 때문에 우리의 신체는 점차적으로 깜박이며, 일부분이 사라졌다가 다른 부분이 사라지는 것으로 상상해야 한다. 다시 말해, 우리의 신체는 언제든지 부분적으로 〈떠나가〉 있는 상태이다. 그렇다고 해서 여기서 제시된 기본 모형이 달라지는 것은 아니다. 깜박이는 주기가 얼마나 길고 짧은가는 중요하지 않기 때문이다.

거의 불가능한 일이지만 신체 속에 완전한 동조 상태가 이루어지면(지극히 높은 의식 상태에서는 이러한 일이 가능하다) 자연히 신체 전체가 하나의 단위로 깜박일 것이고, 그러한 상태에서는 몇 가지 매우 신비한 일이 일어날 것이다. 앞에서 우리가 7헤르츠를 가장 최소 단위의 깜박거리는 주기로 선택한 것은, 그것이 측정 가능한 숫자이기 때문이다.

간 추 림

　시간에 관한 실험을 통해 우리는 객관적 시공간과 주관적 시공간을 갖고 있음을 알았으며, 평상시에는 이 둘이 일치하는 것을 알았다.

　그러나 변경된 의식 상태에서는 두 시공간이 분리되며, 우리는 우리의 주관적인 시공간에서 활동할 수 있다.

　이것은 투시능력이나 텔레파시 등 여러 가지 현상을 설명해준다.

　우리는 우리의 〈영체〉인 〈관찰자〉를 설정했으며, 이 관찰자는 매우 짧은 순간이나마 무소부재(無所不在)할 수 있다. 그러한 순간은 추나 진동자가 운동의 방향을 바꾸는 순간 동안이다.

　우리의 신체는 진동자이며, 우리의 신체를 구성하는 원자 역시 진동자이다. 따라서 매초 수회씩 우주 공간으로 매우 빠르게 확장했다가 순간적으로 줄어들며, 이러한 일은 원자 진동수로도 가능하다. 그러나 〈변경된 의식 상태〉에서는 주관적 시간을 대단히 길게 확장시킬 수 있다. 이를 통해 〈그곳에 나가 있는〉 영체(靈體)의 행동을 여유있게 관찰할 수 있고, 〈그곳〉에서 유용한 정보를 듣고 돌아올 수 있다. 이와같은 일은 객관적 시간이 거의 걸리지 않은 상태에서 이루어진다.

　따라서 우리의 실체는 우리의 견고한 실체와, 다른 사람 모두와 함께 공유하고 있는 〈떠나 있는 실체〉 사이를 빠른 속도로 일정하게 왕복하는 것으로 구성되어 있다.

　확장된 의식 상태나 혹은 높은 의식 상태라는 말 속에는 우리의 영체가 공간 속으로 그만큼 넓게 확장되어 있다는 뜻도 포함되어 있다.

제 5 장
意識의 양과 질

앞 장에서 우리는 변경된 의식 상태에 대한 이야기를 하면서, 한 개인의 의식 수준을 객관적 시간에 대한 주관적 시간의 비율에 연결시켜서 정의내려보았었다. 이제 이 〈의식 수준〉이라는 것이 무엇을 의미하는지, 만물 속에서 의식이 어떻게 작용하고 있는지를 살펴봐야 할 때인 것 같다.

먼저 가능한 한 가장 간단한 말로 〈의식(意識)〉을 정의내려보자. 의식이란 어떤 자극에 대한 조직체의 반응 능력이라고 말할 수 있다. 여기서 조직체란 하나의 신경조직도 될 수 있고, 아무리 간단하게 생긴 것이라도 상관이 없다.

자외선이나 다른 전자파를 이용하여 원자에 자극을 준다고 하자. 자극을 받으면 원자 속의 전자 한두개 혹은 여러개가 원자핵에서 멀리 떨어진 궤도로 뛰쳐나가는 반응을 보인다. 여기서 자극을 멈추면 뛰쳐나갔던 전자들은 원래의 궤도로 되돌아오며, 그러한 과정중에 일정한 양의 에너지 또는 일정한 진동수를 가진 광자(光子)를 방출한다. 물론 종류가 다른 자극을 가해서 다른 반응을 유도할 수도 있다.

다음에는 바이러스 병원체를 하나 가져다놓고 자극을 준다고 하자. 바이러스는 더 다양한 반응을 나타낼 것이다. 그리고 박테리아를 콕콕 찌르면, 박테리아는 바이러스보다 한결 다양한 반응을 나타낼 것이다. 박테리아는 섬모 등을 꿈틀거리기도 할 것이다.

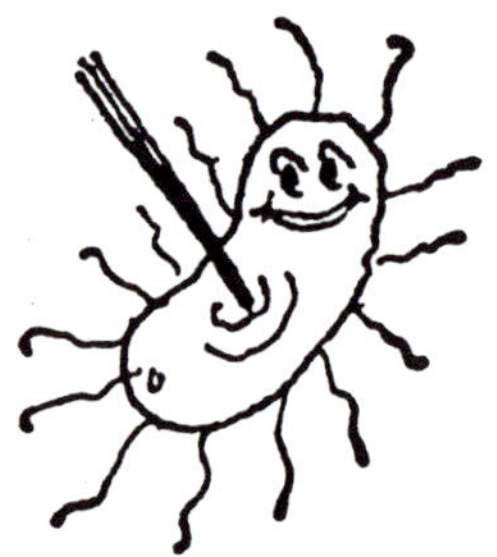

　보다 복잡한 구도를 가진 조직체일수록 자극에 대한 반응이 더욱 활발해지고 다양해진다. 점점 위로 올라가 포유동물을 거쳐 마침내 인간에 이르면 반응의 종류수는 엄청나게 증가한다. 일단 이러한 종류수를 〈의식의 양〉이라고 정의내려보자. 이렇게 정의내리는 것이 너무 독단적으로 들리겠지만, 어떤 조직체가 자극에 대해 나타내는 반응의 총량(總量)을 〈의식〉이라고 하자고 한 처음의 가정을 일단 밀고나가보자.

　처음에는 바위나 원자를 살아 있는 물체로 간주하기가 어려울 것이다. 우리는 의식이라고 하면 일단은 생명체를 연상하기 때문이다. 그러나 이것은 어디까지나 인간의 고정관념이다. 우리가 바위의 의식을 이해하느라 애를 먹는 것처럼 바위 역시 인간의 의식을 이해하느라 무척 애를 먹을지도 모르는 일이다.
　현재 우리는 〈생명체〉라는 용어를 재생산(자기복제)이 가능한 존재에만 한정시키고 있다. 이를테면 동식물처럼 자기복제를 해서 종족을 번식시켜 나가는 것에만 생명체라는 용어를 한정시키고, 원자 알맹이나 바위처럼 그러한 일이 불가능한 것에는 생명체라는 이름을 붙이지 않고 있다.
　내가 보기엔 이것이야말로 확실히 독단적이다. 원자에서 시작해 보다 큰 집합체로 진행될 때까지는 〈생명〉이 없다가, 원자의 집합체가 일정한 단계의 조직력을 갖추어 비로소 우리 인간과 비슷한 행동을 할 때 가서야 갑자기 거기에 〈생명〉이 나타난다고 주장하는 것은 인간 자신의 행동방식에만 비추어 다른 조직체를 판단하는 것과 같다.

나의 기본 전제는 의식은 물질 속에 내재한다는 것이다. 이것을 다른 말로 표현하면, 모든 질량(물질)은 다소 정도의 차이는 있지만 의식(생명)을 가지고 있다는 것이다. 이 의식(생명)은 세련된 것일 수도 있고, 원시적인 것일 수도 있다. 여기서 중요한 사실은 우리 인간은 적당히 훈련받기만 하면, 어떠한 의식 수준의 피조물과도 상호작용을 할 수 있게끔 설계되어 있다는 것이다.

원자는 자극에 대해 반응할 수 있으므로 의식을 갖고 있는 것이라고 앞에서 말했다. 자, 모든 물체는 작거나 크거나간에 원자의 집합체로 구성되어 있다. 따라서 어떤 물체든 어느 정도는 의식을 가지고 있다고 할 수 있으며, 이 의식은 진화의 차원에 따라 질적인 면과 양적인 면에서 많이 다를 것이다.

자극에 대한 반응의 종류수를 나타내는 〈의식의 양〉과, 의식의 수준을 나타내는 〈의식의 질〉 사이에는 밀접한 관계가 있다. 의식의 질은 〈진동수 반응(주파수 응답, frequency response)〉으로 나타낼 수 있다. 의식의 질이 높을수록 그 조직체의 진동수 반응 범위는 높아진다.

예를 들어 우리의 귀는 30헤르츠에서 2만헤르츠 사이의 자극에 대해서만 반응한다. 따라서 우리의 청각기관은 30헤르츠에서 2만 헤르츠 범위의 진동수 반응을 갖는다고 말할 수 있다.

우리의 시각기관 또한 한정된 진동수 반응을 갖고 있으며, 다른 감각기관들도 다 그렇다.

이와같이 〈의식의 질〉은 반응의 섬세한 정도의 범위로 정의내릴 수 있다. 또한 반응의 지능 수준으로도 〈의식의 질〉을 판단내릴 수 있다. 그런데 의식의 양은 그 물체의 크기나 부피와는 아무런 관계가 없다는 점에 유의할 필요가 있다. 의식의 양은 단지 가능한 반응의 종류수만을 나타낸다.

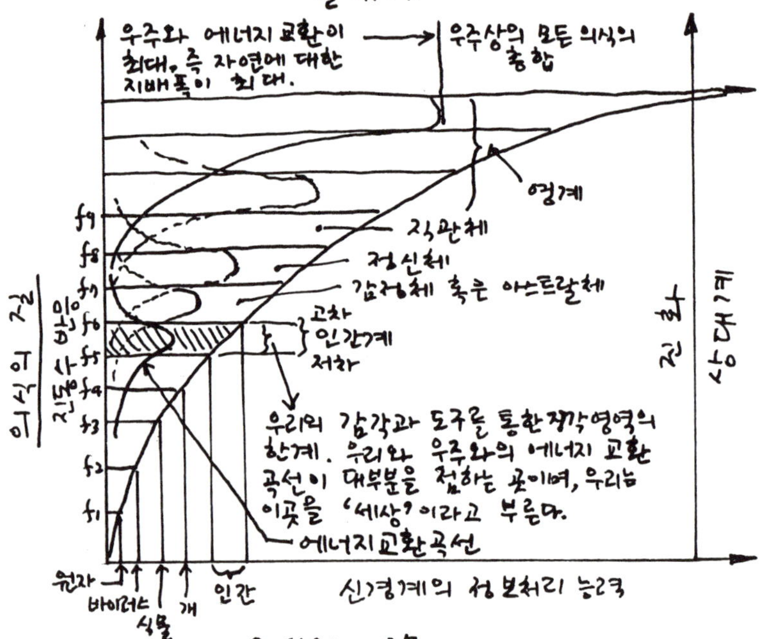

[그림 3ㅇ]

<u>의식의 양</u>

의식의 양 :
    자극에 대한 반작용으로서 조직체의 반응 종류수에 의해 결정된다.

의식의 질 :
    진동수반응으로 나타내어지는 반응의 세련 정도와 그 영역. 모든 주파수 영역은 각각의 특정한 실체의 영역을 나타낸다.

상대계 :
    모든 차원의 존재들은 절대계 아래 존재한다.

에너지 교환곡선 :
    이 곡선은 실체와 환경 사이의 에너지 교환 정도를 나타낸다. 따라서 인간이 주변환경과 상호작용을 의미하는 에너지교환 곡선의 최대값은 곡선의 정점에서 일어난다. 이것이 환경과의 공명점이다.

이제 도표를 그려서 의식의 양과 질 사이의 관계를 알아보도록
하자. 〔그림 30〕을 보자. 수평축에 의식의 양을 표시하고, 수직축에
는 의식의 질을 표시하였다. 원자를 의식의 기본단위로 삼아 단계
별로 적당한 수의 등급을 매겨 존재의 다양한 범주를 정해 나간다.

원자의 진동수 반응을 f1로 정하고, 그 다음은 바이러스에 대해
f2, 식물에 대하여 f3, 개에 대하여 f4, 끝으로 인간에 대해 f5로 정
한다. 또한 고도로 발달한 지성을 갖춘 인간에 대해 f6을 놓는다.
f5와 f6 사이의 빗금친 부분이 감각기관을 통해 전달되는 모든 자
극에 대해 인간의 신경계가 반응하는 영역을 나타낸다. 여기에는
감각기관의 보조 수단으로 사용되는 각종 계측기까지 포함된다.

이 내용을 좀더 자세히 설명하자. 한 여성이 탁자 앞에 앉아 있
는 모습을 담은 그림이 한장 있다고 하자. 이 그림을 감수성이 둔

한 남자에게 보여주고 무엇이 보이는지 말해보라고 하자. 십중팔구 「탁자 앞에 한 여자가 앉아 있군」 하는 대답이 나올 것이다.

그런데 똑같은 그림을 좀더 예민한 다른 사람에게 보인다고 하자. 그는 보다 자세하게 여자의 몸차림이라든가, 그림의 구성, 색채 배합 등을 얘기할 것이다. 이러한 사람은 반응의 범위나 섬세함의 정도가 보다 넓고 따라서 그림을 훨씬 세세히 묘사할 수 있는 것이다.

이와같이 f5와 f6사이의 빗금친 부분은 온갖 가능한 종류의 자극에 대한 인간 신경계의 반응 범위를 나타낸다. 물질계에 속하는 모든 존재는 각종 감각기관으로 들어오는 입력을 통해 우리에게 전달된다. 그렇게 입력된 정보를 우리의 신경계는 제3장에서 본 대로 활동과 정지의 부호로 전환시키며, 두뇌가 이 부호를 해석하여 그 존재를 재조립한다.

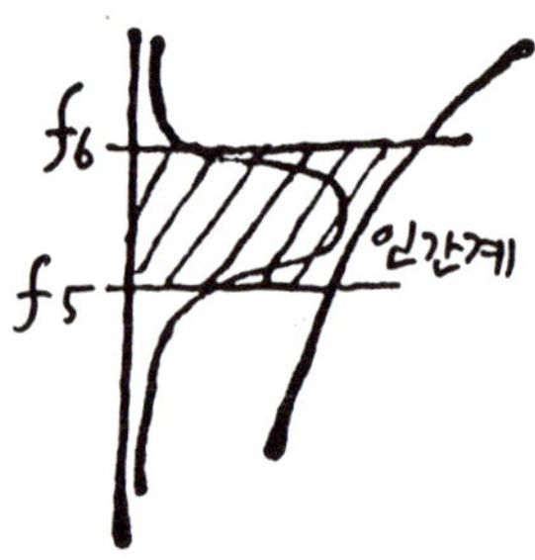

그런데 도표의 다른 부분들, 즉 인간계의 진동수 반응 위쪽에 있는 f7, f8, f9 사이의 부분들이나 훨씬 아래쪽의 부분들은 마땅히 그 차원에 해당되는 집단의 존재를 나타내야 한다.

결론적으로 말해서, 이 부분들에서 우리가 취급하게 되는 것은 사실상 다른 차원의 존재들이다. 우주 안에 있는 물질의 진화라는 관점에서 볼 때 우리 인간보다 높거나 낮은 존재들이다.

이 도표로 보면, 자연계에는 여러 차원의 존재들로 구성된 하나의 스펙트럼이 존재하는데. 이 존재 스펙트럼이 특정한 의식 수준을 갖는 수많은 집단들로 채워져 있는 것을 알 수 있다.

그런데 무기질이나 채소도 어느 정도 의식을 가지고 있으며 그 자체의 존재를 형성하고 있다고 말하면 매우 이상하게 들릴지도 모른다. 나는 이 책의 뒷부분으로 나갈수록 이러한 관점의 타당성을 독자들에게 납득시키고 싶다.

이 존재들의 스펙트럼은 확실한 경계선을 갖고 있지 못하며, 오히려 가시광선 스텍트럼과 비슷하다. 파장이 4,000에서 8,000 옹그스트롬(1옹그스트롬= 10^{-10}미터) 사이인 가시광선은 자주색에서 시작하여 파랑색, 초록색, 노란색 등을 거쳐 짙은 빨강색까지 포함하고 있는데, 각 색상 사이를 구별하는 선을 분명하게 긋기가 어려우며, 색상과 색상끼리는 자연스럽게 혼합되어 있다.

그림 전체를 살펴보자. 의식의 양과 질 사이의 관계는 곡선으로 나타나고 있음을 알 수 있다. 그림의 상단으로 갈수록 이 관계 곡선이 수평선과 거의 평행을 이루는 것에 주목할 필요가 있다. 수평에 가까운 이 부분을 우리는 〈절대계(絕對界)〉라고 불러야 마땅하다.

아랫부분에서는 한 실체에서 다음 실체로 올라갈 때, 예를 들어 f2에서 f3으로 도약할 때 의식의 양적 증가가 그다지 크지 않다는 점에 주목하자. 반면에 높은 차원으로 올라갈수록, 예를 들어 f10에서 f11로 도약이 이루어질 때에는 의식의 양적 증가가 대단히 크다. 곡선이 절대계에 접근함에 따라 그 증가량은 거의 무한에 가까울 정도로 커진다. 그러므로 절대계에는 우주에 있는 모든 의식이 포함되어 있다고 말할 수 있다. 다시 말해 〈절대계는 모든 의식의 근원〉인 것이다.

도표의 오른편에 있는 진화의 화살표에 눈을 돌려보자. 화살표는 위쪽 방향으로 절대계를 가리키고 있다. 진화의 화살표가 위쪽을 가리키고 있다는 것은, 가장 작은 원자에서부터 시작해 우주에 있는 모든 존재는 진화의 힘에 의해 의식 수준이 점점 높아지고 마

침내 절대계에 다다른다는 것을 의미한다.* 여기에는 또한, 물질
이 계속 결합되어 점점더 복잡해져서, 시간이 지남에 따라 얼키고
설킨 신경계를 형성하고, 이 신경계는 더욱 복잡한 형태가 되어서
자연계와 상호작용을 할 수 있게 된다는 의미도 포함되어 있다. 다
시 말해 의식의 질은 계속 증가하고 있다.

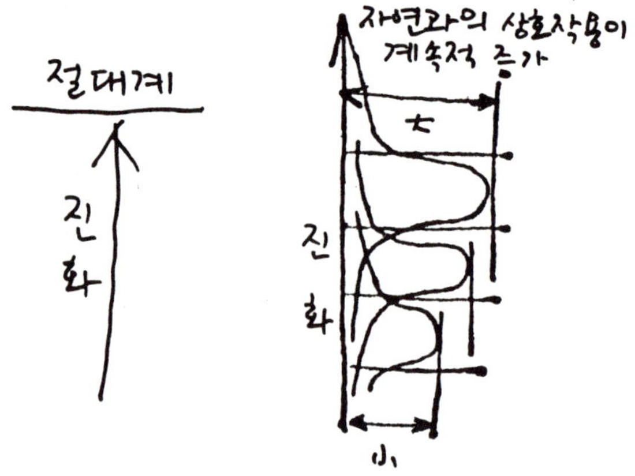

  이제 도표에서 좌측의 수직축 위에 그려진 조그마한 종(鍾) 모
양의 곡선을 보자. 이 곡선을 〈에너지 교환 곡선〉이라고 하자. 아
래쪽에 있는 에너지 교환 곡선은 작고, 위쪽으로 올라갈수록 교환
곡선이 점점더 높게 그려져 있다. 진화의 사다리를 따라서 위로 이
동함에 따라, 주위 환경과의 상호작용도 비례적으로 증가한다는
뜻이다. 가장 높은 의식 차원에 그려져 있는 커다란 에너지 교환
곡선은, 이 차원에서는 자연계나 환경을 마음대로 통제할 수 있음
을 뜻한다.

---

* 여기서 우리는 불교의 금강경에 나타난 부처의 통찰력과 비교해볼 수 있다. 부
 처는 제자 수보리를 앉혀놓고서 우주의 삼라만상이 니르바나(열반의 세계, 깨
 달음의 피안)를 향해 여행해 가고 있음을 역설한다. 부처 자신도 몇생의 의식
 진화 과정을 거쳐 각자(覺者)의 경지에 이르렀으며, 이렇듯 우주만물이 의식의
 최고 경지인 깨달음을 향해 진화해 가고 있다는 것은 힌두교와 불교, 마야 문명
 의 공통된 존재관이다. (역주)

이렇게 반문할지도 모른다. 도표에 나타난 다른 차원의 존재들과 인간존재와는 어떻게 다른가?

대답은 이렇다. 우리에게 세상의 존재를 해석하여주는 우리의 신경계는 f5에서 f6까지의 진동수 영역 안에서 강하게 상호작용하고 있다. 말하자면 우리들은 현재 우리가 몸담고 있는 환경과 최대의 에너지를 교환하도록 동조되어 있고 공명 상태에 있다.

그런데 곡선의 최고점은 우리의 존재가 속해 있는 진동수 영역의 한가운데에 위치해 있으나, 그 곡선이 위쪽 차원이나 아래쪽 차원까지 뻗어 있는 것에 주목할 필요가 있다. 이것이 바로 평범한 인간이 상호작용하는 범위이며, 그처럼 우리는 알게 모르게 다른 영역과 상호작용하고 있다.

예를 들어, 탁자의 윗부분을 집게손가락으로 밀려고 하면 탁자의 윗부분으로부터 걸리는 저항력 때문에 탁자를 미는 것이 어렵다는 것쯤은 누구나 알고 있다. 아니면 시속 100km로 자동차를 운전하다가 다리의 기둥에 부딪치면, 우리와 다리 기둥 사이에 훨씬 강한 상호작용이 일어난다.

그러나 꿈속에서 시속 100km로 차를 운전하다가 다리 기둥에 부딪친 경우에는 상호작용이 우리의 물질계에서만큼 강하지 않다. 약간 놀라서 잠이 깬 다음 「다행히 꿈이었군」하고 중얼거릴 것이

다. 이 경우에는 상호 영향이 훨씬 약한 것이 분명하며, 또한 대가
가 적다.

　이제 당신은 아마도, 우리가 존재하는 물질계 위의 어딘가에 꿈
의 실체인 어떤 차원이 존재하는 것이 아닌가 의심할 것이다. 우리
의 에너지 교환 곡선은 그 차원계에까지 뻗어가 있으며, 또 그 차
원계를 지나 그 너머까지도 연결되어 있다.
　인간보다 한 단계 높은 의식 차원에서의 에너지 교환 곡선은 인
간 차원의 에너지 교환 곡선보다 높다. 그 차원을 심령과학(心靈科
學) 용어를 사용하여 〈아스트랄(astral, 幽界)〉 차원이라고 하자.
이 아스트랄 차원의 에너지 교환 곡선은 우리 인간계에까지 내려
와 있으며, 더 내려가 무기질 차원에까지 닿아 있다. 확실히 아스
트랄 차원의 존재들은 인간 차원의 존재들에게 대단한 영향을 미
칠 수 있다.

　여기서 주목해야 할 중요한 사실은 그들의 에너지 교환 곡선의
최대점이 우리들의 에너지 교환 곡선의 최대점보다 높다는 사실이
다. 이것은 우리 인간이 우리의 주위 환경이나 자연계와 상호작용
하는 힘보다 그들이 그들의 주위 환경이나 자연계와 상호작용하는
힘이 일반적으로 더 강하다는 것을 의미한다.

　또한 아스트랄계보다 한 단계 위의 차원 f8에서는 에너지 교환
곡선이 더욱 높아져서, 자연계와 상호작용도 커지고 따라서 자연
계에 대한 조절 능력도 훨씬 높다. 이 차원을 〈정신계(mental, 멘
탈계)〉라고 하자. 이런 용어들은 대부분 밀교적 주제를 다룬 문헌
에서 따온 것이다. 그 위의 차원은 〈인과계(causal, 코잘계)〉 혹은
직관계라고 할 수 있는데, 여기서는 에너지 간섭이 더욱 높아지고
의식의 양도 크게 증가한다.

　진화의 등급을 따라 위로 올라갈수록 흔히들 말하는 〈영계(spiri-
tual)〉 차원과 만나게 된다. 이렇게 계속 올라가서 〈절대계〉 까지

142

영계
감정계
GAS
EAT
인간
동물
식물
광물

도달한다. 영계 차원에는 가장 높은 에너지 교환 곡선이 있다. 에너지 교환 곡선이 가장 높다는 것은 자연계를 완전히 통제할 수 있다는 의미를 내포하고 있다.

지금까지 한 얘기를 다음과 같이 정리할 수 있다. 물질이 담고 있는 의식의 용량이 저마다 다르기 때문에, 각각의 차원으로 구성된 연속적인 스펙트럼이 만들어진다. 따라서 바위는 식물이나 개보다 적은 의식을 갖고 있을 것이다. 이 말은 곧, 바위는 식물이나 개보다 환경에 대한 통제 능력이 적고, 자극에 대한 반응의 종류수가 적으며, 자유의지 또한 적다(바위에도 자유의지가 있다고 한다면 말이다).

그러나 우리 인간이 갖고 있는 자유의지 역시 제한된 것일 수밖에 없다는 사실을 잊지 말아야 한다. 진화의 등급을 따라 더 높이 올라갈수록 자유의지의 범위가 넓어지고, 주위 환경을 다스려 창조하는 능력이 커진다.

제4장에서 진동 또는 왕복운동을 하는 조직체는 황량하고 푸르른 우주 공간 저 너머로 1초에 여러번 거의 무한속도로 사라졌다가 되돌아온다는 사실을 알았다. 그런데 (원자가 진동체인 까닭에) 모든 사물과 모든 인간이 그러한 운동을 하기 때문에 밖으로 나가 있는 그 작은 순간 동안에 모두가 서로 만나 상호간섭하는 것이 틀림없다.

말하자면, 모든 피조물들을 공간형 우주 차원에서 항상 접촉하고 있으며, 어떤 피조물은 다른 피조물보다 이 사실을 보다 잘 알고 있다. 따라서 에너지 교환 곡선은 결코 0이 되는 법이 없다. 모든 차원에서 어느 정도의 상호작용이 항상 일어나기 마련이다.

실체의 최상 계급 〈절대계〉

앞 장에서 우리의 실체는 활동과 정지로 부호화된다고 하였다. 또한 진동자가 정지점에 도달할 때, 진동자는 공간형 차원으로 미

144

끄러져 들어가며, 이 말은 정지 상태와 무한속도가 같은 의미라는 것, 즉 무소부재(無所不在)하다고 한 것을 기억할 것이다. 말하자면, 지극히 짧은 순간 동안 〈우주 공간 어디에나 존재하는〉 상태를 얻은 것이다.

그러나 진동자가 정지점을 떠나 움직이고 있을 때는 모든 일이 평상시와 같다. 이런 식으로 우리는 실체의 두 가지 요소인 〈활동과 정지〉를 구별하였었다.

이제 이 〈어디에나 존재하는 상태〉가 무엇인가에 대하여 좀더 알아보자. 분명한 것은 〈어디에나 존재하는 상태〉와 절대계를 동일시할 수 있다는 것이다. 왜냐하면 양쪽 다 움직임이 없고, 활동도 없으며, 완전히 정지한 상태이기 때문이다. 동시에 둘 다 높은 에너지가 잠재된 상태이다. 왜냐하면 이러한 정지 상태는 무한히 빠른 움직임과 같기 때문이다.

사실상 동(動)과 정(靜)의 두 대립되는 개념은 절대계 안에서는 하나로 일치하는 개념이다. 이 절대계 차원을 절대적 기준선으로 삼아 우리는 다른 모든 피조물을 측정할 수 있다. 이 기준선은 모든 존재계 속에 항상 존재하는 성분이다.

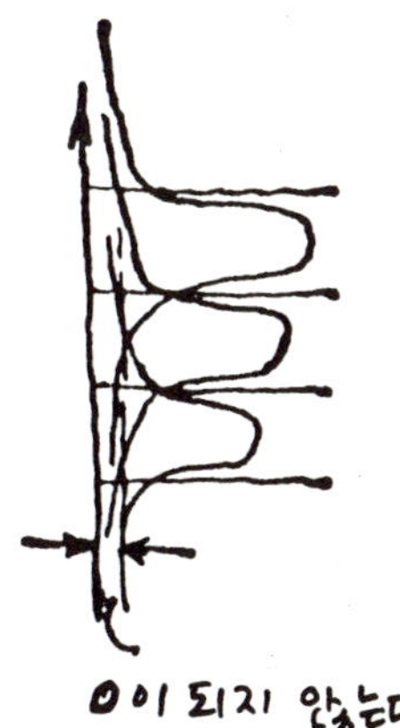

제1장에서 입체영상(홀로그램)을 설명할 때 하나의 영상이나 존재를 형성하기 위해서는 두 가지 성분이 필요하다고 했던 것을

기억할 것이다. 하나는 기준광선이고, 다른 하나는 〈경험을 거친〉 또는 변조된 작용광선이다. 이 두 가지 광선이 같은 평면에서 상호 간섭할 때만 입체영상이 나타난다.

이것은 자연계에서 대단히 폭넓게 사용되고 있는 장치이기 때문에 여기서 그것을 비유로 드는 것이 가능하다. 그러나 두개의 광선은 같은 광원에서 방출된 레이저 광선이라는 점을 잊지 말아야 한다. 하나의 광선이 두개의 광선으로 나누어진 것이다. 기준광선은 본래의 광원에서 나온 빛을 고스란히 유지하고 있는 반면에, 작용광선은 그것이 비춘 물체에 접촉하여 변형되고 변조된다.

절대계의 본질과 현상계의 상대적인 속성을 설명하기 위해 다른 비유를 하나 들어보자. 절대계를 경계선이 없는 무한히 깊고 넓은 바다라고 하자. 이 바다의 표면은 매우 조용하고 잔잔해서 거의 눈에 띄지 않을 정도이다〔그림 31〕. 절대계는 다른 모든 것을 비교할 수 있는 기준선이다.

이제 이 바다에 물결을 일으켜 보자〔그림 32〕. 물결이 일면서 잔잔한 수면이 깨어지는 것을 볼 수 있다. 이 파도 때문에 바다의 표면이 갑자기 눈에 드러난다.

이와 비슷하게, 절대계에 움직임이나 진동이 일어날 때 그것이 눈에 보이는 현상으로 나타나고, 우리는 이것을 상대계 또는 물질 차원이라 부르는 것이다.

여기서 잊지 말아야 할 중요한 개념은, 바다는 모든 존재를 만들

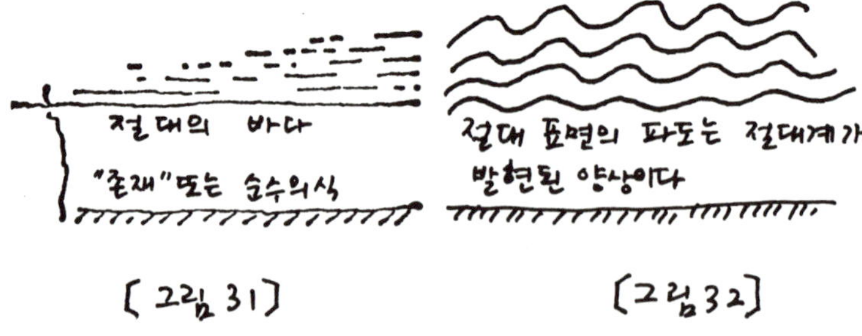

어내는, 어디에나 침투해 있는 절대적인 성분을 대표한다는 것이다. 이 성분을 우리는 절대존재(絶對存在), 아니면 순수의식(純粹意識)이라 부른다.

바다 표면에 물결이나 파도가 일렁이게 할 수는 있다. 그러나 바다의 깊은 심연은 변화하지 않는다. 그곳에서는 영원히 정지 상태만이 계속된다. 한편, 파도의 크기를 앞에서 설명한 각각 다른 차원계에 비교한다면, 크고 거친 파도를 〔그림 31〕에서 보인 존재 스펙트럼의 맨 아래 차원에 비교할 수 있다. 다시 말해, 의식의 양이 적고 진동수 반응이 낮은 부분에 해당된다. 반면에 매우 섬세하고 진동이 빠른(고주파수의) 물결은 절대계 바로 아래의 가장 높은 차원에 해당될 것이다.

다음에 하나의 전자처럼 물질의 가장 낮은 차원인 양자(量子) 차원으로 들어가서, 물리학자에게 전자가 무엇으로 만들어졌는지 물어보자. 그는 아마도 「글쎄요, 전자는 특정한 진동수를 가진 파동 덩어리이고, 진동수에 따라 전자가 가지고 있는 에너지가 결정됩니다」라고 대답할 것이다.

그렇다면 이번에는 전자나 양자 속에서 진동하는 것이 무엇이냐고 물으면 아마도 「그것은 아무도 모릅니다」라는 대답이 나올 것이다. 그러나 절대계의 바다에 비유하면, 바다의 표면에서 일어나는 물결의 한 묶음을 전자나 양자로 상상해볼 수 있다. 그것은 순수의식이라고 하는 무한한 바다의 고요한 표면에 대해서 상대적으로 진동하고 있다.

따라서 「전자 속에서 진동하는 것은 무엇인가」라는 질문에 대답할 수 있다. 「거기에서 진동하는 것은 개체화된 순수의식이다.」

여기서 앞서 설명한 것 가운데 하나를 수정해야만 한다. 앞에서

나는 물질이 의식을 〈갖고〉 있다고 설명했었다. 그것은 물질이 의
식에 관련된 어떤 것을 갖고 있다고 생각하도록 임시로 사용한 방
편이었다. 그러나 이제는 핵심이 분명해졌다. 양자 에너지로 구성
되어 있는 자연계의 모든 물질은 순수의식이라는, 진동하면서 변
화하는 성분으로 되어 있다.

　따라서 우리는 우주 만물을 두개의 성분, 즉 절대계와 상대계로
나눌 수 있다. 절대계는 고정되어 있고, 영원하며, 눈에 보이지 않
는다. 반면에 상대계는 볼 수 있고, 현상으로 나타나 있으며, 「변화
하는 속성」을 가지고 있다 상대계에는 거친 것도 세련된 것도 있
으며, 단명하는 것도 장수하는 것도 있지만, 아뭏든 언제나 절대계
에 기초를 두고 있다.
　이러한 명제를 받아들이게 되면, 마음과 물질의 문제는 풀리게
된다. 그 해답이란, 그 둘 사이에 근본적인 차이점은 없다는 것이
다. 지금까지 우리는 마음과 의식을 쉽게 연결시킬 수 있었다. 왜
냐하면 마음은 추상적이고 만질 수 없기 때문이다. 반면에, 물질은
견고하고 단단하며 뜨겁거나 차가우며, 겉보기에는 마음이나 의식
과는 매우 다르게 보인다.
　실체는 두 가지 성분으로 구성되어 있다. 그 하나는 불변의 기준
선 또는 배경이 되는 성분이고, 다른 하나는 그 성분의 역동적이고
진동하는 속성이다. 이 사실을 알면 마음과 물질이 같은 기본 재료
로 만들어졌다는 것을 알게 된다.*　그 둘 사이의 차이점은, 딱딱
한 물질은 크고 느린 파동 또는 물결로 만들어졌기 때문에 절대계
의 에너지를 보다 적게 포함하고 있다는 것이고, 마음은 보다 세련
된 물결로 구성되어서 보다 많은 절대계 에너지를 소유하고 있다
는 것이다.

　여기에 대한 좋은 비유는 자연계에서 발견되는 물질의 다양한

---

* 사념(思念)이 곧 물질이고, 물질이 곧 사념이라 통찰은 동양사상, 특히 탄트라
　(밀교)의 현자들에 의해 피력되어 왔다. 이것은 현대의 각자인 B.S. 라즈니쉬의
　가르침에서도 자세히 설명되어 있다. (역자)

상태일 것이다. 딱딱한 물질을 얼음에 비유하고, 마음이나 의식은 증기나 수증기에 비유할 수 있다. 둘 다 다른 형태이긴 하지만 같은 재료로 이루어져 있다. 둘 다 현상으로 나타난다. 왜냐하면 그것들은 변화하고 있기 때문이며, 이 변화는 절대계의 바다를 기준으로 측정될 수 있다. 이 절대계의 바다가 물결과 배경 양쪽을 형성하고 있다.

이제 물질은 다스리는 마음의 재주에 대해 놀라와할 필요가 없다. 마음이 물질을 지배하는 능력에 비하면 마음이 마음 자체의 다양한 측면을 지배하는 능력이 훨씬 크다.

우리는 다양한 차원의 존재계를 그것들이 갖고 있는 상대적인 성분의 크기에 따라 분류할 수 있다〔그림 33〕. 여기에 상대계를 나타내는 크고 거친 저(低)진동수의 파동이 있다〔그림 33B〕. 이러한 저진동수의 파동은 낮은 차원의 존재를 의미한다.

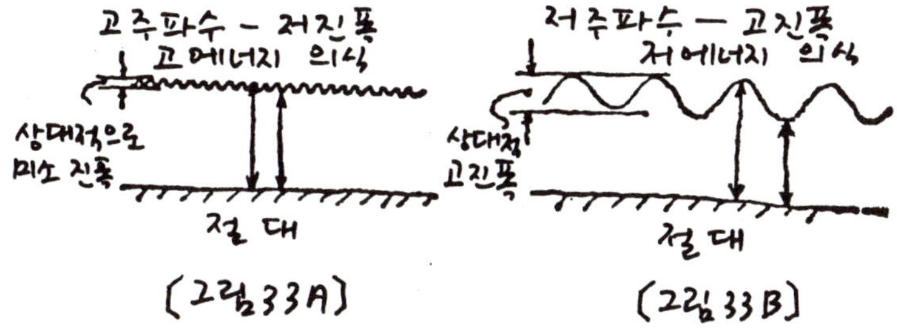

반면에 〔그림 33A〕를 보면 상대계의 성분이 매우 섬세하다. 다시 말해, 고(高)진동수이며, 보다 높고 세련된 실체를 나타낸다. 이것을 영적인 존재라고 하자.

사람에 대해서도 똑같이 말할 수가 있다. 모든 사람은 상대 성분과 절대 성분으로 구성되어 있으며, 어떤 사람들은 다른 사람보다 더 〈상대적〉이다. 우리가 얼마나 〈상대적〉인가는 제쳐 놓더라도 우리 모두가 절대계라는 같은 재료로 만들어졌다는 것을 잊지 말아야 한다.

  그렇다면 진동운동이 일어나기 전의 존재들의 실상은 어떤 것이
었을까? 분명한 것은 진동하지 않는 상태가 진동하는 상태의 근본
이며, 진동운동이 일어나면서 우리의 존재들이 모습을 나타낸다는
것이다. 이 진동하지 않는 근원을 〈절대계 기초공간(원공간)〉이라
고 부르자.

  약간 복잡한 설명이긴 하지만, 절대계 역시 무한히 미세하게 진
동하는 상대계로 정의내릴 수 있다. 이 절대계는 물결의 크기가 매
우 작고 진동수는 매우 크기 때문에 눈에 보이지 않는다. 이렇게
본다면, 물의 표면은 조용하고 잔잔한 것처럼 보이나 실제로는 엄
청난 에너지를 담고 있으며 〈창조적인 잠재력〉으로 가득차 있다.
이것이 절대계에 대한 실제적인 정의이다(물론 정의내릴 수 있는
한도내에서지만). 동시에 그것은 지성을 겸비한 고도의 창조적인
에너지이다. 이 〈지성〉은 모든 창조물에게 〈자기 조직 능력〉을 부
여해준다.
  그러므로 상대계의 물결은, 겉으로는 잔잔하게 보이지만 실제로
는 거대한 창조에너지를 잠재한 채 진동하는 절대계의 표면 위에
나타나고 있는 것이다. 파동의 진폭이 작을수록 표면에 포함된 에

너지는 더 크다. 파동이 아주 작아져서 파동의 정지점인 산과 골짜기가 서로 가까와져서 겹치게 되면, 그때 정지 상태가 얻어지며, 그때의 운동은 단지 잠재적인 운동이 되며 그것의 에너지는 무한히 커지게 된다.

절대계란 〈대립되는 개념이 통합되어〉 하나가 되는 상태이다. 운동과 정지가 하나로 융합되는 것이다.

우리 역시 진동하는 실체이다. 소립자에서 원자·분자, 눈에 보이는 차원에 이르기까지 모두가 진동하고 있다. 모두가 두 정지 상태 사이를 진동하고 있다. 그리고 모두가 〈소리〉(파동)를 내고 있다.

다음 장에서는 보다 자세하게 들어가서, 어떻게 의식이 여러 실체에 나타나는가를 살펴보겠다. 그리고 진화의 규모면에서 볼 때 훨씬 유리한 위치에 처해 있는 우리가 이것을 어떻게 바라볼 것인가에 대해서도 알아보겠다.

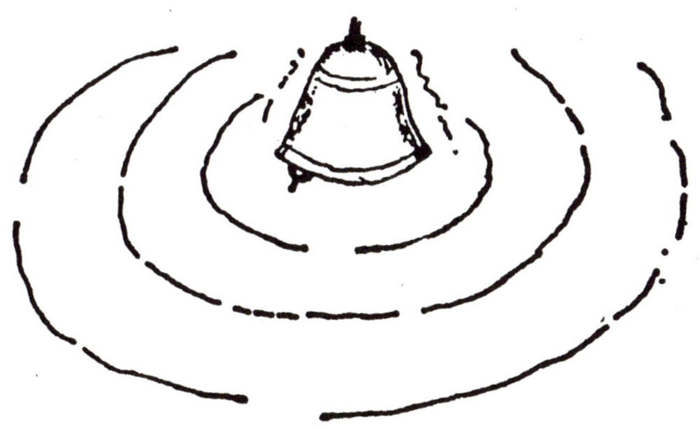

간 추 림

물질의 진화를 의식의 진화의 관점에서 설명하였다. 진화의 추진력에 힘입어 모든 존재는 점점 더 복잡한 조직체로 진행하며, 점점더 높은 의식 차원으로 나아간다.

의식의 양과 질의 관계를 나타내는 도표에서 보면 물질은 어떤 지점에서 〈생명체〉를 형성한다. 에너지 교환 곡선을 통해 우리가 주위 환경이나 다른 실체들과 상호작용하는 능력을 나타낼 수 있다.

다양한 의식 차원 혹은 다양한 존재 차원을 간략히 나타낸 도표 속에는 인간계의 위와 아래에 있는 실체계가 표시되어 있다.

최상 계급의 존재는 〈절대계〉에 위치한다. 절대계는 모든 실체의 근원(기준)이다. 현상으로 드러나지 않은 형태일 때에는 그것은 잠재적이고 지성적인 에너지이다. 물결이 일거나 변조되었을 때, 절대계는 우리가 만질 수 있는 물질이나 개별적인 물체의 근원이 된다.

제 6 장
상 대 계

광 물 계

자, 이제 도표〔그림 30〕의 가장 낮은 차원에서 시작하여 절대계로 나아가보자.

먼저 자신을 하나의 바위라고 상상해보라. 물론 어렵긴 하겠지만 바위의 세계 속으로 들어가려는 노력을 충분히 하면, 뜨겁고 차갑거나 밝고 어두운 느낌 같은 것을 희미하게나마 느끼게 될 것이다. 다른 바위들과 약간의 의사소통도 가능할 것이지만, 어디까지나 옆에 다른 무엇이 있다는 희미한 느낌에 불과할 것이다.

물론 이런 상황 아래서는 〈사회 생활〉이 몹시 제한될 것이다. 이 상황에서의 중요한 특징은, 성장이 없고 단지 닳아 없어지는 일(마멸)만이 있다는 것이다.

에너지 교환 곡선은 식물계로 뻗어 올라가 있으며, 결코 0이 되는 법이 없다. 수직선에 닿지 않는다는 것은 항상 다른 차원들과 에너지 교환이 이루어지고 있다는 것을 의미한다.

식 물 계

식물계와 광물계를 비교할 때 맨먼저 눈에 띄는 것은, 식물계에서는 성장과 자기복제가 가능하다는 것이다. 여기에는 소위 말하는 〈생명〉이 있다. 의식의 양이 조금 높기 때문에 자극에 대한 반응도 높다.

당연히 새로운 상황에 적응할 줄 알고, 생존을 위하여 투쟁하며, 밝기와 어둡기를 민감하게 구별한다. 활발한 〈사회 생활〉이 있는가 하면, 심지어 성생활까지 있다. 물론 성생활은 제삼자를 통하여 신중하게 이루어진다.

대부분의 독자들은 위협이나 애정 등 인간의 감정에 식물이 민감하게 반응한다는 사실을 입증하는 실험에 관하여 들어본 적이 있을 것이다(피터 톰킨스 Peter Tompkins와 크리스토퍼 버드 Christopher Bird가 쓴 《식물의 비밀스런 삶 The Secret Life of Plants》이란 책이 이 방면의 대표적인 책이다).

식물계는 광물계 수준에서는 큰 도약을 이룩했지만, 움직이는 능력은 성장에만 제한되어 있기 때문에 비교적 정적이다. 식물의 에너지 교환 곡선이 인간계의 기본 진동수뿐만 아니라 그 너머까지 뻗쳐 있는 것에 주목해야 한다.

동 물 계

여기는 감정의 폭이 더욱 넓다. 그리고 3차원 공간에서 이동할 수 있는 자유가 있다. 같은 종끼리 의사전달이 가능하고, 다른 종끼리 가능한 경우도 많다. 길들인 짐승은 인간과 의사소통을 할 수 있다.

여기에는 군중심리 형태의 집단의식(集團意識)도 있다. 어떤 동물은 발명의 재능이 있을 뿐 아니라, 지능이 매우 높아 연장을 사용하기도 한다. 두뇌의 복잡성과 크기로 보건대, 돌고래는 지능면에 있어서 인간과 견줄 만하다.

〔그림 30〕을 보면 동물계의 에너지 교환 곡선이 위로는 인간계까지, 아래로는 식물계까지 뻗쳐 있는 것이 보인다. 이것은 동물이 인간이나 식물과 의사전달이 가능하다는 것을 의미한다. 여기서도 에너지 교환 곡선이 결코 0이 되는 법이 없다는 사실에 주목해야 한다.

어떤 차원의 존재에게나 항상 부분적으로는 다른 차원의 존재를 인식하는 최소한의 활동이 있다. 이것은 모든 창조물을 연결하고 있는 공통된 요소가 의식이고, 이 교량을 통하여 모든 천지만물은 끊임없이 접촉하고 있기 때문이다. 여기에 대해서는 뒤에서 자세히 살펴볼 것이다.

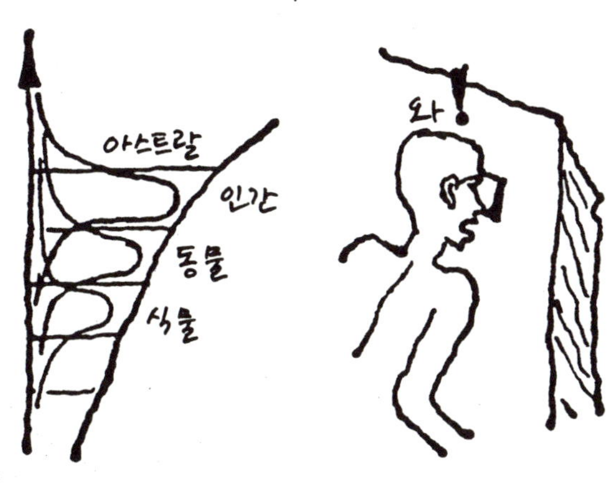

인 간 계

우리 모두 인간계를 알고 있지만, 우리들 대부분이 인간계에 관하여 잘 모르고 있는 부분이 있다. 그것은 인간의 의식은 배움과 수련을 통해 앞의 도표에서 설명한 존재 스펙트럼 전체로 확장될 수 있으며 그렇게 함으로써 존재계 전체와 상호작용할 수 있다는 사실이다.

이것이 〈의식의 확장〉이라는 문구의 진정한 의미이다. 말하자면 의식의 확장이란, 우리의 척추 신경계통이 가장 낮은 광물계로부터 가장 높은 영계 차원에 이르기까지 어떤 차원의 실체와도 동조할 수 있을 만큼 개발될 수 있다는 것을 뜻한다. 따라서 이 책에서 사용되는 〈신경계통의 개발〉이라는 표현은 의식의 확장이라는 말과 같은 뜻이다.

약물이 의식의 확장에 미치는 효과에 대하여 많은 얘기가 오가고 있다. 약물을 사용해서는 의식을 확장하지 못한다. 오히려 의식을 변경시켜 특정한 차원에 집중시키는 경향이 있다. 이 차원은 앞의 도표에서 보면 인간계보다 위에 있거나 아래에 있을 것이다. 약물을 통한 〈나쁜 여행〉이 뜻하는 바는, 의식의 인간계 아래쪽의 실체에 투영되어 자연적으로 악몽같은 실체를 체험하는 일이다.

때로는 의식이 우리 인간계보다 위쪽에 위치한 실체에 투영된다. 그때가 바로 〈좋은 여행〉이다. 그러나 약물은 두뇌의 정상적인 기능을 방해하므로 이러한 모든 경험은 반드시 문제가 생긴다. 또한 우연히 들어가게 된 차원이나 사건을 통제할 능력이 없다.

이러한 약물 사용의 단 하나 긍정적인 측면은, 약물 경험을 통해 우리가 작은 문구멍을 통해서만 우리의 실체계(實體界)를 내다보고 있으며, 실제로는 훨씬더 많은 실체계가 존재한다는 사실을 깨달게 된다는 것이다. 반면에 약물을 장기복용하면 신경조직이 파괴되어 앞의 도표에서 진화의 화살표가 보여주는 보다 높은 차원으로 정상적인 진화를 할 능력이 없어진다는 것이다. 이것은 약물을 장기복용함으로써 신경계통이 불안정해지기 때문이다(대부분의 경우가 그렇다고 나는 믿는 바이다). 어떤 다른 의식 차원이나 실체와 상호작용을 하기 위해서는 마음이 안정되고 맑아야 한다.

이쯤에 이르러서는 〈실체〉와 〈의식 차원〉이라는 용어를 같은 개념으로 사용해도 별로 이상하지 않을 것이다. 이 장의 내용이 깊이 들어감에 따라 이 주제에 관한 유명한 문헌에서 예를 들어 보임으로써 실체와 의식 차원이 같은 의미라는 것을 보이고자 한다.

최근 몇년 동안에 바로 이 주제에 관한 몇권의 훌륭한 책들이 몇몇 작가들에 의해 출판되었다. 그 가운데 하나가 카를로스 카스타네다(Carlos Castaneda)가 쓴 책들이다.* 그의 책들을 읽어보면

---

* 《The Teachings of Don Juan》, New York, Ballantine Books, 1969. 《A Separate Reality》, New York, Simon & Schuster, 1971. 《Journey to Ixstlan》, New York, Simon & Schuster, 1972. 이 중 《돈 후앙의 가르침》은 류시화 번역으로 1986년 청하출판사에서 출판된 바 있다.(역주)

〈다른 실체와 의사소통을 하는 것〉이 무엇을 뜻하는지 잘 알 수 있다.

그의 책들을 보면 동물과 식물 또는 식물의 정령(精靈)들이 인간과 의사소통을 한다. 물과 바위의 정령들은 매우 활동적이며, 책을 읽어 나가다보면 우리는 이 모든 활동이 일어나고 있는 의식 차원을 이해하게 된다. 책에 나오는 주술사는 대개 식물계와 동물계 안에서 활동하는 것이 분명하다.

카를로스 카스타네다의 책을 통해서 일반적으로 느끼게 되는 것은, 존재가 끝없이 위험에 처해 있다는 것이다. 「이 일을 하면 너는 죽임을 당할 것이고, 저 일을 하면 살아남을 것이다.」 죽이거나 죽임을 당하기도 한다는 점에서 모든 존재는 〈전사(戰士)〉이다. 이것이 바로 생존 본능이 작용하고 있는 동물계이다.

이 차원에 속한 존재들은 더 높은 차원에 대한 지식이 부족하다. 그래서 카스타네다의 첫번째 책 세권에서는 〈사랑〉이나 〈신〉이라는 단어를 한번도 찾아볼 수가 없다. 더 높은 차원에 대한 지식은 진화의 규모에서 위쪽으로 더 높이 올라가야 나타난다.

그러나 그 다음의 책 〈힘 이야기(Tales of Power)〉에서 대 주술사 돈 후앙과 돈 제나로는 인과계(因果界)와 그 이상의 실체에 대한 지식을 갖고 있음을 알 수 있다. 그들은 카스타네다를 쪼개 그에게 그의 두 가지 성분을 입증해 보인다. 하나는 이성이 있는 물질적인 〈인격〉 측면이고, 다른 하나는 순수인식 측면이다.

주술사 돈 제나로에게 있어서 사랑은 지구에 대한 사랑, 즉 거대한 양의 의식을 가진 광물 덩어리에 대한 사랑으로 나타난다. 이 거대한 존재는 그에게 특별한 힘을 부여함으로써 그의 사랑에 보답한다.

아마도 이쯤에서 방금 말한 이상한 실체들 — 카스타네다의 책과 여러 민족의 민속담에 나타나는 식물의 신 또는 정령, 그리고 바위와 물의 정령들에 관해 설명하는 것이 좋은 듯하다. 이제 우리

는 절대계에 관한 지식을 갖추었고, 또한 물질이란 일정한 양과 질
의 의식을 나타낸다는 것을 알았다. 그러나 아직도 이러한 개념을
받아들이는 데 어려움을 느끼고 있는 독자는 물질이 일정한 양의
의식을 〈담고〉 있다는 생각을 해도 좋다.

입자와 파동의 이중성

이제 이러한 현상의 배후에서 작용하고 있는 메카니즘에 대해
알아보자. 입자와 파동이라는 이중성의 원리는 양자와 전자 혹은
원자핵의 소립자 등의 제한된 영역에서만 성립되는 것이 아니라
물질의 큰 집합체에도 해당된다.

우리가 알고 있는 이중성이란, 예를 들어 빛처럼 방사장(放射場)
으로 표현되는 장이 우리의 눈이나 관측계기와 상호작용할 때는
작은 입자 형태인 광자, 즉 개개 입자의 빛 형태로 감지된다는 것
이다. 이와같이 빛은 파동의 성질을 지닌 연속적인 전자기의 방사
장을 가지고 있는데, 그것은 눈으로도 어떤 계기로도 볼 수 없다.
그것은 우리의 망막에 닿았을 때에만 우리에게 나타나지만, 그럴
때는 언제나 광자로 알려진 하나하나로 분리된 입자처럼 행동한다.

이것은 심사숙고할 가치가 있다. 왜냐하면 이것이 상대계 혹은
현상계가 어떻게 절대계로부터 생겨나는가에 관하여 지금까지 논
의된 내용과 매우 비슷하기 때문이다. 절대계는 잔잔한 방사장과
비슷하다. 그러나 현상으로 나타나고 눈에 보이기 위해서는 그 표
면에 물결이 일어나야만 한다. 즉 양이 정해지고, 입자화(粒子化)
되어야만 하며, 그것 때문에 표면이 드러나게 되는 것이다.

빛의 예에서 방사장은 우리의 망막과 상호작용을 할 때에만 입

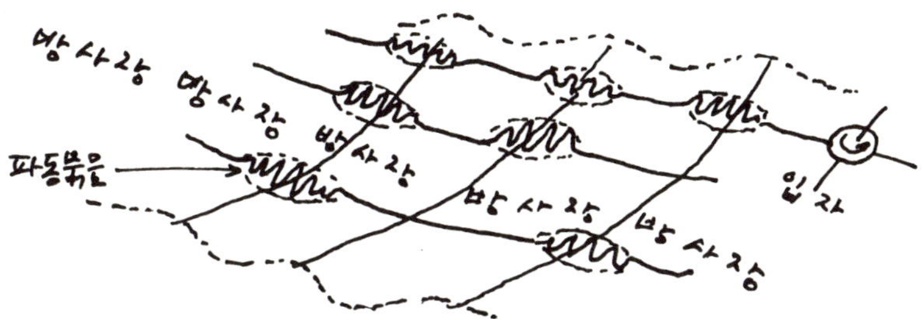

자(광자)로 나타났다. 연속체가 〈개체〉로 변하는 과정이 일어난 것이다. 그래서 우리의 감각기관이 빛과 상호작용하는 것이 가능해진 것이다. 앞에서 지적했듯이, 이러한 개체화의 과정이나 또는 입자와 파동이라는 이중성이 자연계에서는 훨씬 큰 규모로 적용된다는 것을 제안하고 싶다.

자연 정령의 구축과 유지

이제 이 원리를 적용하여 자연정령, 아니면 자연계를 구성하는 작은 신을 설명할 수 있는지 알아보자. 또는 더 나아가 자연정령을 설계하고 만들 수 있는지 살펴보자.

무엇보다도 먼저, 하나의 연속체를 택해야만 한다. 잔잔한 계곡을 선택하자. 이 계곡에 우뚝 솟은 큰 바위가 있다고 하자. 비록 계곡과 대비시켜야만 바위가 보이긴 해도, 어쨌든 바위는 분명히 계곡과 분리되어 있다.

우리는 물질이 곧 의식이라는 것을 알고 있다(또는 당신이 원한다면 물질이 의식을 〈담고〉 있다고 해도 좋다). 이 의식이 적당량에 도달하면 자신을 희미하게나마 자각할 수 있게 된다. 수백만년이 지나면 이 희미한 자각이 강화되어 아마도 다른 생물과의 상호작용을 통하여 분명한 주체의식을 갖게 될 것이다.

만일 어떤 동물이 그 바위를 은신처로 삼아 살았다면, 그 동물은 숨을 장소를 제공한 바위에게 응당 고마움을 느낄 것이고, 바위도 그것을 느끼게 될 것이다. 그리고 새가 날아와 바위 옆에 둥지를 틀고 알을 낳으면 바위의 자아(ego, 에고)는 더 많이 자극을 받아 진화가 가속화될 것이다. 바위보다 훨씬 많이 진화한 새의 생활과 의식에 힘입어 바위의 의식은 위로 상승할 것이다.

머지않아 바위의 의식은 〈바위의 정령〉으로 진화할 것이다. 지금까지 바위는 자기가 동물들을 보호하여주면, 그들이 감사의 감정으로 보답한다는 것을 배웠다. 따라서 점차로 바위는 자신이 동물을 보호하는 일을 하고 있다는 것을 이해하기 시작한다. 곧 바위는 이 일에 꽤 익숙해지고 더 많은 동물을 끌어들일 것이다. 요컨대, 바위는 동물들과 거래를 하고 있는 것이다.

생명체들과 가까이 접촉하다보니 바위는 진화 속도가 빨라질 것이다. 말하자면 바위의 반응 범위가 넓어지는 것이다. 바위는 광물계의 의식 차원에 해당하는 비교적 낮은 진동수 반응을 갖긴 하겠지만, 이 경우에 바위는 광물계 의식을 나타내는 부분의 맨 꼭대기에 위치할 것이다. 식물계 의식의 경계선에 위치하면서, 이 바위의 에너지 교환 곡선은 멀리 아스트랄계(유계)까지 뻗칠 것이다.

그러다가 마침내 자연계에 민감한 사람이 이 바위 옆으로 오면, 그 사람은 이 바위에 뭔가 특별한 것이 있음을 느낄 것이다. 그는 호감이나 반감같은 특별한 기분을 느끼게 될 것이다.

이 이야기를 좀더 해보자…… 이런 정령은 아직 진화가 덜 되어 있고, 어리석다. 그래서 바위는 몇가지 어리석은 속임수로 사람에게 자신의 용감무쌍함을 보이고자 할지도 모른다. 이렇게 되면 그 사람은 그것을 알아차린 경우에는 거기에 상응하는 인상을 받을 것이다. 곧 그 바위 주위에서 일어난 일을 다른 사람들에게 말할 것이고, 많은 사람들이 바위 앞으로 모여들게 될 것이다. 그들도 또한 그 속임수를 목격하게 될 것이고, 머지않아서 그 바위를 숭배하기 시작할 것이다. 여기에 부추김을 받아 바위 정령의 자아(에고)는 엄청나게 강화될 것이다. 바위에 집중되는 사람들의 생각이 힘을 더해주기 때문이다.

여기서 잠시 사물이나 사람에게 생각이 미치는 영향을 살펴보자. 생각이란 일정한 형태로 두뇌의 신경세포를 점화(點火)시키는 에너지이다. 점화되는 순간 자연히 두뇌 피질 속의 통로를 따라 흐르는 미세한 전류가 발생되며, 우리는 두개골 표면에서 전극 측정 장치같은 민감한 기구로 그 전류의 흐름을 포착할 수 있다.

달리 말하면, 작은 전기 자극으로 출발한 생각이 마침내 두뇌 피질 속 어딘가에 최소한 70밀리볼트의 전압을 발생시키면서 형태를 갖춘 어엿한 생각으로 발달한다. 그런데 이 우주 안에서는 에너지 손실이란 없다. 생각이 발생시키는 전류가 머리 바깥에서 포착된다면, 이는 생각의 에너지가 전자파의 형태로 주위 환경과, 마침내는 우주 끝까지 빛의 속도로 퍼져 나간다는 것을 뜻한다.

이제 이것은 매우 심각한 문제이다. 생각 에너지는 한 곳으로 집중될 수 있기 때문에 더욱 그렇다. 우리가 가만히 앉아서 게으른 생각만을 하고 있는 한, 생각 에너지는 분산되고 마침내 넓게 퍼져서 약해지고 사라져버린다. 그러나 우리가 의도적으로 집중을 하고 앉아 일정한 사념을 두뇌 밖으로 내보낼 때, 생각 에너지 혹은 생각 형태는 그 생각이 의도한 사람에게 가서 부딪칠 것이다. 우리는 여기에 대하여 뒤에서 더 상세히 따져 볼 것이다.

이제 다시 〈바위의 정령〉으로 돌아가자. 앞에서 사람들이 바위에게 집중할 때 바위 정령이 어떤 일을 할 수 있는 능력이 엄청나게 커진다고 말했었다. 그 이유는 인간의 신경계에서 발생한 에너지에 자극을 받기 때문이다.

인간과 접촉함으로서 바위는 이제 매우 높은 의식과 교류하기 시작한다. 여기서부터 모든 것이 눈덩이처럼 불어난다. 바위는 더욱 인상적인 속임수를 발휘할 수 있는 능력이 생겼으며, 이것이 원시인들을 감동시킬 것이다. 마침내 원시인들은 바위를 자기네 편으로 끌어들이기 위하여 제물을 갖다 바칠 것이다. 또는 바위 정령의 지배하에 있는 그들의 행동에 바위가 화를 냈는지도 모른다고 생각이 들면, 바위를 진정시키기 위하여 제물을 바칠 것이다.

페루의 구리 광산의 광부들은 매년 성대한 의식을 치루면서 광

흥
넘겨줘!

산의 정령에게 라마(아메리카산 낙타)를 제물로 바친다고 한다. 광부들의 말에 따르면, 구리 광맥의 개체화된 의식이라고 할 수 있는 이 광산 정령에게 제물을 바침으로써 정령의 마음이 진정되고, 따라서 사실상 정령의 몸을 파서 점점 사라지게 하고 있는 광산 속에서 일하는 사람들에게 해를 입히거나 사고를 일으키지 않게 된다는 것이다.

마침내 물질 덩어리 속에서 희미하고 막연한 자각으로 시작된 〈바위의 영〉이 강력한 정령 또는 부족신(部族神)으로까지 발달했다. 이제 우리는 정령의 진화 과정을 훌륭하게 추적하여왔기 때문에, 메스칼리토(Mescalito) ― 〈돈 후앙의 가르침〉에서 카를로스 카스타네다가 묘사한 선인장의 정령 ― 의 의미를 좀더 깊이 이해할 수 있게 되었다. 그 책에 묘사된 메스칼리토라는 선인장의 정령은 더욱 진화된 실체이며, 특정 지역에서의 모든 선인장의 의식의 총합을 대표한다. 말하자면 선인장들의 집단의식인 것이다.

비교적 높은 차원의 의식을 지닌, 바위보다는 확실히 높은 의식을 지닌 식물들이 있다. 그러므로 메스칼리토는 바위의 정령보다는 훨씬 지적이고 더 다양한 반응을 한다. 그는 그를 〈협력자〉로 생각하여주는 인간들과 항상 접촉하고 있다. 인간들은 그의 요구에 응하고, 그는 나름대로 그들에게 응답한다.

처음에 그는 공간만을 차지하고 있는, 저차원의 의식 덩어리에 불과했다. 그런데 에너지를 축적함에 따라 그는 보다 뚜렷한 형태, 처음에는 그림자같은 형태로 발전했을 것이다. 나중에 인간 의식과 상호작용하게 되면서 그는 인간들의 생각에 동조되어 그들의 기대에 부응하는 존재 형태를 형성하였으며, 그것이 투시 능력이 있는 예민한 사람의 눈에 띄었을 것이다.

개체화의 진행

이 모든 작은 신이나 자연정령들은 남들에게서 얻는 에너지에 어느 정도 의존하고 있다. 그 에너지가 있어야 자신을 강력하게 유지할 수 있기 때문이다. 이것은 마치 정치가의 힘과 영향력이 그를 지지하는 지지자들의 규모와 지지 정도에 달려 있는 것과 같다. 마침내 지지자들이 사라지면 그 정치가는 은막에서 사라진다. 예를 들어, 바알(고대 페니키아 태양신), 몰로크(고대 페니키아 사람들이 어린아이를 바치면서 숭배하던 신), 그리스 신들과 로마 신들이 그렇게 된 것처럼 말이다. 그들은 이제 이름만이 남아 노후생활을 위한 연금 지급 대상자들이다.

이제 우리는 신을 분석하고 종합하는 데에 꽤 숙달되었으므로, 지역의 기후까지 조종하는 솜씨좋은 신을 만날 수 있게 되었다.

공기 역시 의식이다. 혹은 의식을 가지고 있다. 무역풍처럼 지구 전체의 규모로 움직이는 거대한 형태의 바람이 있다. 이러한 공기 덩어리는 광물 차원에 해당하는 의식 수준을 가진 매우 거대하고 실질적인 존재로 대표될 수 있다. 이 거대한 존재는 다시 〈그 속에 들어 있는〉 더 작은 여러 존재들로 구성되어 있어서, 이 작은 존재들이 각 지역의 요구를 알아 그 지역의 기후를 책임진다. 이 작은 존재들은 주어진 상황하에서 모두가 행복을 느끼도록 최선을 다할 것이다.

회오리바람은 공기 덩어리로 이루어진 전형적인 고(高)에너지 개체화이다. 태풍 역시 또다른 개체화이다. 이렇게 현실적인 방법으로 신을 분석하기 전에 입자와 파동이라는 이중성 혹은 개체화의 과정에 대하여 얘기를 나눈 것이 기억날 것이다. 회오리바람 혹은 하나의 자연정령이 그러한 개체화의 좋은 예이다. 이것은 절대계로 진화해 나가는 자연계의 모든 차원에 두루 적용된다.

따라서 자연계가 〈모듈(modular)〉로 이루어져 있다고 말할 수 있다. 가장 큰 실체인 우주는 그보다 더 작은 실체들을 포함하고, 그것들은 더욱 작은 실체들을 포함하고, 또 그것들은 더더욱 작은 실체들을 포함하고 있는 것이다. 그렇게 무한히 계속된다. 〈모듈로 이루어졌다〉는 말은, 하나의 단위가 그보다 더 작으면서도 통합되어 있는 단위로 나뉘어질 수 있다는 것을 의미한다.

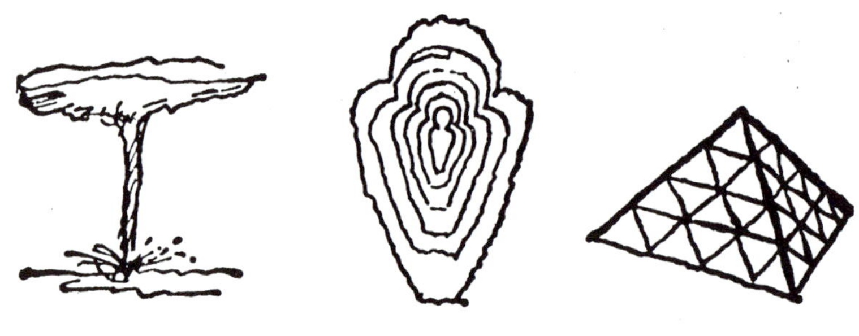

의사소통의 벽

이런 내용을 읽으면서, 마치 당신 자신이 외딴 섬에 홀로 서 있어서 주위에서 많은 활동이 벌어지고 있지만 그러한 활동을 하나도 볼 수 없기 때문에 자신이 장님이 된 듯한 느낌이 들지 않는가? 불행하게도 우리 인간에게는 그것이 사실이다.

광물계의 의식이 어떤 식으로 해서 우리 인간의 정상적인 실체 또는 의식 상태보다 위쪽에 있는 실체, 즉 아스트랄계까지 뻗칠 수 있는가를 알아보았다. 솔직히 말해〔그림 30〕의 도표는 다차원의 의식 양상을 2차원에 표현하기 위해 다소 간단하게 그린 것이다. 모든 것이 도표에 나타난 것처럼 부드럽게 연결되고 있지는 않다. 그러나 이처럼 복잡한 것에 약간의 질서를 부여하는 좋은 임시 방편이 될 수는 있다.

우리 인간의 정상적인 의식 상태보다 위쪽에 위치한 의식 차원 혹은 실체계를 알아보자. 우리 인간이 한 단계 높은 의식 차원인

166

아스트랄계에 자주 간다는 사실에 주목하는 것은 무척 홍미있는 일이다. 실제로 우리는 매일 밤 꿈을 통해, 특히 하룻밤에 5회 정도 일어나는 활동적인 꿈의 렘(REM, 빠른 안구 운동)* 기간 중에 그곳에 나타난다. 이 기간 중에 우리는 종종 정서적인 성격을 띤 행동을 추구한다.

(우리는 종종 렘 꿈을 꾸는 동안 사람들과 동물을 만나게 되는데, 그것은 에너지 교환 곡선이 보여주는 바와 같이, 그 사람이나 동물이 그 의식 차원에 닿아 있다는 것을 뜻한다. 그들은 무대의 소품 역할을 하거나 어떤 때는 적극적으로 우리의 꿈속에 참가하기도 한다.)

이 의식 상태의 특징은, 우리의 정신적이고 이성적인 자아가 존재하지 않는 것처럼 여겨진다는 것이다. 말하자면, 깨어 있는 상태에서는 도저히 납득할 수 없는 상황을 기꺼이 받아들인다.

---

* REM(Rapid Eye Movement) 수면 중에는 활동적인 안구운동과 더불어 신체가 완전히 이완된 상태로 된다는 것이 특징이다. 눈은 어떤 생생한 장면을 쫓고 있는 것처럼 활발히 움직인다. 잠자는 동안 90~100분마다 약 5~7분간씩 이 기간이 반복된다.

공중전화 박스에서 전화를 걸고 있는 녹색말을 꿈꾸고 있다고 가정해보자. 꿈속에서 우리는 상황이 그렇다고 해서 혼란을 느끼지는 않을 것이다. 「이것은 말도 안 돼!」라고 하면서 이성적으로 판단하지 않을 것이다. 오히려 이녀석은 멋진 말이고 우리를 위협하지 않을 것이라고 말하면서 , 말이 공중전화를 거는 것에 전혀 이상함을 느끼지 못할 것이다.

간단히 말해, 우리는 이 상황에 이성적이 아닌 감성적(정서적)으로 반응하며, 말이 어떻게 공중전화에 동전을 넣었는지 추리하고 따져보려고는 하지 않는다.

아스트랄계

앞서 언급한 모든 저차원의 존재들이 아스트랄(유계) 차원에 나타난다는 것에 주목하자. 아스트랄계는 모든 물질계의 모든 존재들, 이를테면 광물·식물·동물, 그리고 육체가 있는 인간, 육체가 없는 인간 등을 연결하는 교량 역할을 하는 하나의 광대한 차원계이다.

평상시에 깨어 있을 때에는 우리는 아스트랄계와 접촉하지 않는다. 그러나 아스트랄 차원에 마음대로 갈 수 있고, 그 세계에서 활동하는 법을 터득한 사람들이 잘 설명해놓은 책들이 많이 있다.

앞에서 우리는 카스타네다의 책을 인용했었다. 그 책에서 카스타네다는 자신이 다른 존재 속으로 들어가 완전히 자신과는 무관하게 행동하는 꿈에 대하여 얘기하고 있다. 로버트 먼로(Robert A. Monroe)의 《육체를 떠난 여행(Journeys Out of the Body)》은 소위 유체비행(유체이탈)만을 다루고 있다. 이 책을 통해서도 우리는 아스트랄 차원에서의 기능이 주로 감정(정서)에 지배된다는 것을 알 수 있다.

그렇다면 자연은 왜 우리가 수면시에 아스트랄에서 활동하게 만들었을까? 우리는 진화의 화살이 물질적인 것에서 아스트랄계 쪽

생명의 연속적인 순환

으로 향하고 있다는 것을 알고 있다. 도표에 따르면, 진화의 힘에 의해 모든 물질이 이들 여러 차원을 거쳐 가면서 위쪽으로 움직여 갈 것이라는 것을 알 수 있다. 우리가 잠자는 동안에 자연은 단지 영화관에서처럼 〈다가올 사건들의 예고편〉을 우리에게 보여주고 있을 뿐이다.

이런 식으로 자연은 우리가 마침내 좀더 오랜 기간 머물기 위하여 다음 차원으로 갔을 때, 다시 말해 소위 죽었을 때, 갑작스럽게 그 차원에 적응하는 데 충격을 받지 않도록, 미리부터 우리를 그 차원에서 활동하는 연습을 시켜주고 있는 것이다.

이 문제를 설명하기 위해 〔그림 34A〕는 〔그림 30〕을 부분적으로 확대시킨 것이다. 물론 매우 간단하게 그린 도표이다. 여기서는 진화의 길을 남보다 훨씬 빨리 올라가는 사람들, 즉 영적인 수행을 하는 사람들은 고려에 넣지 않았다.

이 그림은 보통사람은 현재 적어도 세 가지 의식 차원, 즉 인간계와 아스트랄계 및 정신계까지 의식이 뻗쳐 있음을 보여 준다. 나선형으로 꼬인 곡선은 〈생(生)과 사(死)〉의 순환(윤회)을 나타낸다.

예를 들어서, 인간 물질계의 가장 낮은 차원에서 태어난 사람의 삶을 추적해보자. 여기서 〈낮다〉라는 말은 경제적인 상태가 낮다는 뜻이 아니라, 의식의 진화 정도나 더 높은 차원들과 상호작용하는 능력이 낮은 사람, 즉 순전히 물질적인 사람을 뜻한다.

그러한 사람은 죽어서 그에 해당하는 낮은 차원의 아스트랄계에

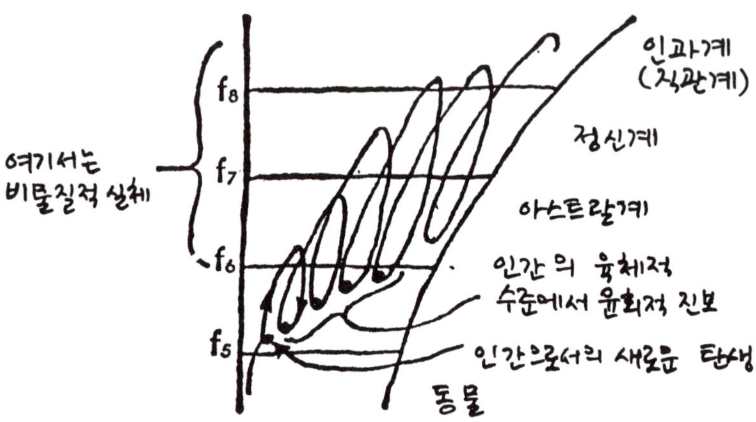

[그림 34A]

에너지 교환 곡선

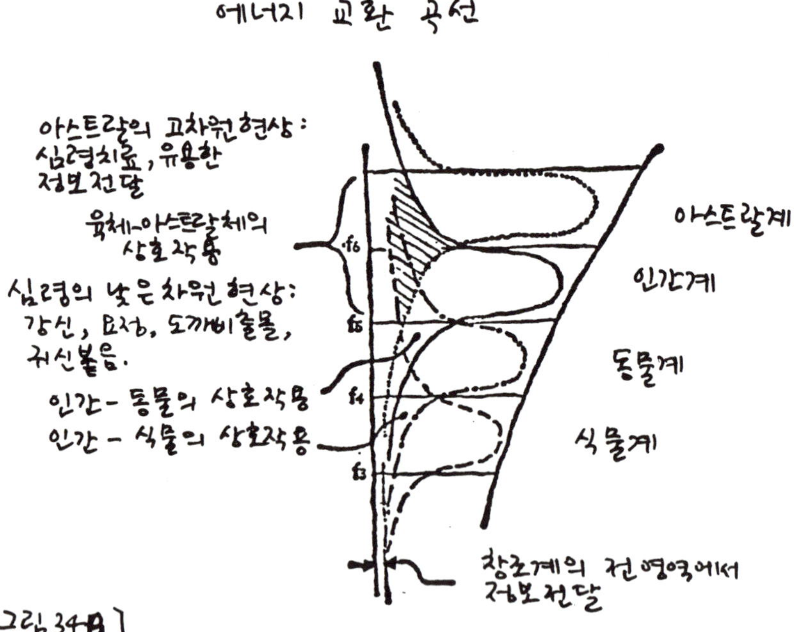

[그림 34B]

170

모습을 나타낸다. 이곳은 아스트랄계의 〈빈민가〉라 할 수 있으며, 진동수 반응(주파수 응답)은 물질계의 영역에 가장 가깝다. 도깨비·유령·귀신·잡신 등등, 이 모두가 대체적으로 이 낮은 차원의 범주에 속한다.

이 부분에 해당하는 것이 〔그림 34B〕의 두 에너지 교환 곡선이 교차하면서 생기는 빗금친 삼각형이다.

이제 위로 올라가는 나선이 인간을 아스트랄 차원과 연결시켜 준다는 사실에 주목해보자〔그림 34A〕. 이 나선은 인간 진화의 낮은 차원에서 시작한다. 존재가 〈죽고〉, 아스트랄계의 낮은 차원에서 얼마동안 산다. 그러다가 충분한 진화가 이루어진 경우에 인간 존재의 조금 높은 수준에서 다시 태어난다.

이미 눈치챘겠지만, 나는 여기서 〈죽음〉이라는 것은 우리들 대부분이 생각하는 것처럼 정말로 죽는 것이 아니라고 주장하는 바이다. 해명하기 까다롭고 논란의 여지가 있는 영혼재생(전생윤회)이라는 주제에 이르렀기 때문에 아마도 많은 사람들이 눈쌀을 찌푸릴 것이다.

그 이유는 우리가 지금까지 명쾌하고 신나는 주제만을 다루어 왔기 때문이 아니다. 이 영혼재생이라는 주제가 대부분의 종교가나 학자들 사이에서 주로 사색적이고 관념적인 면으로만 다루어져 왔기 때문이다. 다시 말해, 우리는 이 주제를 종교적인 차원에서만 다루어왔다. 그래서 오히려 영혼재생 문제는 많은 사람들에게 그다지 편안한 느낌을 주지는 않는다.

영혼재생(윤회)에 대해 좀더 객관적인 접근이 필요한 독자들에게는 카를리스 오시스(Carlis Osis)의 《의사와 간호원들의 임종 관찰(Deathbed Obserbations by Physicians and Nurses)》,* 이안 스티븐슨(Ian Stevenson)의 《영혼재생을 암시하는 20가지 사례(20 Suggestive of Reincarnation)》,** 레이몬드 무디(Raymond

---

* Parapsychology Foundation, Inc., 29 West Fifty-seventh St., New York, N. Y. 10019.
** Charlottesville, Va., University of Virginia Press, 1974.

A. Moody)의 《삶 뒤의 삶》(Life After Life)* 를 읽어볼 것을 권한다.

그동안 우리는 나선을 따라 계속 올라가보자.

의식으로서의 인간 개체는, 우리가 바라는 바이지만, 나선을 따라서 순환할 때마다 다음 번엔 더 높은 수준에서 태어난다. 물질 차원에서 배워야 할 것을 전부 배웠을 때, 그는 아스트랄 영역으로 옮겨가서 다시는 물질적 존재로 되돌아오지 않는다. 즉 그는 더 이상 육체가 필요없는 상태로 아스트랄계에서 계속 살게 된다.

이때 그는 우리가 인간 세상에서 느끼는 것과 마찬가지로 아스트랄계를 매우 사실적이며 견고하고 확실한 것으로 느낀다. 그 이유는 당연히 주위 환경과의 에너지 교환 곡선이 아스트랄계에서 최대가 되기 때문이다.

아스트랄계에서 가장 신나는 일 중의 하나는 시간을 다스리는 능력이 생긴다는 것이다. 시간은 마음대로 조종할 수 있고 주관적이다. 아스트랄계는 제4장에서 말한 바 있는 시간형 우주와 공간형 우주 사이에 놓여 있다.

이와같은 이야기를 이해하는 데 아직도 어려움이 있는 독자들은 의식의 수준을 아스트랄계에서 기능할 수 있을 정도까지 높여서 스스로 위의 사실들을 점검해보기 바란다. 이것은 그다지 어려운 일이 아니지만 시간이 걸린다. 아스트랄계까지 이끌어주는 명상기법은 많다.

그러나 보호도 받지 않은 채로 아스트랄계에 가는 것은 삼가해야 한다. 앞에서 언급했다시피, 육체와 아스트랄계의 경계 구역에는 죄수·알콜중독자 등등의 가장 질 낮은 존재들이 우글거리고 있다. 육체가 없고 〈죽었다〉고 해서 그 사람의 인격이나 지성이 바뀌지는 않는다. 이들이 순진한 여행자를 공격할 것이다.

---

* New York, Bantam Books, 1976. 레이몬드 무디의 책은 《잠깐 보고 온 사후의 세계》라는 제목으로 정우사(1974)에서 번역되었다.(역주)

따라서 미지의 세계에 발을 들여 놓은 때는 경험 있는 스승의 보호가 필요하다. 보호 없이 가는 것은, 눈을 가린 채로 대도시의 깡패소굴로 들어가는 것과 같다. 그렇게 하다간 이 실험을 시작한 지 몇분 만에 뒤에서 목졸리고, 얻어터지고, 강탈당할 것이다.

멘 탈 계(정신계)

일단 인간 차원에서의 의식이 자신의 정서적(감정적) 문제들을 다 해결하고나면, 의식의 정신 차원으로 진화가 이루어진다. 독자께서는 〔그림 34A〕에서 어떤 사람이 아스트랄계에서 죽으면 나선을 따라 멘탈계*로 올라가는 것을 눈여겨보았는지 모르겠다.

아스트랄계와 멘탈계는 에너지 교환이 많다. 말하자면 두 차원은 서로 배타적이 아니며, 아스트랄계의 어떤 높은 실체는 멘탈계까지 여행을 한다. 이 멘탈계 역시 그곳에서 거주하는 주민들한테는 매우 구체적인 세계이다.

물질계와 비물질계의 가장 큰 차이는 생각이나 원하는 마음만으로 즉시 환경을 바꿀 수 있는 능력에 있다. 물론 물질계에서도 이러한 일이 일어나긴 하지만, 결과가 오기까지는 훨씬 많은 생각과 행동을 해야만 한다. 멘탈계에서 바라본, 멘탈계와 우리 인간계의 관계에 대해 가장 알기 쉽게 쓴 책으로 제인 로버츠(Jane Roberts)의 《세트는 말한다(Seth Speaks)》와 《개인적인 실체의 본성(Nature of Personal Reality)》* 두권이 있다.

멘탈계에서 인간 개체는 유전성에 의해 동물 수준으로 돌아가려는 감정적인 행동 경향을 극복하고 있다. 정신계에서는 조화된 마음과 실제적·이론적 지식에 대한 탐구가 두드러진다. 이 차원에서 허용되는 유일한 감정은 사랑뿐이다.

---

* 〈멘탈계〉라는 용어는 원래 〈정신계(精神界)〉라고 번역해야 옳으나 보통 이 계통에서 쓰는 〈멘탈계〉라는 말로 통일했다.(역주)

* N.J. Englewood Cliffs, Prentice-Hall, 각각 1972년과 1974년 출간.

인과계(직관계)

　수백번 아마도 수천번의 삶의 순환을 거친 다음에 우리는 인과계(因果界)에 도달할 수 있을 것이다. 그 이전 단계인 멘탈계에서는 지식의 탐구가 으뜸가는 일이지만, 여기서는 지식이 쉽게 얻어지는 듯하다. 그래서 이 차원을 직관계(直觀界)라고도 하는 것이다.

　여기서는 지식이 일차원적으로 오지 않는다. 이전에는 어떤 주제를 배울 때 한번에 하나씩 구슬 꿰듯이 정보를 주워 모아야만 했었다. 그런데 여기서는 지식이 순식간에 거대한 다발이 되어 마음에 새겨진다. 때로는 단순한 도표나 상징적인 형태로 오기도 한다.

　마음에 새겨진 다음에 필요하면, 다시 말해 이 지식을 물질 차원의 보통 인간 지식으로 번역할 필요가 있으면 마음이 그 정보를 알기 쉬운 방식으로 분석한다.

　그 지역의 주민들은 우리가 알고 있는 것처럼 그러한 지식을 일차원적으로 번역할 필요가 없이, 상징적으로 응축되어 있는 정보를 한꺼번에 전체적으로 이해한다.

창조적 사고과정

이제 이러한 직관적 지식 덩어리를 얻어서 자기 분야에서 진보적인 업적을 이룩하는 예술가·과학자·발명가들의 창조적 통찰력이 이해될 것이다.

이러한 통찰의 순간은 어떤 사람이 자신의 문제를 해결하기 위해 모든 가능한 방법을 시도하고 온갖 지식을 쌓으면서까지 깊이 몰두한 연후에야 찾아온다고 한다. 그렇게 온갖 지식을 쌓고 생각나는 모든 방법을 시도했지만 그의 머리 속에 있는 것들은 아직 정리가 안된 혼란스러운 상태이고, 전체적으로 연결되지 않은 상태이다.

그러다 모든 시도를 멈추고 아무런 기대도 없이 휴식하고 있을 때, 그때 갑자기 한순간 하늘이 열린 것처럼 되면서 문제에 대한 해답이 온다. 그것은 응축된 덩어리로 되어 있어서, 모든 세부적 사항이 한꺼번에 다 보이고, 멋들어진 질서 속에 엮어져 있다. 이 것은 그동안 수년간 거듭해온 탐구의 극치이며, 모든 것은 직관이 번쩍하는 순간에 마음에 새겨진다. 그 사람이 아직 기뻐서 흥분해 있는 동안에, 마음에 새겨진 정보는 직선적인(일차원적인) 형태로 번역된다.

실제로는, 마음이 어떤 특별한 문제 때문에 바쁘지 않거나 몽상 상태처럼 긴장이 풀어져 있는 순간에, 제4장에서 설명했듯이 매우 짧은 순간 동안 직관계 또는 인과계에 다녀온 것이다. 모든 문제에 대한 해답이 공간형 우주에 이미 존재하고 있었고, 의식이 그곳으로 가서 그 해답을 본 것이다(나중의 〈우주론(宇宙論)〉에 관한 장에서 다시 설명된다).

바꾸어 말해, 마음이 잠깐동안 변경된 의식 상태에 들어갔을 때 그 해답이 얻어진 것이다. 그 상태에서는 주관적 시간이 확장되었기 때문에 그 해답을 찾아서 지니고 올 충분한 시간적 여유가 있었다. 간단히 말해, 마음이 잠깐동안 그 높은 차원과 공명을 해서 필요한 정보를 얻을 수 있었던 것이다.

이런 경험을 통해 해답을 찾은 그 사람은 정신이 높이 올라간 듯한 기분이 든다. 그는 자신이 평범한 경우를 벗어난 신비한 무엇을 체험했다고 느끼며 실제로도 그렇다.「시간이 멈춘 것 같았다……」는 느낌이 이런 경우에 흔히들 쓰는 표현이다.

이것이 바로 자연계가 그의 사랑하는 창조물들, 세상을 살아가는 모든 창조적인 사람들과 대화하는 방식이다.

육체 이외의 신체들

이 시점에서 의식 차원에 대하여 지금까지 말해온 내용을 간추려보는 것이 좋을 듯하다.

지금까지 우리는 하나의 의식 덩어리, 혹은 하나의 인간 의식 개체가 진화의 압력에 의해 서서히 더 복잡한 것, 더 많은 지식, 더 높은 상호작용 쪽으로 올라간다는 것을 알았다. 그리하여 에너지 교환 곡선이 보여주는 것처럼 자신의 환경을 지배하는 정도가 더 높아지고, 더욱 행복한 쪽으로 향해 간다는 것도 알았다.

미세한 존재를 다룬 제2장에서 우리는, 육체가 상호작용하면서 진동하는 에너지 장(場)으로 이루어져 있다는 것을 알았다. 〈육체〉라고 불리는 것 ── 살·뼈·피 등은 고도로 확대하였을 때 급격히 사라져버린다. 따라서 물질 조각이라고도 할 수 있는 육체는 시간에 따라 변화하는 전자기장의 간섭 형태라고 볼 수 있다. 어쨌든 우리의 육체를 고배율로 확대시켜보면 매우 희박하게 보이긴 하지만, 육체는 우리가 물질적 환경과 상호작용할 수 있도록 시중을 잘 들어준다.

여기에 좀더 생각할 여지가 있는지 살펴보자. 인간계보다 높은 차원과 상호작용하는 데 시중을 잘 들어주는 육체 이외의 신체를 발견하거나 추측해볼 수는 없을까? 그 대답은 긍정적이다.

상호작용하는 파동 형태들은 반드시 더 높은 배수(倍數) 진동수를 갖는다. 이것을 비전문적인 용어로 설명하면 다음과 같다.

그랜드 피아노의 건반 하나를 두들겨서 중간쯤의 C(도)음을 만든다고 가정하자. 이때 그 피아노 줄은 264헤르츠로 진동한다. 지금 피아노 뚜껑을 들어올려서 피아노 줄을 들여다보고 있다고 하자. 두들긴 줄을 포함해서 여덟번째 마디에 있는 줄이 꽤 강하게 진동하는 것이 금방 눈에 띌 것이다.

한 옥타브 높은 여덟번째 줄은 정확하게 처음 줄의 두배인 528헤르츠로 진동한다. 다른 줄들도 진동하는 것을 볼 수 있다. 우리가 두들긴 C음에서 반 옥타브 높은 G음은 그보다 약한 396헤르츠로 진동한다. 다른 줄들은 훨씬 낮게 진동한다.

두배, 세배 등과 같이 진동수가 정수배로 나누어지는 줄은 가장 잘 공명하는 반면, 그 비율이 1½ 또는 1⅓배와 같이 분수가 되면 처음 줄과의 에너지 교환이 좋지 않다.

진동하고 있는 우리의 신체로 돌아가보자. 이제 우리 신체보다 더 높은 배수(倍數) 진동수로 구성된 다른 〈신체들〉의 존재에 관하여 합당한 가정을 세워볼 수 있게 되었다. 그 신체들은 육체적 신체와는 똑같이 생기지 않았을 것이며, 인간이 사용하는 기구나 보통의 감각기관으로는 발견이 불가능할 것이다.

또한 각각의 배수로 진동하는 이 신체들을 하나씩 묶어 임의의 그룹으로 나눌 수도 있다. 그중 특정한 진동수 범위에 있는 진동체를 우리는 〈아스트랄체(유체)〉라고 부른다. 아스트랄체는 우리가 아스트랄 차원과 상호작용하도록 도와준다.

마찬가지로 더 높은 배수 진동체들은 우리가 더욱 높은 차원들과 상호작용하게 해준다. 이 신체들은 물질과는 상호작용을 잘 하지 않으며, 육체와의 상호작용이 약하기 때문에 우리에게 드러나지 않는 것이 일반적이다.

이상을 요약하면, 육체는 우리가 물질적 환경과 가장 잘 상호작용하도록 도와주는 도구이다. 이 육체는 보다 높은 진동을 갖는 〈신체들〉 또는 에너지 장(場)들이 침투되어 있다. 이 신체들은 육

체의 경계선 너머까지 뻗쳐 있다〔그림 35〕. 이것이 바로 투시능력
을 가진 사람들의 눈에 보이는, 육체를 둘러싸고 있는 다채로운 달
걀 모양의 후광 또는 오라(aura)이다.

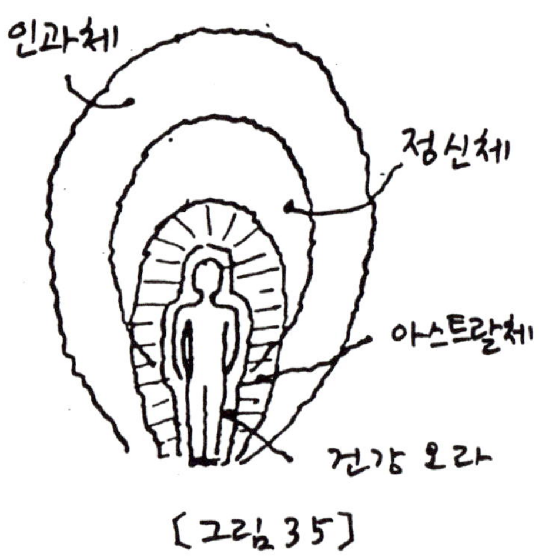

　　오라의 색깔과 크기·모양·운동 형태 등을 통해 우리는 이러한
신체들에 관한 정보를 얻을 수 있다. 가장 잘 눈에 보이는 것은 아
스트랄체인데, 그 이유는 그것이 물질에 가장 가까운 진동수를 갖
고 있기 때문이다. 아스트랄체는 육체로부터 약 40㎝(18인치)에서
60㎝(24인치) 사이에서 보인다.

　　여기서 언급하고 넘어가야 할 또다른 〈신체〉가 있는데, 그것은
소위 〈건강 오라〉(health aura)라고 하는 것이다. 그것은 실제로는
육체의 연장 부분이라고 할 수 있는데, 육체에서 방출된 작은 입자
들의 구름으로 이루어져 있다. 작은 입자들이라고 하는 것은 미세
한 염분 결정들, 마른 피부 조각들(角素), 물과 암모니아와 이산화
탄소 분자 알갱이 따위이다.
　　이들 입자로 이루어진 안개는, 양은 작지만 피부에서 방출되는

178

자외선을 받아 전기를 띤다.* 이 자외선 방출은 세포 분열시에 이루어지는데, 아마도 간접 핵분열 방사에 원인이 있는 듯하다. 그렇게 해서 전기를 띤 입자들이 이온화되어 육체 둘레에서 안개를 형성하고 있으며, 뚜렷하게 그 경계선이 구별되는 것 같다. 이 부분은 우리의 건강 상태에 매우 민감하다. 그래서 그 이름이 〈건강 오라〉이다.

이쯤에서는 이렇게 말해도 별로 놀라지 않을 것이다. 육체에 의해 생기는 정전기장이 육체에서 거리가 멀어질수록 어떻게 달라지는가를 보여 주는 제2장의 〔그림 19〕는 실제로는 건강 오라와 아스트랄체를 나타내는 것이다.

제2장에서 설명했다시피, 정전기장을 나타내는 곡선이 거의 수직에 가까운 선이 되는 10cm 경계선이 사람의 생명력이나 건강 상태에 매우 민감하다는 것이 기억날 것이다. 또한 감정이 흥분하면 그 곡선의 평평한 부분은 정전기장이 증가해서 보통 수준보다 약 30퍼센트 정도 더 올라간다. 이는 감정(아스트랄)체가 흥분을 받아 활동이 많아지는 것을 의미한다〔그림 36〕.

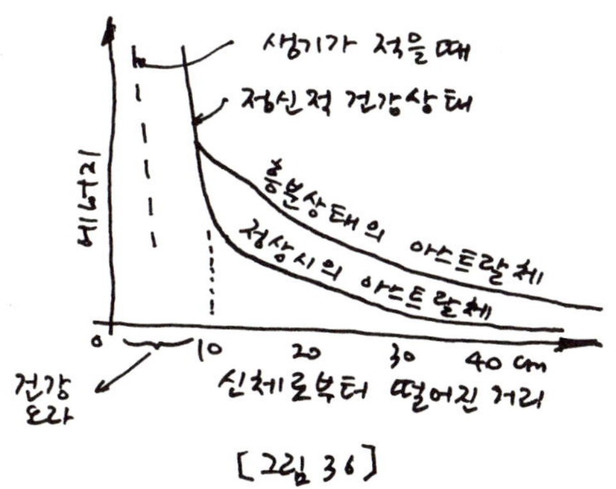

---

* 〈전기를 띤다〉──전문적인 용어로 정확히 번역하면 〈여기(勵起)된다〉고 해야 옳다. 여기 상태란, 원자나 분자의 최외각(最外殼)에 있는 전자가 외부의 에너지를 받아 높은 에너지 궤도로 이동하는 것을 말하며, 이때 곧바로 안정 상태로 복귀하면서 빛 등을 낸다.(역주)

독자는 높은 진동수를 가진 여러 가지의 신체들을 우리 육체 주위의 정전기장과 같게 볼 수 있나보다고 생각했을 것이다. 꼭 그렇지만은 않다. 정전기장은 높은 배수 진동체들의 작은 부분에 불과하며, 다행스럽게도 이 부분은 측정이 가능하고 정체를 파악할 수 있다.

대부분의 에너지가 담겨 있는 나머지 다른 신체들은 새롭고 다양한 수단이 개발되기를 기다려야 한다.*

종　합

육체보다 높은 배수 진동체로 이루어진 일련의 신체들에 대하여 살펴보았다. 이 신체들은 우리의 육체 안에 서로 침투해 있다. 이러한 구조 때문에 우리는 다양한 차원의 의식과 상호작용할 수 있다. 예를 몇가지 들어보면 더욱 분명해질 것이다.

육체나 다른 진동체(신체)는 기본적으로 외부의 신호나 자극을 받아서 처리하고 반응하는 기능을 가지고 있다. 그것을 통해 우리는 일상적인 경험을 해 나가는 것이다.

이제 우리 자신이 네다섯 군데의 방송을 동시에 수신하는 라디오같은 장치라고 상상해보자. 그중에 전파의 세기가 제일 강한 방송이 있을 것이고, 나머지 다른 방송들 간에도 전파의 세기가 차이가 있을 것이다. 가장 강한 방송을 육체적 존재에 비교할 수 있다. 이 경로를 통하여 들어오는 방송은 가장 크게 들리고, 반면에 아스트랄, 멘탈, 인과 및 영적 존재들을 대표하는 방송은 차례로 더욱 약하게 들린다.

---

* 오라 측정기는 이미 개발이 되어 미국·일본·서독 등지에서는 시판까지 되고 있으며, 오라를 촬영하는 킬리언 사진기는 러시아의 전기기술자이며 아마추어 사진작가인 킬리언(Semyon Kyrlian)과 그의 아내 발렌티나(Valentina)가 맨 먼저 개발했으며 니콜라 테슬라(Nikola Tesla)등도 개발에 성공했다. 한국에서도 1986년 한 공학도가 개발한 적이 있다.(역주)

그리하여 귀가 예민하지 않은 사람은 육체적인 방송만을 듣게 될 것이고, 반면에 보다 예민한 청각을 가진 사람은 더 약한 방송을 들을 수 있을 것이다. 여기서 꼭 알아두어야 할 사실은, 우리는 이 모든 방송을 동시에 들을 수 있는 능력이 있다는 사실이다. 더 약한 방송의 청취 감도는 소리가 큰 육체 방송국을 끄기만 하면 상당히 개선될 것이다. 이것이 바로 우리가 잠을 잘 때, 명상을 행할 때, 실험실에서 감각 실험을 할 때 일어나는 일이다.

처음 만나는 사람에 대하여 느끼는 갑작스런 매력이나 적대감을 예로 들어보자. 갑자기 매력을 느끼는 경우는 육체 너머까지 퍼져 있는 아스트랄체끼리 조화롭게 공명하는 경우라 할 수 있고, 적대감을 느끼는 경우는 아스트랄체 사이에 강한 불협화음이 발생한 것이라고 할 수 있다.

마침내 〈잠재 자극〉에 대하여 말할 때가 되었다. 예를 들어 어떤 것이나 어떤 사람 때문에 끊임없이 신경을 쓰고 있으면, 결국에는 육체의 변화가 일어나든가 정신질환으로 나타난다. 화를 계속 참으면 무척 강력한 감정이므로 암에 걸릴 수도 있다.

또 근심과 불안감 때문에 위궤양에 걸리기도 한다. 멘탈계(정신 차원)에서의 좌절은 육체적안 차원(인간계)에서 무기력 등으로 나타난다.

가장 약한 방송이 영계(靈界, 인과계 너머의 차원)의 방송이다. 이것은 무엇이 옳고 그른가를 말하는 작은 목소리, 우리의 더 높은 자아인 양심의 소리이다.

가끔 우리는 사고방식이 같은 사람들을 만날 때가 있다. 그런 사람을 만나면 어떤 상황에 직면했을 때 그가 어떻게 판단하고 행동할 것인가를 예측할 수 있다. 이러한 것을 정신 차원(멘탈계)에서 공명한다고 표현할 수 있다. 이것은 무척 즐거운 일이기도 하다.

한 예로, 어떤 계획이 성공할 것인가 실패할 것인가에 대한 직관적인 〈감〉은 직관계의 영역에서 얻어진다. 여러명의 예술가·과학자 및 발명가들이 거의 동시에 같은 아이디어를 내는 경우가 있는데, 이것은 그들 모두가 인과계(직관계)의 영역을 방문했다가 그 아이디어를 우연히 만나 그 아이디어와 공명한 것이라고 가정할 수 있다.

두　뇌

이제 우리의 실체를 구성하고 있는 여러 종류의 신체들과 친해지긴 했지만, 우리의 두뇌는 다소 복잡해진 것 같다. 나는 이렇게 제안하고 싶다. 두뇌는 한 조각의 하드웨어, 즉 일종의 컴퓨터 단말기이며, 이것은 대개 깨어 있는 상태에서 감각기관들이 제공하는 입력을 처리한다.

그러나 깊은 잠에 빠졌을 때처럼 감각기관을 통해 들어온 입력이 처리되지 않을 때는, 이 하드웨어는 완전히 휴식한 상태에서 어떤 영상도 만들어내지 않는다. 그러나 꿈꾸는 동안에는 우리의 의식이 아스트랄계에 집중되자마자 그 차원의 정보가 쏟아져 들어오기 때문에, 두뇌에서 만들어진 행동의 영상(映像)을 따라 눈동자를 움직이고, 가끔 팔다리도 움직이는 것이다.

두뇌에 관한 실험

두뇌를 가지고 약간의 실험을 해보는 것도 좋을 것이다. 조용한 장소에 편하게 앉아서 잠깐 동안이라도 생각을 멈추려고 해보자. 생각을 멈춘다는 것이 꽤 어려운 일일 것이다. 그래서 좀더 쉽게 할 수 있도록 다음과 같은 방안을 마련하였다.

당신의 감각기관을 당신의 머리 속을 향해 돌려놓았다고 상상하라. 말하자면 당신의 눈은 당신의 머리 속 안을 들여다보고, 귀는 머리의 내부에서 나는 소리를 듣고, 모든 감각이 머리 속으로 방향을 바꾸었다고 상상하라. 마음을 비우도록 노력하라.

자신도 모르게 또다시 생각을 하는 것을 발견할 것이다. 하나의 생각을 그 근원까지 추적해 들어가보라. 아무리 큰 생각이라도 처음에는 아주 작은 자극으로 시작된다는 것을 발견할 것이다. 이 자극이 커지고 커져서 마침내 느낄 수 있는 생각으로 발달한다. 이것은 우리가 아직 생각이 형성되지 않은 차원에서 생각을 하고 있다는 것을 의미한다.

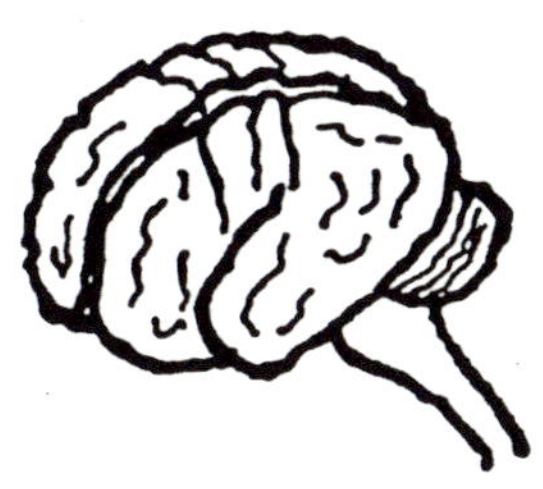

오랜 기간 동안 명상 수련을 한 결과 마음을 고요히 할 수 있는 사람들에게는 생각이란 매우 거칠고 큰 것이다. 마치 트럭이 머리 속을 덜거덕거리며 지나가는 것처럼 느껴진다. 무념무상(無念無想)의 상태에서 조화롭던 마음이 생각에 의해 그런 섬세한 평정 상태가 깨어진다.

따라서 나는 이렇게 주장하고 싶다. 우리의 두뇌는 〈생각의 근원〉이 아니라 〈생각 증폭기〉이다. 앞에서 살펴보았듯이 두뇌는 작은 자극을 취해서 우리에게 증폭하여주며, 그때에야 비로소 우리는 생각이라는 것을 하게 된다. 가만히 들여다보면 생각은 두뇌 속에서 시작되는 것이 아니다. 그보다는 아스트랄체·멘탈체·인과체 등이 심어놓은 작은 자극들을 뽑아올리는 것이라고 할 수 있다. 이 신체들은 두뇌와 매우 약하게 연결되어 있기 때문에 처음에는 두뇌에서 매우 약한 신호가 만들어진다. 두뇌는 이 신호를 우리에게 쓸모있는 형태로 증폭하여주는 역할을 한다.

간 추 림

　자연계, 또는 넓은 의미에서 삼라만상은 실체들의 연속적인 스펙트럼으로 이루어져 있다.

　현재의 인류는 대부분의 시간을 물질계라고 하는 곳에서 기능하게끔 되어 있다. 하지만 물질계에 이웃한 네다섯개의 차원과도 어느 정도는 상호작용한다.

　누구나 특별한 수련 기법을 통해 이러한 여러 가지 차원 속에서 상호작용할 수 있다.

　이러한 다른 차원의 실체들과 얼마나 성공적으로 상호작용하는가는 의식의 매개체인 육체와, 육체에 침투해 있는 여러 차원의 신체들의 발달 정도에 달려 있다. 이 신체들은 각각에 해당하는 차원의 진동수에 반응하게끔 되어 있다.

　이 신체들은 육체의 진동수보다 배수만큼 높은 진동수로 진동하고 있으며, 여러 생 동안 축적된 모든 정보를 담고 있다.

　이 높은 신체들은 대부분의 시간을 육체 둘레에 모여 있지만, 육체와 상관없이 독립적으로 움직이고 활동할 수 있다.

　죽음이라고 하는, 다른 차원으로의 전환을 통해 소위 〈인격체〉라고 불리는 그 높은 신체들은 육체를 떠나서 물질계를 넘어선 차원에서 계속 존재하며, 이 의식의 개체에게 그 세계는 과거의 물질계와 마찬가지로 분명하게 느껴진다. 이 의식의 개체는 아직도 약하게나마 물질계와 상호작용할 수 있다.

　생각이나 욕망은 두뇌에서 생기는 것이 아니다. 그것은 아스트랄체나 멘탈체·인과체 등에 의해 발생되고, 그것이 두뇌에 작용하여 작은 자극을 만들며, 두뇌가 이것을 증폭하여 생각이 만들어진다. 〈생각〉은 인식될 수 있는 생각의 경계선 아래에 존재한다.

제 7 장
자전거의 비유

사실상 많은 독자들이 지금까지 우리가 나눈 얘기를 선뜻 받아들이기 어려울 것이다. 그런 사람들한테는 다음의 사실을 상기시켜주고 싶다. 과학이나 예술·기술 분야에 있어서 중요하고 획기적인 진전은 거의가 직관적인 비약이나 통찰(洞察)을 통해 이루어진 것이지, 결코 하나에서 끝까지 전부 〈이해〉함으로써 이루어진 것은 아니라는 점이다. 다들 처음엔 직관이었다가 나중에 이론적으로 설명이 된 것이다.

앞장에서 말했다시피, 미지의 영역에서 활동할 때는 직관만이 우리가 의지할 수 있는 유일한 수단이다. 기업가를 예로 들어보자. 기업가들은 어떤 중대한 결정을 내릴 때 주로 자신들의 직관이나 이른바 〈배짱〉으로 결정을 내릴 때가 많다. 이러한 이유는 결정을 내릴 때마다 일일이 계산에 넣어야 할 것들이 너무 많아서 다 따질 수가 없고, 게다가 상황이 끊임없이 바뀌므로 일의 상황을 하나에서 끝까지 완전히 이해하고 예측하기가 불가능하기 때문이다. 그래서 그들은 자신의 직관에 따라 결정을 내린다. 그렇게 결정을 내린 이유를 물으면 그들은 아마도 그 결정이 〈옳게 느껴졌고〉 모든 일이 잘 풀려 나갈 것을 알았기 때문이라고 대답할 것이다.

이제, 전세계 문명 가운데 얼마나 많은 부분이 기업과 사업으로 이루어졌나를 염두에 둔다면, 아마 앞으로는 〈직관〉이라는 것에 대하여 좀더 존경심을 갖게 될 것이다.

지금까지 우리가 주고받은 내용들은 누구나 직접 확인할 수 있는 것들이라고 앞에서 말한 바 있다. 이 말의 뜻은, 노력할 의사가 있는 사람이라면 누구나 스스로 증거를 찾고 확인할 수 있다는 것이다.

자전거를 예로 들어보자. 전에 자전거를 한번도 본 일이 없는 사람에게 자전거를 보여주면서, 이 자전거가 사람이 타고다니는 물건이며 매우 안전하고 실용적이라는 사실을 믿게 하려 한다고 치자. 겉으로 보기에 자전거가 매우 불안정한 기구라는 것이 명백하기 때문에 그 사람은 우리가 농담을 하고 있다고 생각할 것이다. 보나마나 아무리 설명해도 소용이 없을 것이다.

설명은 소용이 없다. 직접 자전거 타는 법을 배운 다음에야, 물론 수 없이 자빠져서 무릎과 팔꿈치가 다 까진 다음에야, 그 사람은 자전거가 과연 쓸모있는 물건임을 확신하게 된다. 그는 자전거를 처음 보았을 때 매우 중요한 것을 생각하지 못했음을 나중에야 깨달은 것이다. 다시 말해 〈눈에 보이지 않는〉 관성(慣性)의 법칙이 있어서 자전거가 앞으로 나갈 때에 쓰러지지 않게 해준다는 사실을 깨닫지 못했던 것이다.

머지않아 과학은 〈눈에 보이지 않고〉 주관적인, 그럼에도 불구하고 재현될 수 있는 여러 경험들을 평가하는 데 있어서 반드시 이러한 방법을 사용해야만 할 것이다.

다음과 같은 방법을 상상해볼 수도 있다.

백명의 사람들을 어떤 특정한 의식 차원에 들어갔다 나오게 한다음, 그 차원에서 그들이 체험한 내용을 종합해볼 수도 있다. 그렇게 해서 만일 서로 관련이 없는 그 사람들 대다수가 비슷한 경험을 했고, 또한 다른 사람들에 의해서도 그러한 경험이 반복될 수 있다면, 우리는 모두에게 공통되는 특정한 의식 차원이 있음을 인정하고 그것을 하나의 기정사실로 정착화시켜야 한다.

오늘날 소위 바이오피드백(biofeedback)* 실험가들에 의해 이러한 실험이 진행되고 있다. 최면요법이나 변경된 의식 상태를 연구하는 사람들도 꾸준히 그러한 실험을 하고 있고, 그밖에도 많지만 제약회사에서도 같은 실험을 하고 있다. 정신치료용 약물이 인간 정신에 미치는 영향을 알아내는 유일한 방법은 그 약물을 사람들에게 나누어주고, 그 약물을 복용했을 때 일어나는 반응을 조사하는 일이다. 그러한 미묘한 효과를 객관적으로 측정할 방법은 없다. 그 약물을 복용한 사람들의 체험 기록이 화학자에게 전달되면, 거기에 따라 화학자가 그 약물을 수정할 수 있을 것이다.

제4장의 내용으로 잠시 돌아가보자. 시간에 관한 실험에서 우리는 우리 물질계에 이웃한 다른 차원과 의식적으로 접촉하는 것이 실제로 그다지 어렵지 않다는 증거를 얻었다. 운이 좋아서 시계를 늦추거나 정지시킨 독자들은 실제로 완전히 깨어 있는 상태에서

---

* 바이오피드백—피실험자가 모니터를 통해 전달되는 정보에 주의를 기울임으로써 혈압이나 피부저항·뇌파활동 등의 변화를 통제하는 것을 배우는 방법이 〈바이오피드백〉이다. 그래서 전에는 의지대로 조정할 수 없었던 생리학적 변수들(예컨대 혈압을 낮추는 것이나 뇌파활동 변화, 호흡 감소 등)이 이제는 원하는 대로 조정될 수 있다는 것이 처음 증명된 것이다. 이 방법으로 유도된 많은 변화들이 명상의 효과와 비슷하기 때문에 그런 상태에 이르는 지름길로 여겨지기도 했지만, 한두 가지 생리학적 변화를 만들어내긴 해도 명상을 통한 통합된 형태의 다양한 변화를 유도하지는 못하는 것으로 밝혀졌다.(역주)

잠깐동안 소위 말하는 〈아스트랄계〉에 다녀온 것이다. 이때 일어나는 상황을 자세히 분석해보자.

실험하는 순서중에, 당신의 모든 감각 및 사고 기관을 시공간이 다른 한 지점으로 보내라고 했었다. 효과적으로 할 수 있으면, 그 순간 당신의 육체는 일시적이나마 진짜로 〈죽은〉 상태를 보인다. 즉 당신의 눈은 주위의 물질계에 반응하지 않는다(청각기관도 마찬가지다). 당신의 감각기관은 〈과거〉에 일어났을 어떤 다른 세계를 받아들이느라 바쁘다.

따라서 당신은 당신의 주관적 시공간 좌표가 객관적 시공간 좌표에 대하여 어떤 각도만큼 기울어진 상태를 체험한 것이다. 어느 정도 시계 초침의 속도를 늦춘 사람은 각도 A가 0도와 90도 사이 어딘가에 해당되며, 초침을 완전히 멈추는 데 성공한 사람은 그 각도가 90도에 매우 가깝다. 이때에 그의 주관적 공간축은 객관적 〈과거〉를 가리키고, 주관적 시간축은 객관적 〈공간〉을 가리킨다. 한편 활동하는 데 필요한 객관적인 시간은 급격히 줄어든다.

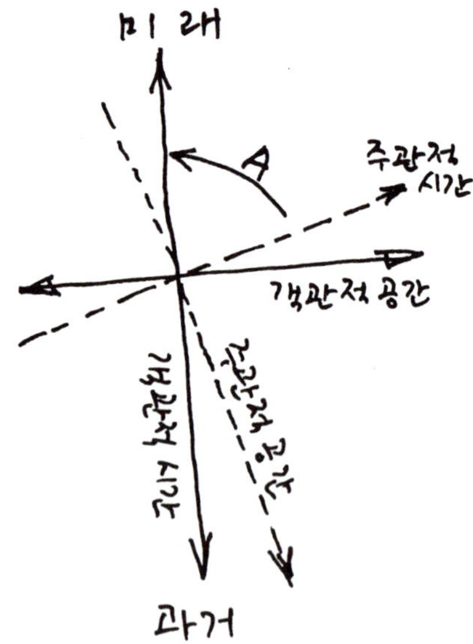

따라서 시간을 거의 멈출 수 있는 사람들은(이 사람들은 틀림없이 창조적인 분야에 종사하는 이들이다) 가까운 해변에 갈 수 있을 뿐만 아니라, 우주의 어느곳에나 상상에 필요한 만큼의 짧은 시간내에 날아갈 수 있다. 이것은 자신의 감각기관과 사고기관, 다시 말해 〈관찰자〉를 거의 무한대의 속도로 원하는 목적지에 쏘아 보냈기 때문이다. 그들을 그곳까지 갈 수 있게 해주는 것은 창조적인 시각화(視覺化) ── 심상화(心像化) * ── 이다.

결론적으로 말해 다른 차원계를 오가는 데 필요한 가장 중요한 요소는 앞에서 지적했다시피 창조적인 시각화(심상화) 과정인 안정된 마음이다. 우리가 이러한 수준에 올라갈 수 있는가 없는가의 여부는 신경계의 개발과 정화(淨化) 정도에 달려 있다. 그 정도에 따라 우리의 의식이 확장될 수 있는 범위가 결정되고, 동시에 우리가 얼만큼 물질계 너머의 차원까지 도달할 수 있는가도 결정된다.

그러한 신경계의 개발은 명상 수련을 통해서만 가능하다. 물론 우연한 사고나 갑작스러운 계기를 통해서도 그러한 개발이 가끔 일어나지만, 이러한 경우에는 자신이 갑자기 보게 된 새로운 차원의 세계와 우리가 사는 물질계를 구별할 능력이 없기 때문에 정신의 균형을 잃기 쉽다. 그렇게 되면 〈정상적인〉 사람이 보고 들을 수 없는 것을 보고 듣기 때문에 결국 정신분열증 환자로 진단 내려지게 된다.

관 찰 자

보다 친숙한 용어로 〈관찰자〉를 정의할 수 있는 지점까지 왔다. 앞에서 설명한 모든 내용으로 미루어볼 때, 다른 차원으로 여행하

---

* 여기서의 시각화 혹은 심상화란, 영어의 〈visualization〉에 해당하는 것으로, 머리 속에 어떤 영상을 세부적으로 그려 떠올리는 것을 말한다. 이 기법은 호세 실바(J. Silva)의 마인드 콘트롤(Mind Control)이나 맥스웰 말츠(M. Maltz)의 사이버네틱스(Psycho-Cybernetics)를 비롯하여 조지프 머피(J. Merpy), 노먼 필(N. V. Peale), 오그 만디노(Og Mandino) 등의 창조적인 사고방식에 널리 이용되고 있다.(역주)

고 이동하는 존재는 우리의 감각기관 혹은 아스트랄체와, 또한 사건을 판단 해석할 수 있는 사고기관인 멘탈체라는 것을 알 수 있다. 그러나 더욱 발달한 사람은 자신의 인과체(직관체)까지 사용할 수 있다.

이렇게 아스트랄체와 멘탈체, 인과체 셋을 합쳐 〈정신〉이라고 하는 것이 가장 적절한 표현이다. 이 정신은 육체와는 별개이지만 대부분의 시간을 육체를 차고로 이용하고 있다. 정신에 대한 더 전통적인 용어는 〈영혼〉이다.

정신은 육체 차원과 우리의 진정한 자아인 영적 존재 사이를 연결시켜주는 교량 역할을 한다. 다시 말해 영적 존재는 정신을 매개체로 하여 육체 차원에서 작용한다. 〈고차원(高次元)의 자아〉라고 할 수 있는 영적 존재와 우리의 물질 차원은 의식의 질적인 견지에서 볼 때 차이가 너무나 크기 때문에 평범한 육체에는 〈영〉이 직접 작용할 수 없다. 따라서 중간에서 그 일을 대신해줄 매개체로서 정신 혹은 영혼이 필요한 것이다. 영적 차원은 〔그림 30〕에서 가장 높은 차원이다. 그곳은 절대계에 이르는 길목이다.

영적 차원(靈界)

잘못되게도 〈영(靈)〉이라는 단어는 너무나 다양한 뜻으로 쓰이고 있다. 영적 유동체를 나타내기도 하고 육신이 없는 실체를 묘사할 때도 사용된다. 즉, 마음씨좋고 일반적인 유령에서부터 사악하고 심술궂고 타락한 귀신에 이르기까지 모든 종류의 유령들과 육체가 없는 인격체들을 묘사할 때 우리는 구별없이 〈영〉이라는 단어를 쓴다.

〈영〉 또는 〈영적인〉이라는 용어는 절대계와 접하고 있는, 인간 진화의 가장 높은 차원을 묘사하는 데 사용해야 한다[그림 30]. 창조자들의 차원인 절대계와 가장 높은 영적 차원은 서로 맞물려 있기 때문에 둘 사이에 어떤 분명한 경계선을 긋기가 매우 어렵다.

따라서 영적 차원에서는 세상과 우주의 구조와 비밀에 대한 지식
을 곧바로 얻을 수 있다.

　　인과계(직관계)에 관한 설명에서 말했듯이, 이 차원에서는 지식
이 우리가 보통 차원에서 지식을 얻는 것처럼 일차원적으로 차례
차례 오지 않고, 정보의 덩어리로 다가온다. 예를 들어 그림을 보
는 방법을 생각해보자. 우리는 대개 그림을 상하 좌우로 살펴보면
서 그림에 담긴 정보를 하나씩 알게 된다. 그러나 인과계나 그 이
상의 차원에서는 마치 순간밀착 인화를 하듯이 우리의 몸 전체가
순식간에 그림과 접촉한 것처럼 그림이 우리에게 인상지워질 것이
다. 우리는 한순간에 그림을 세부적인 사항까지 이해한 다음에 충
분한 시간을 가지고 그 의미를 심사숙고할 수 있다. 영계에서도 마
찬가지 방식으로 지식이 얻어진다.

　개개인에 따라 관심거리가 다른 것은 당연한 일이며, 따라서 정보 또한 그 관심의 방향에 따라 모든 차원에서 몰려온다. 어떤 사람이 우주론(宇宙論)에 관심을 갖고 있다면, 그는 아마도 그 직관의 순간에 자신이 이해할 수 있는 만큼 최대한으로 우주의 구조에 관한 지식을 얻게 될 것이다.

　중요한 사실은, 우주는 진화라고 하는 장려제도를 통하여 지각 있는 존재들이 진화의 사다리를 따라 가능한 한 빨리 올라가면서 최고 수준까지 의식을 개발할 수 있도록 하기 위하여, 되도록 많은 지식을 나누어주려고 한다는 것이다. 우주는 우주의 언어를 이해할 수 있는 사람들에게 자신을 알려주기 원하며, 그리고 그 언어는 우리의 영적인 부분이 꽃피어남에 따라 점점더 알기 쉬워진다.

　이것을 분명히 해두자. 〈영적〉이라는 용어는 우리가 알고 있는 것처럼 종교와 관계있는 것이 아니다(종교 지도자들은 때때로 영적인 지도자라고 불린다). 〈영적〉이라는 용어는 단지 신경계의 개발과 정화(淨化) 정도, 그리고 그에 따른 의식 차원의 향상과 관계가 있다.

　의식 차원이 의식의 질적인 규모면에서 충분히 높은 진동수를 가진 지점에까지 이르면 가장 높은 창조 차원과 공명하게 된다. 그렇게 되면 자동적으로 내면적인 도덕심이 발달하고, 가슴이 발달한다. 말하자면, 그 차원까지 진화한 사람은 자동적으로 곤경에 처한 사람들을 도와주게 되며, 인간계에서는 〈사랑〉이라는 감정으로 표현되는 에너지를 발산한다.

　우리는 사랑을 감정이 아니라 에너지로 정의내리곤 한다. 그것은 감정이라는 것은 육체적 차원이나 아스트랄 차원에만 한정되어 있기 때문이다. 그보다 높은 차원에서는 감정이라는 것이 없다. 따라서 우리가 〈사랑〉이라고 부르는 것은 전 우주에 충만한 하나의 에너지이다. 이것은 아마도 만유인력이라고 알려진 현상의 근원일 것이다.

이 차원에 올라가는 것이 모든 요가(yoga) 수련의 목표이다. 요가라는 말은 합일(合一)을 의미한다. 즉 절대계와의 합일이다. 경지가 높은 요기(yogi)*는 창조의 모든 차원에서 활동할 수 있다. 과거와 미래의 사건을 말할 수 있다. 그리고 이 차원에서는 에너지 교환 곡선이 매우 높기 때문에 그는 긍정적인 방식으로 자연계에 영향을 줄 수 있다. 마침내 그는 인류와 행성의 진화를 촉진하는 하나의 요소가 된다.

이 장에서 우리는 의식의 영적 차원과 그 차원을 성취한 사람들이 받는 보상을 예찬하고 있다. 하지만 그렇다고 해서 우주가 영적

---

* 요가 수행자를 요기라고 한다. 여기서 말하는 요기는 단순히 요가 수행자만이 아니라 참선이나 명상을 비롯한 각종 정신 수련을 행하는 이를 말한다.(역주)

이라는 뜻은 아니다. 우주는 그냥 존재한다. 그러나 우주에 대한 주관적인 이해와 객관적인 이해를 넓히는 데에는 소위 영적인 개발이라고 하는 것이 그 열쇠이다.

영적인 상태를 설명하는 문헌을 보면 〈우주 의식(cosmic consciousness)〉* 라는 말이 자주 나온다. 우주 의식 상태란 누군가 남의 행동을 지켜보는 것처럼 자신의 행동을 주시하는 상태이다. 이 상태에 도달한 사람은 성공했다고 해서 크게 기뻐하지 않으며, 실패했다고 해서 심히 낙담하지 않는다.
그는 항상 사람들과 사물들의 눈에 보이지 않는 섬세하고 미묘한 신체들——아스트랄체·멘탈체·인과체 등——을 바라볼 것이며, 사람들 사이에 오가는 에너지 상호작용을 알 것이다. 다시 말해, 그는 사람들이 동시에 서로 다른 여러 의식 차원에서 활동하는 것을 볼 것이다.

이 차원에서 경험을 쌓아감에 따라 그는 자신이 불사의 영(靈)이라는 사실을 깨달아 충만한 평화를 얻게 된다. 그는 자연계가 상징적인 형태로 보여주는 힌트, 즉 「자, 보라. 이것이 내가 작용하는 방식이니라」라는 것을 이해한다. 그는 「위에서와 마찬가지로 아래에서도 그렇다」는 의미를 이해한다. 자연계가 하나의 성공적인 설계를 삼라만상의 모든 차원에서 약간의 수정만 가하여 여러번씩 되풀이 사용한다는 것을 그는 안다. 결론적으로 말해 소우주가 설계된 모양은 대우주의 구조를 반영하며, 그 역도 마찬가지다.

우주 의식의 상태보다 높은 의식 상태도 여러 가지 있다. 이들 높은 의식 상태에서는 자연계가 관찰자에게 문을 열어 자연계에 내재하는 원리와 구조를 보여준다. 이 상태에 있는 사람은 우주에서 일어나는 어떤 것이라도 한순간에 안다. 그는 시간이나 공간에

---

* 저자는 이 책에서 〈우주 의식(cosmic consciousness)〉과 〈우주의 마음(Universal Mind)〉을 구별하고 있다. 뒤에서 언급되는 〈우주의 마음〉은 우주 속에서 생성된 모든 정보가 기록되고 저장되는 소위 우주심(宇宙心)을 말한다.(역주)

196

제약을 받지 않는다. 실제로 우주에서의 의사소통은 시간에 좌우되지 않는다. 이에 대해서는 나중에 더 자세히 알아보도록 하자.*

이쯤 되면 당신은 이렇게 물을지도 모른다.
「좋다. 하지만 누가 그 영화를 상영하는가? 누가 이 모든 놀라운 일들을 높은 정신 상태의 사람들에게 설명하는가?」
대답은 바로 〈고차원(高次元)의 자아〉이다. 이 고차원 자아는 인간을 구성하고 있는 가장 높은 요소이며, 아버지를 쏙 빼어 닮은 아들이다. 이것은 창조자의 작은 부분이자, 창조주를 구성하고 있는 한 요소이다.

어떤 사람들은 창조주의 개념을 받아들이기 어려울 것이다. 그러나 우주의 창조를 책임질 책임자가 아무도 없다고 생각하는 것이 훨씬더 어려운 일이다. 물질적인 세계의 존재를 부인할 사람은 아무도 없을 것이다. 따라서 창고를 관리하는 누군가가 있다고 해야 훨씬더 자연스럽다. 그 반대를 증명하기란 어려울 것이다.

고차원 자아는 〈우리 속에 거주하는 영〉이며 창조자의 일부분이므로, 고차원 자아끼리는 서로 연결되어 있으며 의사소통을 하고 있다. 고차원 자아가 하는 일은 삶의 경험과 타인과의 상호작용을 통하여 인격체를 형성하고, 그것에 의해 지식을 얻고 자신을 알아가는 일이다.

어떤 면에서 우주는 하나의 정보 취합(情報聚合) 시스템이라고 할 수 있다. 창조자는 자신을 수없이 많은 작은 단위로 쪼개어 모든 가능한 차원에서 각 단위들끼리의 모든 가능한 상호작용을 경험한다. 그리고 그것을 통해 자신을 알아간다. 진화라는 것은 모든

---

* 이쯤에서 1975년 미국에서 행해진 조사를 살펴보는 것도 흥미있는 일이다. 이 조사에서 사람들에게 신비한 체험을 해본 적이 있는가를 물었더니, 응답자의 약 40퍼센트가 그렇다고 대답했다. 조사에 따르면, 사람들에게 가장 공통적인 체험은 〈시간이 멈추었다〉는 체험이었다. 4장의 내용을 읽었으므로 독자들은 이 특이한 현상을 설명할 수 있어야 한다. 이 조사는 시카고 대학의 국가 여론 연구센타의 Andrew M. Greeley와 William C. McReady에 의해 행해졌다. 캘리포니아 베벌리 힐스의 Sage(현자) 출판사에서 출판되었다.　　PE13(901)

물질을 갈수록 복잡한 쪽으로 밀어올려 더 높은 차원에서 경험하게 하는 본능적인 충동이다.

　고차원 자아는 충분히 개발되지 않은 육체와는 효과적으로 상호작용할 수 없다. 그래서 고차원 자아는 정신 혹은 영혼과 의사소통을 한다. 하나의 인격체가 고차원 자아와 직접 상호작용할 수 있는 지점까지 의식을 개발하는 데에는 여러 생애가 걸리며 끊임없이 노력이 필요하다.

　그러나 일단 이 지점에 도달하고나면 그 사람은 고차원 자아에게 직접 인도를 받게 된다. 그는 더욱더 직관적 지식에 의존하게 되는데, 이 지식은 가장 높은 원천에서 그에게로 직접 전달된다. 처음에 그는 직관에만 의존하다가 나중에는 지식의 원천과 연결되는 것이다. 이 높은 차원에서 자신이 하는 경험이 우주의 모든 경험을 모아두는 〈경험 은행〉에 큰 기여를 한다는 것을 알고 그는 행복과 만족을 얻는다.

간 추 림

중요하고 획기적인 과학의 진전은 직관적인 도약을 통해 찾아온다.

이 책에서 설명한 내용들은 누구나 몇가지 노력을 통해 직접 체험할 수 있기 때문에 스스로 확인이 가능하다. 이것은 주관적인 확인이 될 것이다.

주관적인 수단을 통해 얻어진 지식을 활용할 시대가 왔다. 우리가 말하는 〈관찰자〉는 우리의 감각, 느낌, 정보 처리 기관이다. 그것은 물리적인 신체와 영체간의 교량 역할을 한다. 〈관찰자〉는 흔히들 정신 혹은 영혼이라고 부른다.

직관적인 지식은 한순간에 묶음이 되어 찾아와 나중에 처리된다. 고차원 자아는 우리의 영적인 모습이다. 고차원 자아는 물질적 신체와 효과적으로 상호작용할 수 없기 때문에 영혼 혹은 정신을 통해 우리와 의사소통을 한다. 모든 고차원 자아들은 서로 연결되어 끊임없이 정보 교환을 한다.

제 8 장
우주의 모형

이제 지금까지 언급한 의견들을 하나의 일정한 틀 또는 〈우주 모형(宇宙模型)〉 속에 짜맞출 시점에 도달하였다. 이 모형을 통해 우리는 순간적인 정보 전달이 우주에서 어떻게 가능한가를 보여야만 한다.

모든 지식은 이미 이곳에 존재하며, 누구나 마음만 먹으면 그 지식을 활용할 수 있다는 것을 보아야만 한다. 그리고 이제까지 언급한 다양한 의식 차원들이 이 우주 모형 속에 어떻게 어울리는지를 보아야 한다.

그밖에도 많은 사항이 있지만 끝으로 중요한 것은, 현재의 물질계 안에서 그 모형에 들어맞는 구조를 발견할 수 있어야만 한다. 그래야만 앞장에서 말한 〈위에서와 마찬가지로 아래에서도 그렇다〉는 것이 입증될 것이다. 다시 말해 눈에 보이는 이 우주 안에서 우리가 설정한 우주 모형의 축소판이 될 하나의 물질 구조를 발견할 수 있어야 한다.

먼저, 현재 과학계에서 통용되고 있는 우주 모형을 살펴보자. 그것은 〈빅뱅(big bang, 대폭발)〉이라고 하는 프리드만(Friedmann)과 가모프(Gamov)의 일반천체물리학적 모델이다.

빅뱅(대폭발)

　그 내용은 이렇다. 먼 옛날 어느 시절에, 우주의 모든 물질은 엄청난 밀도를 지닌 매우 뜨거운 구체(球體) 안에 밀집되어 있었다. 이 구체는 그 속에 모든 물질과 공간을 포함하고 있는 일종의 〈우주알(cosmic egg)〉이었다. 당시에는 우주 속에 이 불덩어리 공밖에 존재하지 않았다.

　그러다가 점차 이 우주알이 너무 압축되어 폭발하거나 팽창할 지경에 이르렀고, 드디어는 실제로 그렇게 되었다. 〈빅뱅〉이라고 이름붙여진 이 폭발은 동심원상에서 사방으로 일정하게 진행되었으리라고 추측된다. 이 말은, 압축되어 있던 물질들이 공간과 함께 모든 방향으로 고르게 팽창하기 시작했다는 뜻이다.

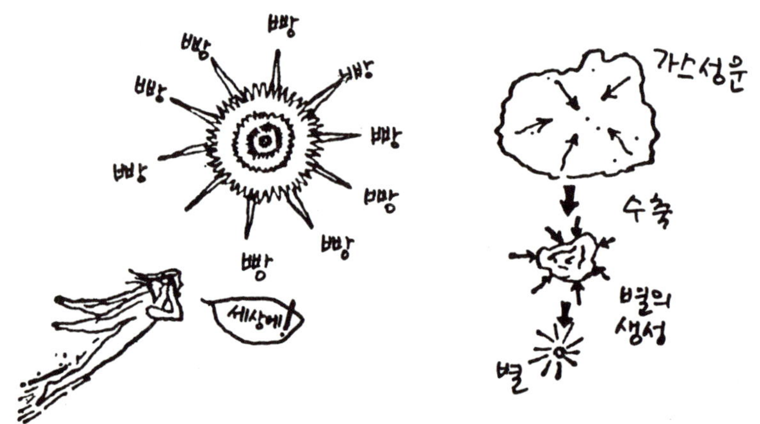

　처음 폭발할 당시 물질은 무척 뜨겁고 고(高)진동수의 방사선 상태였으나, 팽창함에 따라서 서서히 냉각되어 마침내 보다 크고 안정된 물질 성분이 나타나게 되었다. 이렇게 해서 우리가 익히 알고 있는 최초의 견고한 기본 입자들인 중성자와 전자와 양자가 만들어졌다.

　나중에 이 뜨거운 원시 입자들의 용액에서 간단한 원자와 원소가 형성되었다. 수소 및 헬륨 원소가 바로 그것이다. 이것들이 거대한 구름, 또는 성운(星雲)을 형성하고, 이것들은 작은 단위로 쪼개지기 시작하였다. 이것들이 다시 그 자체의 중력 때문에 응축되기 시작하고, 그렇게 해서 진화하는 은하계의 기초가 형성되었다. 이 성운들 내부의 물질 덩어리는 점점더 밀집되어, 이 때문에 중심 온도가 상승하게 되었다.

최초의 원시 별은 불타는 수소가스 덩어리의 형태로 생겨났다. 시간이 지남에 따라 그 중심은 매우 높은 온도에 도달했다. 온도가 계속 높아져서 마침내 핵반응이 일어나게 되었다. 핵반응에 의해서 더욱 높은 열과 빛이 만들어졌다. 그리하여 태양과 닮은 천체들이 최초로 태어났다.

이 별들의 중심에서 보다 무거운 원소들이 요리되어 마침내 현재의 인간 육체를 구성하는 다양한 원소가 별들 속에서 합성되었다. 우리의 육체를 구성하는 원소들이 이들 찬란한 별들에서 만들어졌다는 사실을 알면 가히 자랑스러움을 느낄 만하다.

빅뱅 이론의 특징 가운데 하나는 빅뱅 이래로 모든 물질이 마치 영원히 팽창을 계속하는 풍선의 표면같은 곳에 분포되어 있다고 하는 가정이다.* 이 표면은 계속 팽창하고 있기 때문에, 우리가 은하계라고 부르는 모든 물질의 섬들은 유사 이래로 서로서로 계속 멀어져가고 있다. 멀리 떨어진 은하계를 관찰해보면 그러한 일이 지금도 일어나고 있음을 발견할 수 있다. 망원경을 통해서 관찰되는 멀리 떨어진 은하계 전체는 우리의 은하수로부터 멀어져가고 있으며, 그리고 저희들끼리도 거리가 멀어져가고 있는 중이다.

이것은 우주의 부피가 점차 증가하고 있음을 뜻하며, 그래서 우리는 곧잘 〈팽창하는 우주〉라는 표현을 쓰는 것이다. 이 팽창하는 우주가 결국에는 거꾸로 방향을 바꾸어 붕괴하기 시작해서 옛날과 같은 상태, 즉 하나의 크고 빛나는 뜨거운 물질 덩어리로 되돌아갈

---

* 실제로 어마어마한 풍선의 어마어마한 표면에 분포되어 있다고 할 수 있다.

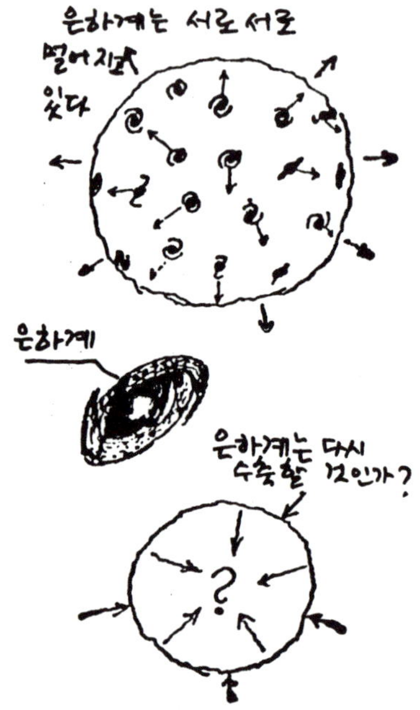

것인가는 아직도 과학자들 사이에 미지수로 남겨져 있다.

당연히 팽창만을 거듭하는 우주보다는 팽창과 수축을 되풀이하는 우주 개념이 미학적인 면에서 훨씬 멋있어 보인다. 우주에서의 모든 과정은 반복 순환하고 있는 것으로 보이기 때문에, 따라서 그 모든 과정에서 가장 규모가 큰 과정이라고 할 수 있는 우주가 순환하지 않는다는 것은 말이 안된다.* 작은 과정은 큰 과정을 반영한다고 보아야 한다. 적어도 이것이 우리의 확신이다.

---

* 우주 자체뿐 아니라 삼라만상의 반복 순환 사상은 한국의 토착사상이나 동양의 주역(周易), 힌두교 등에 이미 오래 전부터 예시되어왔다. 이것은 한국의 증산 사상(甑山思想)에서 말하는 원시반본(原始反本)과도 통하며, 중미의 마야문명 의 건설자인 영적 스승 퀘짤코아틀의 예언에도 나타나 있다. 퀘짤코아틀은 우주 의 순환을 13개의 천국기와 9개의 지옥기로 나누어 구분했는데, 각 기간은 마야 달력의 1주기인 53년이다. 이것을 계산하면 13개의 천국기와 9개의 지옥기가 모 두 끝나 다시 처음의 천국기로 돌아가는 시간은 1987년 8월 17일이다.(역주)

대폭발이 반복되는 우주

중심이 같고 사방으로 일정하게 진행된 대폭발의 경우 분명한 결과 하나는, 앞에서 말했다시피 팽창하는 우주의 균질성(均質性)과 등방성(等方性)* 이 될 것이다. 그러나 몇몇 측정 결과에 의하면 약간의 이방성(異方性)이나 비균질성이 나타나고 있다. 이것은 아마도 퀘이서(Quaser)** 라고 하는 것들의 분포 때문인것으로 여겨지고 있다.

퀘이서는 매우 멀리 떨어진 이상한 은하계이다. 퀘이서는 방사선과 가시광선 속에 엄청난 양의 에너지를 방출하는, 별처럼 생긴 고도로 밀집(密集)한 형태이다. 아직까지 퀘이서가 방출하는 에너지의 양에 대해서는 충분한 설명이 안되어 있다(퀘이서들은 정상적인 은하계보다 1,000배나 많은 양의 에너지를 방출하며, 특이한 방식으로 활동한다). 퀘이서는 불과 며칠 사이에도 밝기의 변동이 심하고, 대개 제멋대로 움직이며, 해명이 안되는 불가사의한 〈물체〉이다.

이따금 그러한 퀘이서가 우리와 직각으로 배치될 때, 퀘이서를 찍은 사진에서 우리는 특이한 모습을 보게 된다(퀘이서 사진 3C273. 사진1). 즉 퀘이서 중심부에서 분출되는 물질의 발광 제트 분사가 그것이다〔그림 37〕. 이 제트 분사는 분명히 내부에서 형성된 어떤 압력에 의하여 퀘이서의 중심부에서부터 방출되는 물질 광선이다.

우리가 여기서 보는 폭발은 대폭발과는 종류가 다른 폭발이다. 이 폭발은 한정되고, 중심이 잡혀 있지 않은 폭발이다. 우리 한번 여기서 일어나는 현상이 과연 어떤 현상인지 상상해보자.

매우 뜨겁고 밀도 높은 물질로 된 공이 하나 공간에 떠 있다고 가정하자. 표면에서 에너지가 방출되기 때문에 공의 바깥 표면이

---

* 등방성(isotropy)은 모든 방향에서 같은 거리라는 뜻이다.(역주)

** quasistellar의 준말로 엄청난 양의 가시광선과 X선·적외선을 방출하는 은하계 핵으로서 정상 은하계보다 1,000배나 밝다.(역주)

[그림37]

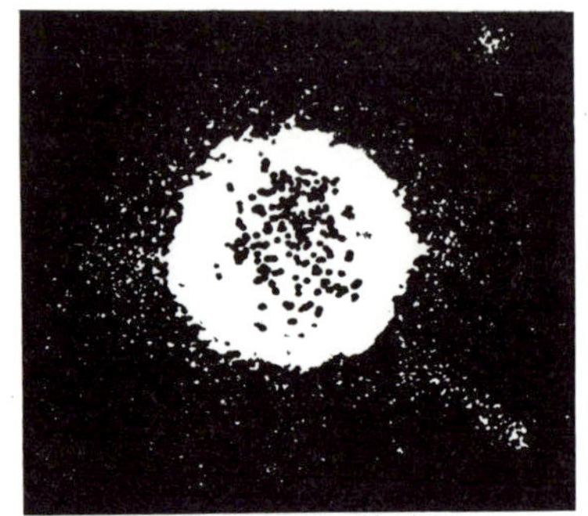

도판 1

나 껍질 부분은 중심보다 덜 뜨거울 것이며, 따라서 점성(粘性)이 더 강할 것이 당연한 이치다.

이 공의 내부 압력이 점점 높아져서 막 터지려는 지점에 도달했다고 가정해보자. 공 표면의 어딘가에는 약한 부분이 있기 마련이며, 바로 이 부분을 통해 머지않아 공이 터지고 제트 분사 식으로 물질의 방출이 일어날 것이다. 이런 일이 일어나면 결과적으로 공 내부에 형성된 압력과 표면의 구멍을 통해 빠져나간 물질의 양이 균형을 이루게 된다. 이 상황은 공기로 가득찬 고무풍선이 있는데 그 표면을 바늘로 찌른 상태와 비슷하다. 공기는 빠져나가 풍선은 서서히 오그라들 것이다.

이 모형에 따른다면 우리는 마땅히 「그렇다면 최초의 거대한 우주알은 왜 이런 식으로 폭발하지 않았을까?」하고 의문을 가지게 된다. 거기에 대해서는, 우주알 역시 똑같이 그런 식으로 폭발했다고 대답할 수 있다.

이 태초의 우주알에서 외곽이 중심보다 점성이 더 높을 것이라는 가정을 뒷받침해주는 단서를 하나 더 살펴보자. 그것은 퀘이서의 반대편에 역(逆) 제트 분사가 일어나지 않는다는 점이다(도판 1을 보라). 이렇게 생긴 물체에서는 원래 한쪽에서 분사가 일어나면 거기에 대한 반작용으로 반대편에 역시 똑같은 크기의 역(逆)

제트 분사가 일어난다는 사실을 우리는 알고 있다.

　그러나 지금까지 관찰된 퀘이서의 경우에는 그렇지가 않다. 반대쪽에 제트 분사가 일어나지 않는 것은, 점성이 높고 탄력있는 반대쪽 표면에서 그 반작용의 힘이 흡수되기 때문일 것이다.

　현존하는 은하계의 모든 핵들이 이 최초의 우주알에서 떨어져 나온 것들이라는 학설은 그리 새로운 게 아니다. 이와같은 주장은 최근 들어 러시아의 천문학자 앰바르추미안(Ambartsumian)이 발표하였다. 처음에는 대다수 사람들이 그를 믿지 않았지만, 그가 물질에 대하여 훌륭한 직관적인 통찰력을 많이 갖고 있다는 것이 나중에야 밝혀졌다.* 그는 현존하는 은하계의 핵이 태초부터 존재했던 것들이고, 최초의 빅뱅에서 떨어져 나온 조각일 가능성이 크다고 주장하였다. 이제 우리는 이러한 생각의 선을 따라 우리의 우주 모형을 전개할 예정이다.

------

* J. Oort, 〈Galaxies and the universe〉, Science, vol.170, 1970년12월 25일자, p. 1396.

우주알의 부화

또다시 고도로 압축된 물질과 방사선으로 이루어진 공 하나가 빈 공간에 떠 있는 것에서부터 시작하자. 이 공을 우리는 핵(核)이라고 부르자. 공이 떠 있는 빈 공간은 흔히들 시간과 공간이라고 일컫는 그러한 공간이 아니라, 시간과 공간이 나타나는 무대 역할을 하는 공간을 가리킨다. 이것을 〈기초공간〉——원초공간 혹은 원공간——이라고 하자.

몇가지 이유 때문에 이 물질의 공은 폭발 팽창하게끔 되었다.

대폭발에서도 퀘이서에서 일어나는 제트 분사와 유사한 일이 일어난다고 가정해보자. 이것은 가모프의 가설처럼 거대한 대폭발이라기보다는 그저 평범한 폭발이 될 것이다. 이러한 폭발 때문에 우주알의 한쪽에서 물질 분사가 생겨서 바깥으로 뿜어져 나갈 것이다.

이 제트 분사체(噴射體)가 완전한 이탈 속도에는 못 미치는 낮은 속도로 분출되었다고 가정할 필요가 있다. 그렇다면 이 분사체는 핵을 떠나 앞에서 빅뱅을 설명할 때와 같은 과정을 거치게 된다. 방출된 물질은 냉각되어 기본 입자가 형성되고, 수소와 헬륨으로 이루어진 구름 덩어리가 수축되어 별이 된다. 이렇게 생성된 별은

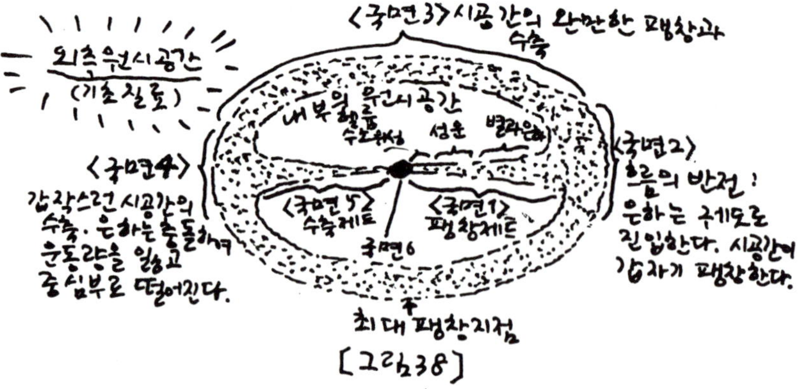

결국 폭발하거나 퇴화하여 죽어 없어지면서 우주 먼지의 형태로 무거운 원소들을 공간에 토해놓는다.

이것들이 다시 뭉쳐서 새로운 별이 되고, 이와같은 과정이 계속 반복된다. 분사체는 근원인 핵에서 멀어짐에 따라 팽창할 것이고, 핵의 인력에 따라 속도가 점점 느려질 것이다. 이것이 〔그림 38〕에 그려본 〈국면1〉이다.

머지않아 제트 분사된 물질의 속도가 완전히 줄어들면서 버섯 모양으로 팽창하고 원래의 분출점으로 되돌아가기 시작할 것이다. 이것이 〈국면 2〉이다. 이러한 양상은 수직으로 뿜어져 올라갔다가 버섯 모양으로 내려오는 분수대의 물줄기와 비슷하다. 실제로 이 물질의 흐름을 웬만큼 점성을 띤 용액처럼 생각할 수 있다.*

이제 〈국면 3〉, 근원으로 되돌아가는 여행이다. 이 구부러진 덮개 모양의 물질은 관성의 힘 때문에 틀림없이 핵을 벗어나 지나쳐 버리게 되며, 그 다음에 핵의 인력 때문에 다시 속도가 줄어들게 될 것이다. 그러다가 마침내 중심으로 다시 흘러들어갈 것이다. 이것이 〈국면 4〉이다.

그 다음에 반대 속도를 가진 두 물질이 정면으로 충돌하여 운동량을 잃은 뒤에 가느다란 제트 분사의 형태로 중심 쪽으로 빨려들어갈 것이다. 이것이 〈국면 5〉이다. 〔그림 38〕에 보인 형태는 사실상 3차원적 형태라는 사실을 잊지 말아야 한다.

이 형태는 가운데에 가늘고 긴 구멍이 있는 도너츠 모양과 비슷한 형태를 상상하면 된다. 이렇게 속이 비어 있는 둥근 형태를 원환체(圓環體, torus)라고 한다.

---

* 시공간에서의 모든 물질이 점성을 띤 액체처럼 활동하듯이 이 흐름도 마찬가지다. 그렇게 간주되는 까닭은, 우리의 거대한 모형의 시간적인 규모에 있어서는 별들이나 다른 〈견고한〉 물체들의 수명이 매우 짧기 때문이다. 그것들은 존재했다가 사라졌다가를 되풀이한다. 말하자면 〈먼지에서 먼지로〉인 것이다. 그러한 먼지들은 은하계 내부의 자장과 중력장에 의해 하나의 매개체로 묶여져 점성을 띤 액체처럼 활동한다. 이렇게 해서 우주는 하나의 거대한 시간 규모에서 단명(短命)하지 않게 되는 것이다.

여기에 안쪽이 바깥쪽으로, 바깥쪽은 안쪽으로 끊임없이 회전하는 원환체가 하나 있다. 이렇게 하여 물질은 중심의 핵으로 흘러들어갔다가, 중심핵을 지나 다시 밖으로 나가면서, 제트 분사를 형성한다. 이것은 담배연기를 뿜어서 만드는, 회전하는 연기 고리와 비슷하다.

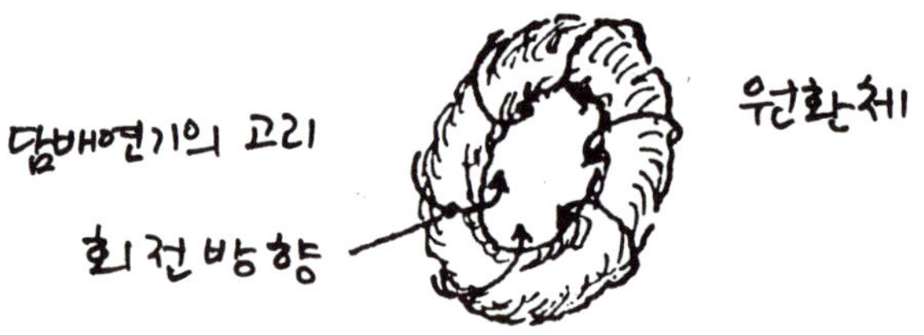

그러나 우리의 우주 모형은 그러한 담배연기 고리가 구멍이 훨씬 작게 뚫려 있고 오그라든 형태이다. 원환체 내부를 상상하기 위해서 이 우주 모형을 다양한 도너츠 모양과 비교해보자. 좋은 비교가 될 것이다.

〔그림 39〕와 같이 굽지 않은 젤리 도너츠를 우주의 모습과 관련시켜 설명해볼 수 있다. 출발 조건으로서, 젤리는 두께가 일정한 고리 모양으로 도너츠 안에 고르게 분포되어 있고, 반죽은 아직 말랑말랑하다고 가정해야 한다.

이제 이 도너츠 속에 가늘고 둥근 막대기를 넣고 원하는 둥근 모양이 될 때까지 밖에서 반죽을 두드려주면, 내부의 젤리가 길다란

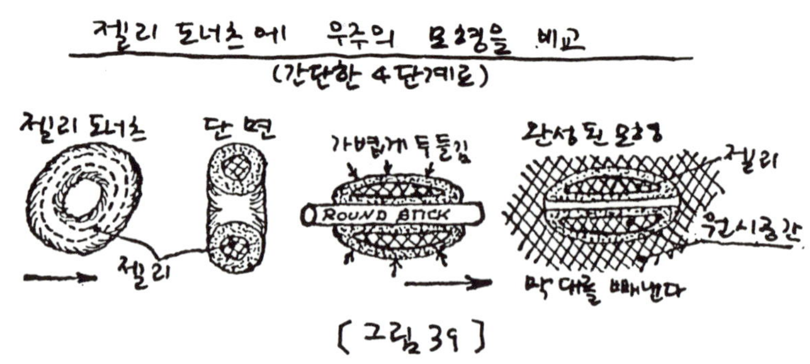

고리 모양으로 퍼지게 된다. 이 내부의 젤리 고리가 우주 원환체의 시공간 덮개 안에 있는 기초공간을 나타낸다.

젤리가 도너츠 내부뿐만 아니라 도너츠 외부에도 있다고 상상해 보자. 이러한 모습이 바로 우리가 설정한 우주 모형의 정확한 모습이다. 왜냐하면 이 젤리가 바로 소위 기초공간, 또는 원질료(原質料)이며, 나중에 물질이 생겨났을 때 시간과 공간이 된 것이 바로 이 최초의 공간이기 때문이다.

〈국면 4〉에서 바깥 덮개가 가운데를 향해 수렴될 때, 단일점으로 수렴되기가 쉬울 것이다. 이 지점에서 은하계의 밀도는 매우 높을 것이며, 따라서 반대 방향으로 움직이는 두 은하계 사이에 수많은 충돌이 일어날 것이다. 결국 이 충돌 때문에 서로 반대방향인 속도를 상실하고, 속도가 줄어든 후에 마침내 핵 쪽으로 빨려들기 시작할 것이다.

이제 〈국면 6〉에 접어든다. 물질이 핵 쪽으로 계속해서 빨려듦에 따라 밀도가 점점 높아지고, 핵에 도달하는 시점에서 중력 붕괴 현상이 일어난다. 중력 붕괴란, 밀도가 1입방인치당 수톤의 단위가 될 정도로 압축되어 물질이 더이상 중력을 견딜 수가 없는 상황이다.

물질이 그 정도로 압축되면 중력이 대단히 커지게 되며, 이 빠른 붕괴 과정중에 방출되는 빛마저도 끌어당기게 된다〔그림 40 ABC〕. 이러한 상태를 〈블랙 홀(Black Hole)〉이라고 부르는데, 왜냐하면 빛이 방출되어 와서 이러한 대단원의 이야기를 전해주어야 하는데, 이 빛마저도 다른 물질들과 같은 운명이 되어 중력에서 벗어나지 못하고 출구라고는 없는 깔대기 속으로 빨려 들어가기 때문이다. 이 깔대기는 시공간이 굽어 있기 때문에 생기며, 물질의 밀도가 증가함에 따라 이 깔대기는 더욱 급격한 경사를 이루게 된다.

2차원 평면을 이용해 설명하면 시공간이 굽은 이유를 분명히 이해하는 데 도움이 될 것이다. 틀에다 얇은 고무판을 넓게 펼쳐 놓았다고 상상해보자〔그림 40B〕. 이것이 큰 물질 덩어리가 없는 시공간이다.

　이제 이 틀 위에 별과 같은 거대한 질량을 얹는다고 가정하자. 별 대신 무거운 쇠공을 고무판 위에 얹어보자. 쇠공은 고무판을 늘어뜨리면서 깔대기같은 깊은 홈 속으로 가라앉을 것이다〔그림 40C〕.

　이 깔대기같은 홈이 바로 무거운 물체에 대한 시공간의 굴곡을 나타낸다. 만유인력은 시공간이 굽어 있기 때문에 생겨난다고 말할 수 있다. 이것은 〈별〉(쇠공)에 의해 만들어진 깔대기 모양의 홈 쪽으로 가벼운 공을 굴려만 보아도 알 수 있다. 가벼운 공은 직선 궤도에서 비껴 나가 나선으로 휘어서 깔대기 속으로 떨어져 〈별〉(쇠공)에 합쳐질 것이다(그림 40B). 마치 〈별〉에 의해 끌어 당겨진 것처럼 움직일 것이다.

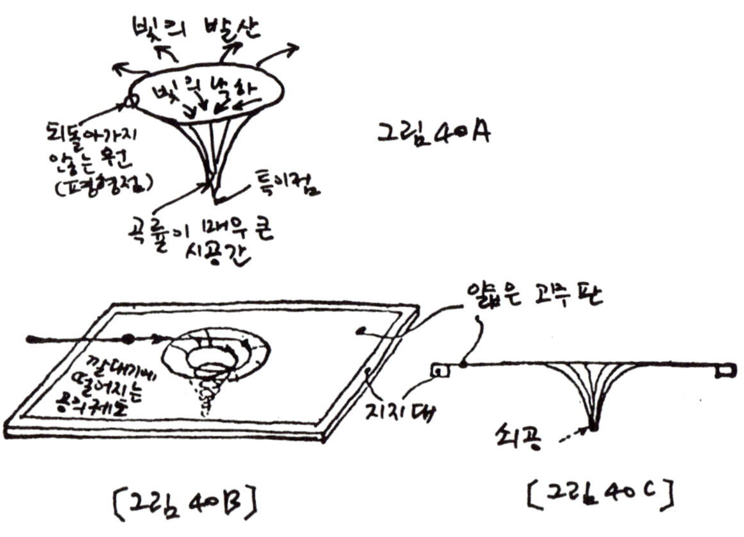

　물체의 밀도가 높고 무거울수록 이 깔대기의 경사는 더욱 커진다. 밀도가 매우 높은 물체의 경우엔 깔대기 밑바닥이 작은 점이 될 때까지 늘어난다.

　블랙 홀에 떨어진 물질은 전혀 희망이 없어 보인다. 물질이 떨어지는 순간 밀도가 더욱 높아지고, 밀도가 높을수록 그 물질에 미치는 압착력도 커진다. 압착력이 커지면 커질수록 밀도도 점점 높아진다. 결론적으로 말해, 그렇게 되면 물질이 스스로 부서져 존재하지 않게 된다.

그러나 물질은 에너지이다. 그 에너지는 어디로 사라진 것일까? 물리학자들에 따르면, 그것은 하나의 특이점(特異點)을 지나는데 이 점은 이론적으로는 크기가 0이며, 이 특이한 상태에서는 자연법칙이 파괴되기 때문에 수학자와 물리학자의 종말을 뜻하는 점이라고도 한다.

이 점을 지난 에너지는 〈다른 우주〉에 다시 나타난다. 그것은 하나의 에너지 분출 형태로 나타날 터인데, 이러한 것을 블랙홀에 반대되는 개념으로 〈화이트홀(White Hole)〉이라고 설명하는 것이 적당할 것이다. 이 화이트홀은 물질이 나타나는 핵 또는 근원이다. 사실상, 화이트홀은 이 장의 맨앞에서 설명한 〈우주알〉과 같은 것이다.

이제 블랙홀과 화이트홀의 일반적인 성격을 알았다. 이것을 알고나면, 최초의 우주알인 화이트홀이 틀림없이 블랙홀에서 생겨났다고 결론지을 수 있다. 왜냐하면 우주의 모든 물질이 한 곳에 압축되었을 때 중력 붕괴가 일어나고, 앞에서 설명했다시피 물질은 특이점으로 붕괴되어갈 것이기 때문이다.

그렇다면 우리의 우주는 화이트홀에서 생겨났으며, 화이트홀은 블랙홀의 출력처이고, 우주는 죽음과 재생의 과정을 끊임없이 반복하고 있다고 할 수 있다. 화이트홀에서 출현한 물질이 곧 〈우주알〉이고, 또는 빅뱅 이론에서 말하는 최초의 불덩어리 공이다. 이 물질은 〈과거〉의 우주에서 블랙홀에 떨어졌던 것이다.

따라서 블랙홀과 화이트홀은 서로 〈등을 맞대고〉 있다고 할 수 있다. 한쪽은 입력처로서 한번의 진화 사이클을 거친 모든 물질의 최종 저장소이고, 반대쪽에 위치한 화이트홀은 〈새로운〉 우주에서 다시 태어나는 모든 물질의 근원이다. 물질이 블랙홀-화이트홀을 지나는 죽음-탄생의 고통을 거침에 따라서, 그 물질은 완전히 재충전되고 균질화가 이루어진 상태로 다시 나타나 또다시 진화의 사이클을 도는 새로운 여행을 시작한다.

존 테일러(John T. Taylor)* 에 따르면, 〈회전하는〉 블랙홀(― 이것을 케르Kerr 블랙홀이라고 한다)에 떨어진다고 해서 물질한테 다 나쁜 것은 아니다〔그림 41〕. 여기서는 물질이 제로 크기의 특이점을 지나지 않는다. 오히려 그 특이점은 고리와 같은 모양을 하고 있으며, 블랙홀의 입구측에서는 점점 좁아지는 깔대기 모양이고, 거기에 대칭되는 형태의 깔대기가 물질이 나타나는 출구 쪽에 붙어 있다.

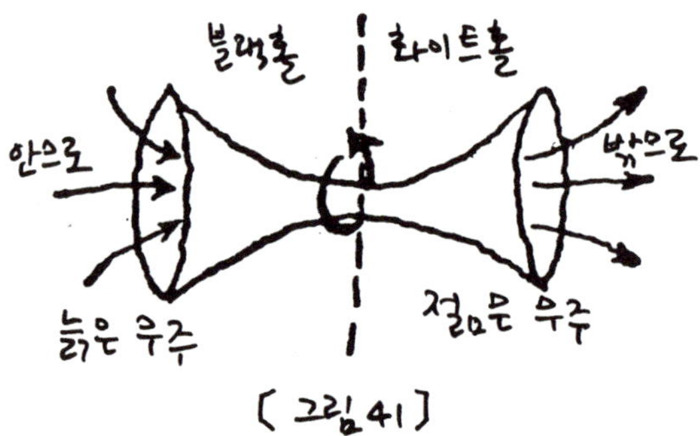

〔그림 41〕

현재의 우주에서는 전자에서 은하계까지 모든 것이 회전하고 있다는 것은 이미 다 알고 있는 사실이다. 회전하는 블랙홀-화이트홀이 바로 이 우주에 있는 모든 회전운동의 근원일지도 모른다.

지금쯤 관찰력이 예리한 독자는, 일단 블랙홀이 있으면 거기에 따라 화이트홀이 반드시 있어야 한다는 사실을 느꼈을 것이다. 블랙홀에서 사라진 물질이 어딘가에서 다시 나타나야만 하기 때문에 그들은 항상 짝을 지어 존재해야 한다. 이러한 짝을 앞으로 〈핵〉이라고 하겠다.

---

* John Taylor, 《Black Holes ― The End of the Universe?》, New York, Random House, 1973.

214

핵은 〔그림 38〕에서 〈국면 6〉에 해당하며, 우주에서 시간의 시작이자 끝이다. 핵에서 물질이 생성되는 때를 기준시간으로 정할 수 있다. 거기서 이 우주의 시간이 시작된다. 앞서 말했듯이 방사선에서 시작해 원자와 은하계에 이르는 물질의 발달 과정을 측정하려면, 핵에서 제트 분사되고나서 여행한 거리나 경과한 시간을 측정하면 된다〔그림 42〕. 이와같이 시간은 3차원 우주 공간에서 거리의 측정 단위가 된다.

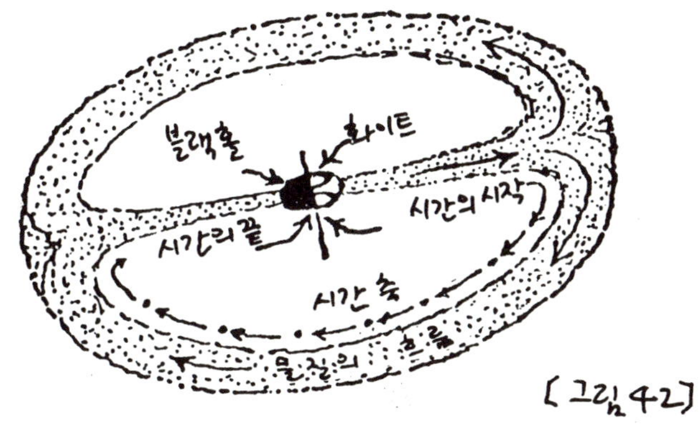

이 원환체를 한 바퀴 도는 데 걸리는 시간의 길이가 이 우주에 존재하는 시간의 전부가 된다. 만약 우리가 한번의 순환을 거쳐서 블랙홀에 떨어지고 화이트홀에 다시 나타난다면, 우리는 새로운 우주에 다시 탄생한 것이 된다.

그러므로 시간은 어디론가 흐르고 있는 것이 아니다. 그대로 존재하고 있는 것이다. 움직이고 있는 것은 시간이 아니라 물질이다. 우리가 공간 중에서 움직이면, 우리는 또한 시간축을 따라 움직이고 있는 것이다. 우리가 공간에서 완전히 정지할 수만 있다면, 시간이 전혀 흐르지 않는 것을 경험할 수 있을 것이다.

〔그림 43〕은 〈팽창하는 우주〉를 구성하는 물질이 제트 분사 형태로 나타나는 근원점을 보여준다. 우리는 이 제트 분사의 극히 일부분만을 볼 수 있으므로, 그것을 〈관찰 가능한 우주〉라고 부르겠

다. 이것은 우리의 망원경 안에 들어오는 크기를 말한다. 그 크기는 거대한 조직 내의 아주 작은 거품에 불과하다.

어떤 방법으로 우리가 우주 바깥에 있다고 가정하자. 그러면 우리는 제트 분사의 부피가 커짐에 따라서 거품의 크기도 ABC 순서로 커지는 것을 볼 수 있다. A위치에 조그만 거품이 있다면, 이 거품이 점B 쪽으로 이동함에 따라 그 부피가 커짐을 발견할 수 있다. 그리고 같은 거품이 점C 쪽으로 움직여 감에 따라서 점점더 팽창하는 것이 확실하게 드러난다.

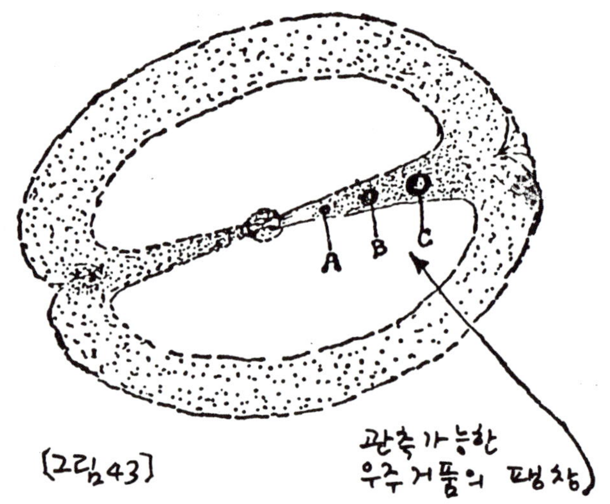

[그림43]

시간 공간도 그렇게 팽창하고 있으며, 그 팽창률은 물질의 흐름이 방향을 바꾸는 곳, 즉 〈국면 2〉의 깔대기 위치에서 가장 크다. 이것이 바로 우주에서 물질의 분포가 고르지 않게 관찰되는 이유일 것이다. 만일 관찰 가능한 우주의 거품이 깔대기의 입구에 가까와지면 팽창이 매우 균일하지 않게 일어날 것이고, 이렇게 본다면 은하계와 퀘이서의 속도가 다르게 관찰되는 이유가 설명될 수 있을 것이다. 여기에 대해서는 뒤에서 다시 설명할 것이다. 이런 식으로 우리는 물질과 시공간이 팽창과 수축의 국면을 거쳐가는 것을 살펴보았다.

원환체의 중심에 위치한 핵에서 흘러나온 물질은 진화의 과정을 거쳐감에 따라서 머지않아 원환체의 바깥으로 나오게 된다. 그러다가 〈국면 3〉을 지나고, 시공간이 수축하면서 마침내 다시 핵 속으로 붕괴되어 들어갈 것이다. 이렇게 하여 이 우주의 한번의 진화 사이클이 이루어진다.

앞에서도 말했듯이 핵 속으로 떨어진 물질은 〈새로운〉 우주에 다시 태어난다. 이런 식으로 핵을 통하여 물질의 흐름이 끝없이 이루어진다.

핵을 통과하여 화이트홀에서 나온 물질의 입장에서 보면 그것은 새로운 우주이다. 그러나 바깥에 있는 관찰자의 입장에서 본다면, 그것은 단지 똑같은 옛 우주의 다른 면에 불과하다. 다만 핵을 거치면서 일어난 일은, 물질이 압착되고 균일화되며 방사선으로 바뀌고, 그리고는 다시 달릴 준비를 하고 있는 것뿐이다.

자, 이제 우리가 외부 관찰자로서 이 우주가 창조되기 전에 도착하였다고 상상해보자. 우리가 볼 수 있는 것은 어둠뿐이다(구약성서에서처럼). 왜냐하면 우주를 구성하는 물질이 모두 존재하고 있을지라도, 우리는 어떤 물질도 흘러들어가거나 흘러나오지 않는 블랙홀 상태이며, 시공간이 이 블랙홀 주위에 잔뜩 움츠러 들어 있기 때문에 우주를 볼 수 없다.

무한한 어둠속에서 우리가 볼 수 있는 것은 더욱 진한 어둠일 따름이다. 간단해 말해서, 우주의 가능성마저도 볼 수 없을 것이다. 우리는 움직이기 시작하는 것만을 볼 수 있다. 다시 말해, 창조의 과정에 있는 우주만을 볼 수 있다. 여기서 창조란 말은 핵의 화이트홀 쪽에서 물질이 분출되는 것을 의미한다〔그림 44〕.

창조 작업이 이제 막 일어나는 것을 지켜보기 직전에, 말하자면 이제 우리에게 익숙해진 시공간 원환체가 이제 막 드러나는 것을 지켜보기 전에, 잠깐만 우리가 처한 끊임없는 어둠의 공간에 대해 생각해보자.

움직임이라고는 전혀 없기 때문에 우리는 시간이 존재하지 않는

[그림44]

공간 속에 떠 있는 상태이다. 물질이 움직일 때 시간이 더불어 나타난다. 우리가 떠 있는 이 공간이 그 안에서 창조가 일어날 무대이다. 그것은 변하지 않고, 영원하며, 불변의 무대로서 모든 창조작업이 여기에서 행해진다.

당신이 아직도 제5장의 내용을 기억하고 있다면 이 얘기가 보다 쉽게 들릴 것이다. 우리가 기초공간이라고 이름붙인 이 공간이, 바로 제5장에서 길게 설명을 늘어놓았던 절대계(絶對界)와 맞아들어가는 것처럼 여겨진다. 이 기초공간은 절대계를 설명하는 데 사용되었던 모든 필요한 특징을 다 가지고 있다.

그렇다면 절대계와 기초공간은 같은 것인가? 아니면 이 기초공간은 절대계의 일부분에 불과한가?

빛과 생명에 대하여

이제 이러한 조건하에서 빛에 무슨 일이 일어나는지 생각하여 보자. 물질의 제트 분사가 핵으로부터 방출될 때(물질은 최초에는 방사선 형태였다), 물질은 기초공간 속으로 이동해 나가면서 시간 공간을 창조할 것이다. 이 시공간은 제트 분사의 막대한 질량에 의하여 휘어지게 될 것이며, 따라서 광자(光子) 역시 어쩔 수 없이 제트 분사를 〈둘러싼〉 껍질의 형태로 그것을 따라갈 것이다.

218

　〔그림 40B〕는 공이, 지금같은 경우에는 광자가, 시공간의 굴곡에 어떻게 빨려들어가는지를 보여준다.〔그림 40B〕에서 보는 바와 같이 깔대기의 바닥에 화이트홀이 위치하며 물질의 제트 분사가 위쪽으로 수직으로 뻗어 나간다고 상상한다면, 제트 분사에 의해 방출된 빛은 이 깔대기 속에 갇힌 채로 회전하게 될 것이다.

　이렇게 하여 빛은 제트 분사의 질량에 의해 형성된 시공간의 굴곡을 따라갈 것이고, 그리하여 중간의 제트 분사와 역류하는 우주의 외피(外皮) 사이에 놓인 공간 속으로는 침투하지 못하고 물질의 흐름을 따라 되돌아오게 될 것이다(〔그림 45〕참조).

　이와같이 기초공간의 원환체는 물질의 외피에 의하여 가두어진다. 이 원환체는 아직도 원래의 기초공간의 한 조각이라는 사실에 주목해야 한다. 이것은 도너츠 안에 있는 젤리와 같다. 빛 역시 이처럼 물질을 따라서 다소 가까운 곳에서만 움직일 수 있도록 제한되어 있다.

　관찰자가 제트 부근에 위치해 있으면 바깥 외피에서 방출된 빛이 중간에 감싸인 기초공간을 횡단해 오는 것을 볼 수 없다. 단지 물질의 경로를 따라서 움직이는 빛만 볼 수 있다. 제트 우주에서 방출된 빛은 결국 제트 우주로 되돌아가고, 바깥 외피 우주에서 방출된 빛은 외피 우주로 돌아간다〔그림 45〕.

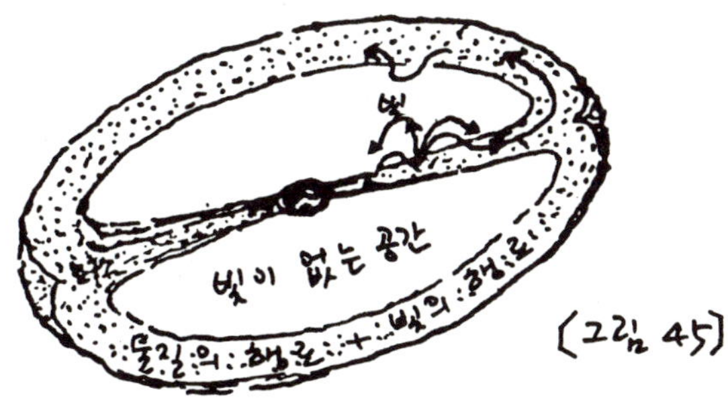

　이제 당신은 우리가 생명이라고 알고 있는 것이 제트 분사의 어느 지점에서 시작되었을까 하는 의문을 가질 것이다. 여기까지 왔

으니 당신은 이미 육체 차원에 있는 생명만이 유일한 생명의 형태가 아니라는 것을 알고 있다.

기억하고 있겠지만, 의식이 곧 물질과 생명의 내부 구조이다. 이것은 또한 블랙홀과 화이트홀의 핵에 적용되는 기본원리이기도 하다. 물질이 점점더 복잡해짐에 따라서 의식은 물질적 형태로 형상화되기 시작하고, 우리에게 생명이라고 알려진 형태를 취하게 된다. 그러나 의식과 지성·생명은 항상 함께 묶여 있으며 어느곳에든지 항상 나타나 있다.

이러한 거대한 구조물 상에 우리의 〈관측 가능한 우주〉가 어디쯤에 있는지에 대하여 약간의 단서가 있다. 관측 가능한 우주란 전파망원경이나 광학망원경으로 관측할 수 있는 범위에 속하는 그러한 우주만을 말하는 것이 아니다. 그렇다고 해도 우리의 수평선에는 절대적인 한계선이 존재하는데, 이것은 빛의 속도에 의해 결정되는 수평선이다.

모든 은하계는 우리에게서 떨어진 거리에 비례하는 속도로 우리로부터 멀어지고 있다는 것은 다들 알고 있는 바이다. 말하자면 먼 거리에 있는 은하계일수록 더 빠른 속도로 우리에게서 멀어져가고 있다. 가장 멀리 떨어진 은하계가 광속에 가까운 속도로 멀어지고 있다면, 그 은하계는 우리의 시야에서 아주 사라져버릴 것이다. 왜냐하면 빛은 매초 30만km의 일정한 속도로 움직이는데, 빛이 우리가 있는 방향으로 오는 속도와 거의 비슷한 속도로 광원(光源)이 멀어져가고 있으므로 빛이 우리가 있는 곳까지 도달하지 못하기 때문이다.

만약에 어떤 은하계가 초당 31만km로 우리에게서 멀어져가고 있다면, 빛은 결코 우리가 있는 곳까지 도달하지 못할 것이다. 이것이 바로 절대관측한계이다. 현재의 지식으로 보면, 이 절대관측한계는 대략 100억 광년 정도되는 거리이다. 따라서 관측 가능한 우주는 직경이 200억 광년 정도이고, 매우 큰 구조물의 어딘가에 떠 있으면서 팽창하는 거품의 모양을 하고 있을 것이다.

거대한 흐름 속의 우리의 위치

오늘날 우리에게 알려진 은하계가 불균일하게 분포한다는 점에서 유추하여, 우리의 은하계가 이 원환체 형태로 된 우주상의 어디쯤에 위치하고 있는지 추정하여보는 것도 가능하다.

우리의 은하계 밖의 우주 공간을 살펴보면, 다른 은하계가 우리로부터 멀어지는 비율이 일정하지 않은 것을 발견할 수 있다. 이 때문에 이론적으로라면 완전한 구형으로 팽창되어야 하는 우주가 구형이 아니고 다소 변형되어 있음을 알 수 있다.

시간이 지남에 따라 자료가 달라지고 있기는 하지만, 천체는 크게 두 지역으로 나누어질 수 있다. 그 하나는 우리 은하계의 북극을 중심으로 하는 부분이며, 다른 한 부분은 반대방향으로 우리 은하계의 남극에서 30도 정도 기울어진 부분이다. 북극 쪽에 있는 은하계는 남극 쪽에 있는 은하계보다 빠른 속도로 멀어지고 있는 것으로 보인다.* 이것은 북극 쪽에 있는 은하계가 남극 쪽의 은하계보다 멀리 떨어져 있다는 증거이다.

이러한 효과는 관측이 가능한 퀘이서 중에서 가장 먼 위치에 있는 퀘이서의 경우를 보면 매우 확실하게 관측된다. 버비지(Burbidge) 부부에 의하면, 그 퀘이서는 은하계의 북쪽과 남쪽으로 명확하게 나누어진다고 한다.** 북쪽의 집단은 극을 중심으로 넓은 원을 그리며 퍼져 있고, 남쪽 집단은 매우 밀집해 있다고 한다.

이것은 관측 가능한 우주 거품이 콩팥 모양으로 뻗쳐 있고, 관측 가능한 우주의 북쪽은 남쪽보다 훨씬 빨리 부풀어오르며 팽창하고 있다는 사실을 가리킨다. 이것은 시공간이 깔대기 구역에서 훨씬

---

* Rubin외 공저, 〈A Curious Distribution of Radical Velocities of Scl Galaxies〉, The Astrophysical Journal, 1973, Vol. 183.

** 1967년에 캘리포니아 샌프란시스코의 Freeman 출판사에서 펴낸 Geofrey와 Margaret Burbidge 부부의 《Quasi-Stellar Objects》. 이들 자료는 우주 전체에 퀘이서들이 고른 분포를 나타내고 있음을 입증하는 새로운 자료들에 밀려나게 되었다. 그러나 아직도 고르지 않은 속도의 분포를 보여주는 새로운 자료들이 나오고 있다.

급속도로 팽창하고 있기 때문이다.

거품 속에 그려진 작은 화살은 상대 팽창율을 나타내며, 우리 은하계의 위치는 거품 속에 표시되어 있다〔그림 46〕. 물론 이 그림은 일정한 축소 비율로 그려진 것은 아니다. 우리 은하계는 거품 속의 작은 입자에 불과하며, 그 거품도 나머지 우주에 비하면 작은 반점에 불과하다.

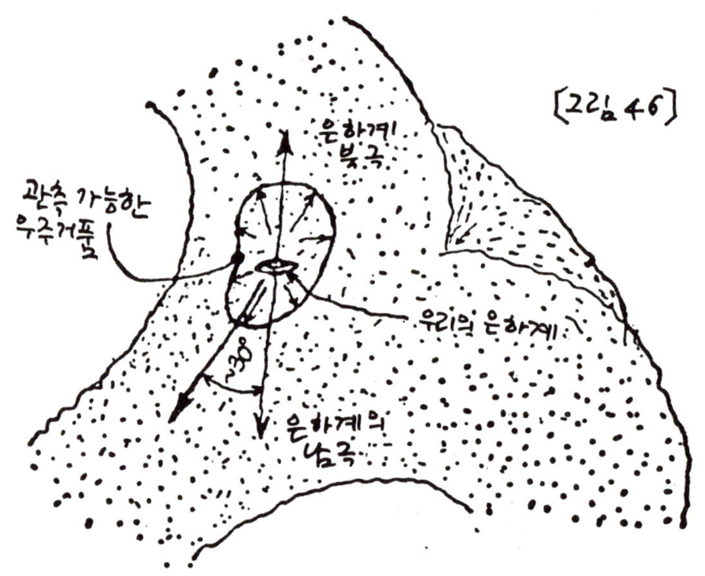

우리 은하계의 평균 문명 수준이 우리의 행성으로 대표된다고 가정하자. 우리의 은하계보다 오래된 은하계의 생명들, 즉 진화의 선에서 훨씬 앞에 위치한 생명들은 우리보다 훨씬더 많이 진화했으리라고 기대할 수 있을 것이다. 시공간의 팽창의 정점에 도달한 은하계들은(이것은 원환체 외피의 중간 정도 아랫부분에서 일어난다) 훨씬더 높은 진화의 수준에 있을 것이다. 나는 지금 시공간의 팽창이나 그 크기와 의식의 확장을 같은 평행선 상에 놓고 얘기하고 있다.

이 정점을 넘어서면 의식의 일반적인 수준에 느린 감퇴가 일어날 것이며, 은하계가 마침내 최후 지점인 블랙홀에 가까와짐에 따

222

라 훨씬 급속도로 퇴보할 것이다.

그렇게 본다면 현재에 우리가 처해 있는 문제들은 우리보다 〈시간〉적으로 앞선 문명들에 의해 여러번 풀렸던 문제들이다. 이런 식으로 우리는 앞선 문명들과 이 우주 속에 공존하고 있다. 따라서 우리보다 앞선 문명이 발견한 모든 지식은 충분히 우리가 활용할 수 있다고 해도 좋을 것이다.

간 추 림

빅뱅(대폭발), 동심원 상에서의 우주의 팽창, 그리고 은하계와 별의 발달을 설명했다. 우주의 연속적인 빅뱅 모형은 제트 분사를 방출하는 퀘이서의 형태를 딴 것이다. 이 모형은 제트 분사의 속도가 줄고 팽창하고, 다시 자체로 되돌아가서 마침내 알 모양의 형태를 형성하는 것이다. 이 난형체(卵形體)는 그 중심에 핵을 가지고 있는데, 이것은 블랙홀과 화이트홀로 이루어져 있다. 이 핵은 우주의 모든 물질의 근원이자 최후의 저장소이다.

〈시간〉이란 핵의 화이트홀 쪽에서 방출되어 원환체의 외피 우주를 따라가서 마침내 블랙홀로 되돌아가는 물질이 지나간 거리로 볼 수 있다.

〈관측 가능한 우주〉는 우주 원환체 내부의 아주 작은 거품에 불과하다.

우리 은하계의 위치는 멀리 떨어진 은하계 분포의 비균일성을 참작해서 추정할 수 있다.

일반적인 의식의 확장은 우주 원환체 상에서의 팽창과 관계가 있다.

제 9 장
직관적 지식의 방법

「지식(知識)은 의식(意識) 속에 내재한다.」
— 마하리쉬 마헤시 요기 *
인도의 문헌, 베다(Veda)에서

앞장의 끝머리에서 우리는, 우주 속에 일단 형성된 지식은 우리의 은하계에서나 아니면 직경이 가장 큰 바깥쪽 우주에 위치해 있을 더 진화된 은하계들에서나 현시점에서 활용이 가능하다는 결론에 도달하였다.

자연히 이런 의문이 생긴다. 이 지식을 건드려 볼 방법이 없을까? 대답은 긍정적이다.

제4장의 내용으로 돌아가자. 4장에서 우리는 시간에 관한 실험을 설명했다. 진동자나 신체가 정지점에 있을 때 거의 무한에 가까운 속도로 우주 공간으로 확장하는 비물질적 존재인 〈관찰자〉에 대해서 언급했다. 이 관찰자가 바로 비물질적인 〈우리〉, 즉 우리의

---

* 마하라쉬 마헤시 요기(Maharishi Mahesh Yogi) — 현대인의 스트레스를 매우 효과적으로 해소시켜준다는 TM, 즉 초월명상(Transcedental Meditation)의 창시자로, 인도의 알라바드 대학에서 물리학과 화학을 공부하던 도중 성자 브라마난다 사라스와티를 만나 그의 헌신적인 제자가 된 뒤, 만트라(일종의 주문)를 이용한 TM기법을 전파하기 시작했다. 과학적인 효과가 입증된 이 TM 명상법은 그후 세계적인 인기를 얻었는데, 추종자들 사이에 소위 〈만병통치약〉으로 선전되는 오류가 범해지고 있다는 비난도 받고 있다.(역주)

영체(靈體)이다.

우리가 여러 전생에 걸쳐 축적한 모든 지식, 모든 정보가 바로 이 영체에 담겨 있다. 또한 영체에는 우리의 개성·지성·직관이 담겨 있다. 이 꾸러미는 극히 짧은 찰나에 공간형 차원을 이동하여 모든 공간을 채울 수 있다[그림 47]. 그런 다음 마치 아무 일도 없었던 것처럼 육체로 되돌아와 육체를 관리한다.

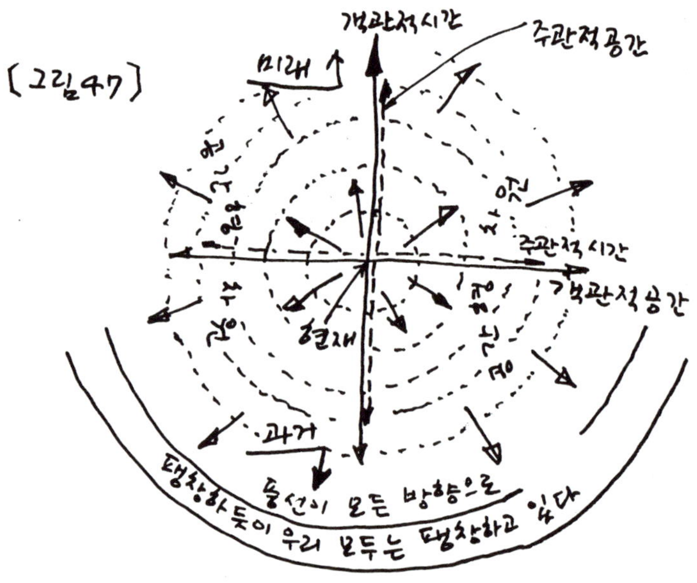

우리 자신이 무한한 크기로 부풀었다가 순간적으로 터지는 풍선이라고 상상한다면 이와같은 현상을 마음속에 그릴 수 있을 것이다. 우리 은하계의 다른 행성들이나 혹은 은하계 밖의 행성들에 존재하는 모든 생명체들 역시 이러한 진동 현상을 일으키고 있다.

여기에 이론적인 문제가 몇가지 있다. 그래서 얘기를 더 계속하기 전에 중요한 가정을 두 가지 해두어야 한다 (1) 정보—즉, 관찰자—는 확장할 때 동조하는 양상을 띤다. (2) 정보(관찰자)는 빛보다 빠른 속도로 움직일 수 있다.

첫째, 정보가 확장하면서 시공간 또는 기초공간에서 간섭무늬를 형성한다는 것을 입증해야 하기 때문에 동조성은 매우 중요하다. 독자는 제1장의 홀로그램(입체영상)에 대한 설명에서 간섭무늬가 어떤 것인지를 알았을 것이다. 홀로그램은 동조된(간섭성) 빛이 있어야만 만들 수 있다. 그리고 홀로그램이나 간섭무늬 속에는 전체 시스템에 관한 모든 정보가 담겨 있다. 이것은 마치 신체의 각 세포 안에 있는 염색체가 다른 부분을 복제하는 데 필요한 모든 정보를 포함하고 있는 것과 같다. 물론 실제로는 정자와 난자만이 인간 전체를 복제하는 일에 전문화되어 있지만, 원칙적으로는 모든 세포 속에 우리에 대한 모든 정보가 담겨져 있다.

따라서 공간형 차원으로 급격히 팽창하면서 우리의 〈관찰자〉는 역시 팽창해오는 다른 〈관찰자들〉과 만나 간섭무늬를 형성하며, 그러는 가운데 우리의 정보는 이들 다른 〈관찰자〉들의 정보와 상호작용하게 된다.

이러한 일은 모두 기준 진동수인 절대계를 배경으로 일어난다. 홀로그램 식으로 얘기하자면 우리의 〈관찰자〉는 작용광선이고, 절대계는 기준광선, 즉 〈경험이 없는 순수한 광선〉이다.

둘째, 상대성이론에서는 정보가 빛의 속도보다 빠르게 여행할 수 없다고 한다. 나는 이러한 한계를 벗어날 수 있는 방법이 언젠가는 발견되어 사실이 그렇지 않다는 것이 밝혀지리라고 기대한다. 빛보다 빠른 입자(타키온)* 의 분야를 연구하는 사람들이 현재 이 문제를 갖고 씨름하고 있다. 결국에는 보다 범위가 넓은 이론이 나타나서, 정보가 공간형 차원으로 미끄러져 들어가(다시 말해, 정보가 무한에 가까운 속도로 여행하여) 그곳에서 동조된 형태로 퍼져 나간다는 것이 입증될 것이다.

자, 방금 논의한 내용에 비추어 우리의 우주 모형을 살펴보자. 〔그림 48〕은 우리의 관찰자가 우주 공간으로 퍼져 나갈 때 어떤

---

* Olexa-Myron Bilaniuk와 George Sudarshan, 〈Particles Beyond the Light Barrier〉, 1969년 Physics Today, pp.43-51

일이 일어나는지를 보여준다. 우리의 파장이 우주의 내부 원환체 전체를 가로지르고 있는 것이 보이고, 그 점에서는 진보된 은하계에서 방출된 관찰자들도 마찬가지이다.

이들 관찰자들이 일으킨 파장이 바깥쪽 우주에서 상호작용하는 것이 보인다. 마치 1장에서 홀로그램을 설명할 때 남비 속에 조약돌을 떨어뜨렸을 때 생기는 파장들이 서로 교차하는 것과 똑같다.

조약돌을 이용한 실험에서 우리는 무늬가 기록된 물 표면의 매우 작은 단위 면적만 갖고서도 정보를 읽을 수 있을 뿐만 아니라, 정보 조각을 추적하여 그 근원을 찾아내는 것이 가능하다는 사실을 알았다.

이런 식으로 우리의 관찰자 혹은 정보의 파동이 주기적으로 우주의 내부 원환체로 팽창을 거듭하고 있고, 또한 다른 모든 사람들의 관찰자 내지는 정보 파동도 똑같이 팽창하고 있다. 눈 깜짝할 새에 우리는 그들과 함께 정보 홀로그램을 만들어내며, 이러한 일이 매초 몇번씩 반복된다. 이 모든 상호작용이 일어나게 하는 기준 진동수가 바로 절대계이다.

이렇게 해서 이 우주에서 형성된 모든 정보가 거기에 나타나기 때문에 우리는 그 지역을 〈우주의 마음(宇宙心, Universal Mind)이라고 부를 수 있다〔그림 48〕.* 〈직관적인 통찰력〉을 지닌 사람들은 그곳에서 해답을 얻는다. 그리고 주관적인 시간을 확대시킬

---

* 〈우주의 마음(宇宙心)〉에 대한 다른 명칭으로는 산스크리트어의 〈아카샤(Akasha)〉를 들 수 있다. 다소 긴 내용이긴 하지만 이에 대한 설명을 덧붙인다. 〈아카샤〉는 원시본질(原始本質)이라는 뜻이며, 만물이 이로부터 생성된 것으로 말해지고 있다. 고대철학에 의하면, 아카샤는 영(靈)의 섬세한 것으로서, 우주의 어떤 곳에서 일어나는 극히 작은 진동이라도 기록하는 성질을 갖고 있다. 이 원시본질은 우주의 어느 특별한 곳에 있는 것이 아니고 어느곳에나 존재하고 있다. 이것이 바로 형이상학자들이 말하는 〈우주심〉에 해당하는 것이다. 인간의 마음이 우주심과 완전히 일치되면, 인간은 이들 아카샤에 기록된 정보를 얻게 되어, 그 정보를 자기가 살고 있는 땅 위의 언어로 번역할 수가 있게 된다. 이것을 동양의 학자는 원시기록(原始記錄)이라고 했고, 히브리 지방에서는 신(神)의 기록책이라고 부르고 있다.(역주)

수 있는 높은 의식 수준을 지닌 사람들은 우주심에서 진행되는 일에 대하여 배우기도 하고, 필요한 정보를 우주심에서 빼내어 오기도 한다.

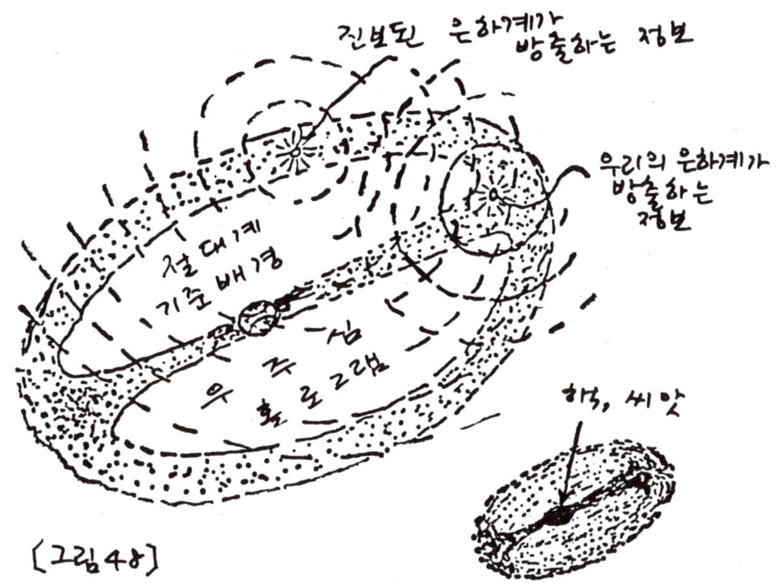

〔그림 48〕

　당사자에게는 이러한 정보 교환이 단순히 〈알게 되었다〉는 식으로 나타난다. 그러한 부류의 사람은 다른 사람들이 흔히 모르고 있는 내용을 알고 있는 것처럼 보인다. 다가올 사건을 예고하기도 하고, 한번도 만난 적이 없는 사람이 살아온 과정을 자세히 알아맞히기도 하며, 또는 전화벨이 울리기도 전에 누가 전화를 걸 것인지를 미리 아는 등등의 일이 벌어진다.
　이러한 일이 흔히들 말하는 천리안(天理眼) 현상이다. 이들의 능력에는 수준의 차이가 있다. 수준이 높은 사람은 자신의 특별한 관심이 어디에 있느냐에 따라 우주와 세상의 본질에 대한 정보를 얻을 수 있다.

　이러한 능력은 저절로 생기기도 하고 수련을 통해 얻어지기도 한다. 우리가 객관적인 시간 속에서 인간사를 다룰 때는 지구의 행성장 안에서만 정보가 오간다. 이것은 국부적인 정보이다. 국부적이기 때문에 텔레파시를 쓰든 대륙간 전화통신을 이용하든 정보를 전달하는 데 거의 시간이 걸리지 않는다. 따라서 내 개인적으로는 텔레파시보다는 전화통신을 더 이용하겠다.

그러나 천문학자가 하듯이 멀리 떨어진 별과 같은 다른 세계에 대한 정보를 얻고자 할 때에는 텔레파시나 천리안의 장점이 뚜렷해진다. 거의 시간이 걸리지 않는 그러한 정보 교환 체제는 가히 혁명적인 일이다. 왜냐하면 천문학자들이 온갖 기구를 동원하여 얻는 정보는 현재가 아니라 과거의 사건들, 어떤 경우엔 수십억년이나 지난 사건들에 관한 정보이기 때문이다. 바로 이웃한 별에서 빛을 통하여 우리에게 정보가 전달되는 데에도 몇년이 걸린다. 왜냐하면 별들간의 평균 거리가 약 4-5광년이기 때문이다. 따라서 빛이 그 거리를 여행하는 데 그만큼의 시간이 걸린다는 사실을 우리는 알고 있다. 만일 어제 안드로메다 성운이 폭발했다면, 이 사건을 우리는 적어도 앞으로 2백만년 동안 모르고 지낼 것이다.

그러나 우리의 우주 모형에서는 안드로메다 성운까지 신호가 갔다가 돌아올 때까지 왕복 4백만년을 기다리지 않고서도 주관적인 시간을 확장하여 순식간에 안드로메다 성운에 대한 정보를 얻어올 수 있다. 안드로메다인이나 지구인이나 양쪽 모두 의식 수준을 높이는 방법을 터득하는 장애물만 극복한다면, 정보 전달은 즉시 이루어진다.

실제로 전 우주는 끊임없이 정보 전달을 하고 있으며, 그러한 정보 전달이 즉시즉시 이루어지고 있다. 모든 중대한 사건은 여기에 관심있고 관련된 의식체들에게 전 우주에 걸쳐서 즉각적으로 알려진다.

우리는 이제까지 관찰자의 확장에는 한계가 없다는 것을 보았다. 왜냐하면 관찰자는 거의 무한에 가까운 속도로 공간형 차원을 움직이며, 그렇게 함으로써 우주의 바깥뿐 아니라 중심 쪽으로도 확

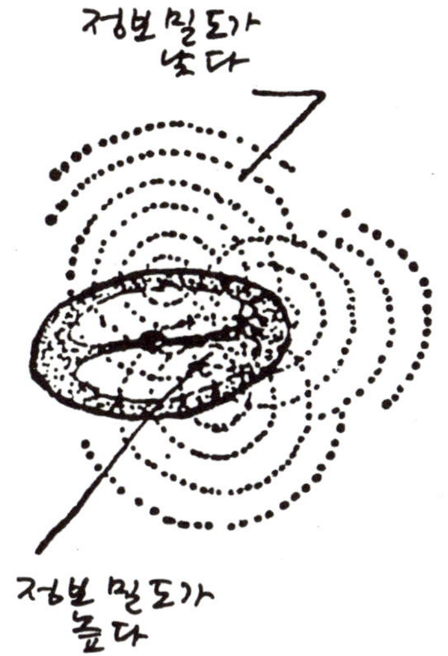

장하기 때문이다. 따라서 이 관찰자가 가지고 가는 정보는 우주 바깥에 있는 누구에게나 이용 가능하다.

그러나 정보의 밀도는 우주의 중심 쪽으로 갈수록 커질 것이고, 따라서 정보의 선명도 역시 더 높을 것이다. 이것은 바깥 우주 쪽의 모든 지점에서 방출된 정보 파동, 즉 관찰자들이 원환체의 중심축으로 모여드는 경향이 있을 것이기 때문이다. 우리 자신에 의해 만들어져 우주를 떠나는 정보는 급속도로 약해져서 우주 바깥의 광대한 기초공간 속으로 흩어져버릴 것이다.

바로 여기에서, 우리가 〈진동수 반응〉이라고 정의내린 〈의식의 질〉이 작용한다. 제5장에서 진동수 반응을 설명하기를, 〈민감함〉 즉 주어진 조직체가 자극에 반응하는 정도라고 했다. 이제 〈자극〉에 해당하는 것으로, 우리의 진동자가 정지점에서 정지하는 극히 짧은 순간을 택해보자. 다시 말해, 그 짧은 순간을 자극이라고 해보자. 우리는 그 짧은 순간에 우주 공간으로 팽창하였다가 되돌아온다.

그런데 의식 수준이 높은 사람일수록 진동수 반응도 높아진다.

진동수 반응이 높아질수록 그의 관찰자는 그가 서 있는 원점에서부터 더 멀리 뚫고 날아갈 수 있다. 그리고 의식 수준이 높은 사람일수록 객관적 시간축과 주관적 시간축 사이의 A각이 증가한다. 이것은 그가 더욱 빠른 속도로 우주 공간으로 확장할 수 있고, 관찰에 필요한 더 많은 주관적인 시간을 가질 수 있다는 것을 의미한다. 이것은 이미 앞에서 다 살펴본 내용들이다.

결론적으로 말해, 의식 수준이 보다 높은 사람 또는 〈관찰자〉는 그만큼 발달하지 못한 사람보다 훨씬 멀리 그리고 빨리 우주 공간을 채워 나갈 것이다.

비록 홀로그램의 모든 요소들 속에 홀로그램에 투사된 물체에 대한 완전한 정보가 담겨 있다고 할지라도, 홀로그램의 아주 작은 부분에만 빛을 조명한다면 그 상은 희미할 것이다. 즉, 선명도가 매우 낮을 것이다. 반면에 같은 홀로그램이라도 넓은 영역을 조명한다면 그 상이 훨씬 선명해질 것이라는 사실은 홀로그램 광학을 통해 알려져 있다. 그러므로 의식 수준이 높은 사람들은 낮은 사람들보다 훨씬 분명하게 과거나 미래를 보게 될 것이다.

모듈 형태의 우주 *

이런 차원의 정보 전달에 대하여 말할 때, 딱히 인간이 아니더라도 우주에 충만한 다른 의식체들도 고려해야 한다. 훨씬 앞에서 말했다시피 우리 인간은 보다 큰 의식체를 구성하는 단위들이고, 또 그 큰 의식체 집단은 다시 더 큰 의식을 구성하며, 이렇게 끝없이 계속된다.

결론적으로 말해, 물질적인 우주와 비물질적인 우주 양쪽 모두 모듈 형태(modular)로 되어 있다. 이는 마치 물질계의 기본단위인

---

* 〈모듈 형태〉라는 것은 제6장에서 설명했듯이, 하나의 단위가 여러개의 작은 단위로 나누어질 수 있으면서 또한 그 작은 단위들은 하나로 통합될 수 있는 형태를 말한다.

원자가 여러번 반복되어 점점더 큰 단계를 이루어가듯이, 의식체 역시 모여서 더 큰 의식체를 만든다.

　원자가 모여서 분자를, 즉 원자보다 높은 단계를 만든다. 다시 분자의 집단이 육안으로 보이는 물질 조각인 결정체를 구성하거나 혹은 결정체보다 윗 단계인 간단한 생물체를 구성한다. 윗 단계로 올라갈수록 그 구조는 최초의 기본단위인 원자를 점점더 닮지 않게 된다. 매우 많은, 수없이 많은 단계를 거친 다음에야 최초의 기본단위인 원자가 다시 반복될 것이다.
　이것은 태양계에 어느 정도 나타나 있다. 타원형의 은하계는 형태에 있어서 간단한 원자를 훨씬 많이 닮았다.

　우리가 설정한 우주 모형의 생김새나 그 우주 모형 안에서의 물질의 흐름은 씨앗이나 알 주위에 형성되는 전기장(電氣場)의 모양을 많이 닮았다. 씨앗은 매우 독특한 행동방식을 가진 대표적인 구조이며, 그래서 나는 우주의 운동방식에 관한 대변체로 씨앗을 선택한 것이다.
　나무를 예로 들어보자. 씨앗은 나무의 모든 부분에 잠재적으로 들어 있다. 결국 나무의 4차원(시간-공간) 조직이 씨앗 속에 응축되어 있다. 씨앗 속에서 진동하고 있는 분자들은 나무의 형태에 관한 정보를 저장한 유전자로 이루어져 있다. 다시 말해, 나무의 시간과 공간의 형태를 부호로서 간직하고 있다.
　그래서 씨앗은 나무의 모양에 대한 정보뿐만 아니라 시간에 따른 전개, 말하자면 성장에 따른 여러 단계의 순서와 걸리는 시간에 대한 정보를 간직하고 있다고 말할 수 있다. 아미노산의 배열에 따라 공간에 대한 것이 기억되고, 시간에 대한 것은 각 분자들 상호간의 진동수 관계에 의해 기억될 것이다.

　씨앗은 매우 독특한 구조이다. 왜냐하면 씨앗 속에는 시간 공간이 압축되어 저장되어 있으며, 그것이 전개될 적당한 객관적인 시간을 기다리고 있기 때문이다. 그러므로 씨앗은 〈변경되고 더 높은 의식 상태〉 속에서 나무를 대표한다. 씨앗은 주관적인 시간 공간 속으로 이동한 하나의 나무라고 할 수 있다. 그 속에서는 일상적인 시간과 공간의 의미는 사라진다. 나무와 관련시켜서 말하는 한 씨앗은 〈시간이 정지된〉 상태이다.

나무의 이러한 상태가 외면상 객관적으로 형상화된 것이 씨앗이다. 나중에 객관적인 조건이 좋아지면 나무는 씨앗이라는 명상적이고 동면하는 상태에서 깨어나서 성숙한 나무로서 객관적인 시공간 속에서 성장하는 것이다. 다른 표현을 빌면, 씨앗은 그 특질상 절대계에 더욱 가깝기 때문에 나무보다 훨씬 기본적인 구조를 이루고 있다.

여기서 〈닭이 먼저인가? 달걀이 먼저인가?〉 라는 논쟁에 대하여 약간 밝혀볼 수 있을 것이다. 만일 달걀이 외로움을 느껴 친구와 함께 있기를 원한다면, 더 많은 달걀을 주위에 갖기를 원할 것이고, 그럴 수 있는 유일한 방법은 결국 알을 많이 낳기 위하여 닭이 되는 귀찮은 과정을 거치는 길이다. 물론 달걀이 닭이 되는 데에 따르는 이점도 있다. 주위 환경과 더 많이 상호작용할 기회를 갖게 되고, 그리하여 보다 높은 의식 차원으로 진화할 수 있다는 것이다.

그러므로 우리는 씨앗-나무의 이중성에서 자연의 독특한 기능을 보게 된다. 그것이 나무의 씨앗이든, 닭의 달걀이든, 인간의 정자이든, 또는 해초(海草)의 포자(胞子)이든 마찬가지다. 만일 누군가 씨앗의 의식 속에 들어갈 수 있다면, 작은 껍질 속에 갇혀 있음에도 불구하고 씨앗은 스스로를 완전히 자란 나무로 생각하고 있다는 사실을 발견할 것이다. 다음 장에서 이 내용을 좀더 진전시켜 보자.

생명 조직

만일 우리가 평범한 달걀을 하나 갖다 놓고서, 달걀의 내용물을 감싸고 있는 얇은 막에 손상을 입히지 않은 채 껍질의 꼭대기와 바닥에 매우 조심스럽게 두개의 창문을 만들고나서, 그 다음에 매우 감도가 좋은 전압계와 전극을 연결시켜 달걀의 위와 아래에 노출된 창문(막)에 대보면〔그림 49〕위쪽에는 양전기가, 아래쪽에는 음전기가 걸리는 것이 발견될 것이다. 이때에 흐르는 전압은 냉장고에서 꺼낸 미수정란인 경우 일정하게 2.4밀리볼트이다.

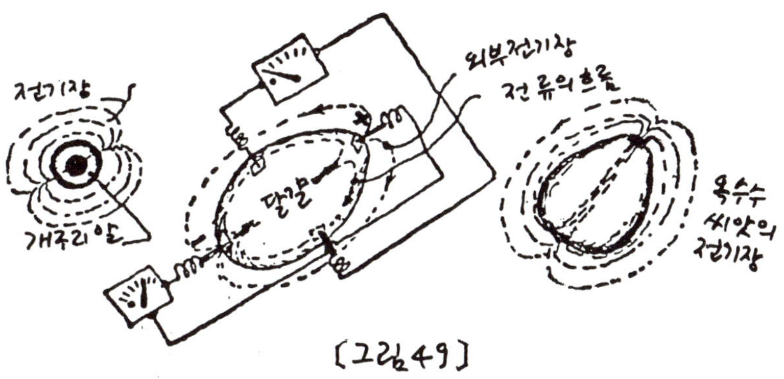

〔그림 49〕

그 달걀의 옆구리에 창문 두개를 더 만들어서 전압을 측정해보면, 위와 같은 전압 차이가 발견되지 않을 것이다. 이것은 그림에서 보듯이 달걀의 축이 긴 쪽—장축(長軸)—을 따라 회전하는 전기장이 존재한다는 사실을 의미한다. 이러한 사실이 해초의 포자나 개구리알, 나무의 씨앗 등에서도 발견된다는 것이 입증되었다.

생명 조직체를 감싸고 있는 이러한 장(場)에 대한 좋은 설명이 예일대학의 해부학 교수 해롤드 색스턴 버어(HaroldSaxtonBurr)의 저서 《불멸불사를 위한 청사진》(Blueprint for Immortality)에 자세히 나와 있다(런던, Neville Spearman 출판사, 1972).

이들 장(場)은 생명 조직체에 침투해 있으면서 그 조직체를 감싸고 있다. 또한 개구리알 속에 올챙이의 척추가 알에 있는 이 전기장의 축을 따라 놓여 있다는 사실도 발견되었다.

이렇게 생물체의 발달과 형태를 좌우하는 전기장의 모양이 우리 우주의 모양과 유사하다고 나는 생각한다. 이것은 작은 규모의 형태가 여러 단계를 거치고나서 규모가 매우 큰 형태에서 똑같이 나타나는 또다른 예이다.

버 교수는 이러한 장을 〈조직장(organizing fields)〉이라고 하였다. 그가 하는 말에 따르면, 이 조직장은 생물체보다 먼저 생겨나서 생명체가 자라남에 따라 원자와 분자를 적절한 형태로 인도한다는 것이다. 결론적으로 그가 말하는 바는, 시간에 따라 변화하는 전자기 홀로그램이 하나의 틀(주형)을 만들고, 결국 물질이 이 틀(주형)을 채워서 유형(有形)의 실체를 만들어낸다는 것이다.

이것은 우리가 여기서 전개하고 있는 우주 모형과 아주 잘 들어맞는다. 이것은 우리의 물질계에 존재하는 물질들이(이 경우에는 생물체가) 4차원의 간섭무늬에 의해 결합된다는 사실을 실제로 확인하는 최초의 작업이다.

제6장에서 우리는 아스트랄체나 멘탈체·인과체 등 눈에 보이지 않는 미묘한 여러 종류의 신체가 육체의 〈배수(倍數) 진동수〉에 해당한다는 사실을 알았다. 이것은 꽤 좋은 비유이긴 하지만, 마치 이들 미묘한 신체들이 육체에서 파생된다는 그릇된 인상을 준다. 다시 말해, 육체가 먼저 있고 그러한 영체들이 육체에서 생겨났다는 인상을 준다. 〈그러나 실제로는 육체가 최종 산물이다.〉 말하자면 모든 물질을 포함하여 육체의 틀(주형)을 만드는 섬세한 정보장의 최종 산물이 육체인 것이다.

그 근거를 들면, 대부분의 육체적인 질병은 정신과 신체의 상관관계에 막대한 영향을 받는다. 즉 육체는 우리의 감정적·정신적 부분이나 감정체(아스트랄체)·정신체(멘탈체)에 지대한 영향을 받는다. 이 신체들 혹은 장(場)들이 육체의 건강에 큰 영향을 준다. 감정체와 정신체는 육체에 침투하여 있고, 또한 육체 주위의 공간에 퍼져 있다.

우리는 제1장의 〔그림 5〕에서 확대된 결정구조의 형태를 통해, 상호작용하는 파동(소리)이 어떻게 형태 있는 물체를 형성할 수 있는지 알아보았다.

알다시피 절대계의 파동(소리)은 매우 높은 에너지를 가지고 있다. 우리는 유형(有形)의 물질을 놓고, 그것이 진동수가 약간 다른 파동(소리) 두개가 상호작용하여 생겨난 맥놀이 주파수 (1장의 〔그림 7C〕)라고 상상해볼 수 있다. 이러한 상호작용에 의해 느린 진동수와 큰 진폭의 파동이 만들어질 것이다.

기억하고 있다면, 이것이 바로 제5장 〔그림 32〕에서 언급한 〈절대자가 눈에 보이는 현상으로 나타난 측면〉 즉 유형의 존재이다.

다른 종류의 존재들

훨씬 앞에서 우리는 〈물질이 의식을 담고 있다〉 혹은 〈물질이 곧 의식이다〉라고 말했었는데, 이제 그 말에서 불가피한 결론을 끄집어내야 한다. 사실이 그렇다면, 우리의 지구는 매우 커다란 의식체(존재)임에 틀림없다! 그리고 태양은 마땅히 훨씬더 큰 의식체(존재)일 것이다. 이 가능성에 대해 잠시 심사숙고해보자.

충격을 받아 의식을 잃었을 때 어떠한 일이 일어나는가? 혹은 시간에 관한 실험에서처럼 우리의 영체(靈體)를 다른 곳에 보냈을 때 어떤 일이 일어나는가? 첫번째 경우에서 우리의 육체가 스스로를 돌본다는 사실을 우리는 알고 있다. 의식을 잃긴 했지만 심장이 계속 뛰고, 호흡도 얕기는 하지만 계속되고, 뇌는 여전히 뇌파를 발생시킨다. 그러나 그것 말고는 이 경우에 육체는 보통의 감각적인 입력엔 반응하지 않는다. 움직이거나 말하기, 또는 평소 깨어 있는 의식 상태와 관련된 활동은 아무것도 할 수가 없다.

깊은 명상 상태에서도 같은 현상이 발견된다. 양쪽 경우 모두에서 우리의 정신은 육체와 분리되어 있다. 첫번째 경우, 즉 무의식 상태에서는 깊은 수면 상태처럼 의식이 목적 없이 방황한다. 아니면 다른 차원으로 〈안내 여행〉을 받고 있는 중인지도 모른다. 명상 상태에서는 의식이 육체와 분리되지만, 그 의식은 목적 없이 방황하는 것이 아니라 창조의 가장 높은 차원에서 활동한다.

그러므로 육체는 기초적이긴 하지만 충분한 지성을 가지고 있으며, 영체와도 별도로 육체를 움직일 수 있는 자체의 의식을 가지고 있다고 결론내려야만 한다. 육체는 존재가 다른 영체와 단지 느슨하게만 연결되어 있는 것이다. 이 영체의 의식은 몸 세포 의식의 총합, 혹은 성경에서 말하는 〈내면의 지혜〉이다.

따라서 여기서 두 가지의 존재를 구별할 수 있다. 즉 하나는 육체를 움직이는, 상대적으로 낮고 기초적인 의식이며, 다른 하나는 대부분의 시간 동안 육체에 근거를 두고 있지만 육체와는 무관한 영체이다.

육체를 자동차에 비유할 수 있다. 운전기사가 엔진을 켜놓은 채로 차에서 내려 다른 곳으로 가버려도 자동차는 헛돌면서 정상적인 기능을 한다. 그러나 자동차에 목적의식이 있는 방향을 주려면 운전기사가 혹은 보다 높은 의식체가 필요하다. 육체를 지배하는 의식체가 떠나버리면 육체는 죽는다.

한 육체에 거주하는 두 가지 의식체에 관한 이 원리는 보다 큰 물체들, 즉 지구나 태양 등에까지 확장시킬 수 있다. 우리의 지구는 질량과 관련된 하나의 의식체를 가지고 있다. 이 의식체는 지구

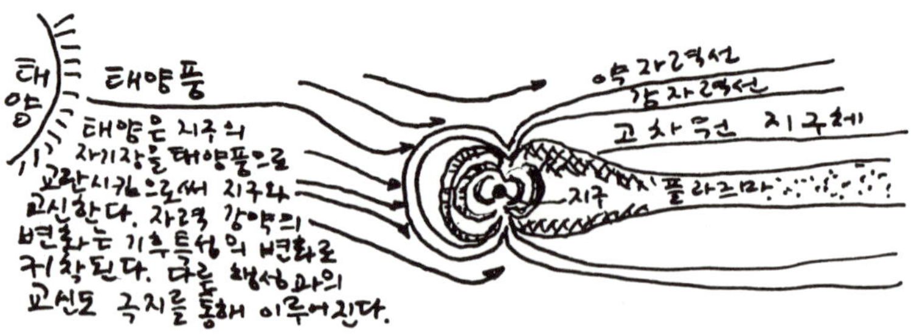

의 질서를 유지하는, 즉 대기의 순환이나 해류, 공기성분의 평형, 내부와 외부의 온도, 에너지 장과 같은 지구의 신진대사를 유지하는 기초의식일 것이다.

지구의 신진대사는 지구의 의식체를 구성하는 보다 작은 의식체들에 의해 행해지고 있다. 앞서 그러한 것들을 여러 종류와 크기의 자연정령으로 설명했었다. 보다 큰 자연정령은 작은 정령에게 일을 위임하고, 그 작은 정령은 더 작은 정령에 위임하는 식으로 계속된다. 그 모든 작은 의식체의 총합이 행성의 기초의식을 구성한다.

지구의 몸집을 잠자는 거대한 고래에 비유할 수 있다. 이 고래는 이따금씩 국부적인 떨림을 제외하고는 움직임이 매우 느리다. 반면에 지구에 거주하면서 지구를 단지 일시적으로 머무르는 곳으로 이용하고 있는 다른 의식체가 있다.

그것은 거대한 의식체이며, 인류의 의식의 총합은 이 거대한 의식체의 작은 부분에 불과하다. 이 거대한 의식체 또는 거대한 존재는 인류 종족과 문명의 진화를 이끌어가고, 특정한 방향으로의 진화를 자극하기 위하여 환경의 변화를 야기시킨다.

장래 언젠가 기초의식에 대한 방정식이 발견되었을 때 다음과 같을 것이라고 나는 생각한다.

$$기초의식 = 상수 \times 질량 \times 플럭스(flux) \times 온도$$

여기서의 상수는 플랑크 상수처럼 매우 작은 값일 것이다. 플럭스는 물체에 의해 방사되는 모든 진동수의 에너지 양을 말한다.

태양은 훨씬 큰 질량과 온도를 가지고 있으므로 그 안에서 일어나는 과정을 통제하기 위해서는 훨씬 큰 기초의식이 있을 것이며, 또한 지구에 거주하는 의식체보다 훨씬 큰 의식체가 태양에 거주할 것이다. 지구와 여러 행성의 의식체는 태양계의 의식체 속에 포함되면서 그 존재를 형성하고 있다. 이 존재를 태양의 고차원 의식체라 하고, 지구에 거주하는 의식체를 지구의 고차원 의식체라고 하자. 이 거대한 존재는 우리의 머리로는 이해가 불가능하다.

우리가 살고 있는 조직 체계를 잠시 생각해보자. 물질적인 생명은 태양이 공급해주는 에너지에 의해 유지된다. 우리의 육체는 지구가 공급해주는 물질로 구성되어 있다. 일시적으로 생명을 유지하고 있는 이 육체는 지구에서 빌어온 것이며 언젠가는 이 육체에 쓰여진 물질은 지구로 되돌아간다. 반면에 우리의 영은 그것에 알맞는 적당한 존재에게로 되돌아간다. 그 존재는 진화 정도에 따라 우리의 행성·태양·은하계, 또는 전우주의 존재와 연결된다.

우리 생명체들은 지구의 기초의식이 진화하는 데 있어서 중요한 역할을 한다. 전체적으로 보면 우리는 그 기초의식을 향상시키고 있다. 그러나 행성의 기초의식과 협조하며 살기 위해서는 행성의 요구에 민감해야 하며, 그러한 요구 중에서도 가장 기본적인 것은 조화이다. 몸담고 있는 조직체와 부조화를 이루면 이 거대한 의식에 스트레스를 유발시킨다. 이 경우의 스트레스의 의미는 똑같이 감정적인 스트레스를 의미한다. 그 부조화가 더 커졌을 때 행성은 균형 상태로 되돌리기 위하여 자연재해라는 나름대로의 방식으로 반응한다.*

태양은 우리가 열이나 빛으로 느끼는 전자기파의 총량과 지구의 자기장 변화를 통해, 그리고 전리층, 기상변화, 전리층과 지구 사이의 정전기장, 그리고 지금까지 측정되지 않은 여러 종류의 현상들의 변화를 통해 이 지구의 생명을 조절한다. 태양은 자신의 음향 출력인 태양풍으로 행성과 〈대화〉를 한다.

은하계, 성운 또는 최종적으로 전 우주를 움직이는 의식체를 마

---

* 사람이 의식을 갖고 있듯이 지구 역시 의식을 갖고 있으며, 지구에 거주하는 존재들이 지구 자체와 부조화된 상태를 이룰 때 지구의 의식체는 자연재해라는 벌로 반응한다는 이야기는,「자연계가 되받아칠 때(When Nature Striks Back!)」라는 부제를 단《자연재해!(Dizaster!)》라는 책을 읽으면 더욱 실감이 난다. 1974년 미국 Bantam 출판사. 이 책의 맨 앞 장에는「자연에 대한 경외감을 잃을 때 자연재해가 찾아온다」는 중국 노자(老子)의 말이 적혀 있다.(역주)

음속으로 떠올리는 데에는 대단한 상상력이 필요하다. 그러한 의
식체가 반드시 존재하며, 우리는 그것을 창조주라고 부른다. 이 최
고 높은 의식 상태에 있을 때 그들의 대화를 엿들을 수도 있다. 그
러나 그들의 대화의 주제가 우리하고는 너무나 동떨어진 것이기
때문에 우리가 얻을 수 있는 지식은 극히 조금밖에 되지 않을 것이
다.

간 추 림

우주는 속이 빈 길쭉한 원환체 모양으로 닫혀 있다. 이 원환체
속에 기초공간의 내부 원환체가 싸여 있다. 빛은 그 내부 원환체를
관통할 수 없지만 우리의 영체(靈體)는 가능하다.

우리의 모든 지식을 저장하고 있는 영체는, 사실상 무한대의 속
도로 매우 짧은 시간 동안 기초공간을 주기적으로 다녀온다. 그곳
에서 인간의 영은 우주의 다른 모든 의식체의 영들과 간섭무늬를
이룬다.

이 간섭무늬 또는 지식-정보의 홀로그램을 우리는 〈우주의 마음
(宇宙心)〉이라 부를 수 있다. 이 우주의 마음 속에 들어 있는 지
식은, 자신의 주관적 시간을 늘려서 그곳에 오래 있을 수 있고, 그
곳에서 유용한 정보를 가지고 돌아와서 해독할 수 있는 사람에게
는 누구에게나 열려 있다.

물질은 의식을 포함하고 있다. 혹은 물질이 곧 의식이라고 할 수
있다. 그러므로 우리의 지구는 훨씬 큰 의식체이며, 태양은 더욱
그렇다. 물질과 살아 있는 세포 속에 들어 있는 기초의식이 그 몸
체의 생명을 유지한다. 보다 높은 의식, 즉 인간의 영은 그 몸체에
서 대부분의 시간을 거주하지만 기초의식과는 무관하다. 행성과
태양 역시 〈영원히 거주하는〉 의식체와 그것을 차고로 이용하는

보다 높은 의식체(혹은 지성)가 있다. 이 모든 의식체끼리는 서로 간에 의사소통을 하고 있으며, 정보 홀로그램의 일부를 이루고 있다. 전 우주에 걸친 정보 전달은 연속적이며 즉각적으로 이루어진다.

물질적 육체가 〈죽으면〉 영은 그 진화 상태에 따라서 그것에 공명하는 적절한 실체계를 찾아가 자신의 영역으로 되돌아간다.

우리의 물질적 육체는 여러 생명 조직장에 의하여 구성된다. 이 생명 조직장은 시간에 따라 변하는 4차원의 전자기(電磁氣) 홀로그램이다. 우리의 육체는 최종 산물이며, 우리의 섬세하고 비물질적인 〈정보체〉가 상호작용한 결과이다.

제10장
창조에 대한 몇 가지 고찰*

제2장에서 우리는 초 고배율 현미경으로 물질을 들여다보았다. 더 크게 확대하여 더욱 자세히 볼수록 보이는 것이 더 적어졌다. 그리하여 마침내 진동하는 에너지장만이 차지하고 있는 진동 상태에 도달하게 되었다. 가장 단단해 보이던 물질도, 처음엔 단단한 물질 덩어리였던 원자핵조차도 좀더 자세히 들여다봄에 따라서 진동하는 에너지 장(場)의 소용돌이로 녹아 없어졌다. 따라서 진공이 모든 물질의 공통분모, 즉 기초질료(원질료)라는 사실을 발견하였다.

사람들은 자신이 〈단단한 물질〉로 구성되어 있다고 여긴다. 그러나 지금쯤 우리는 우리 자신이 시간에 따라 변하고 있는 파동의 간섭무늬에 불과하다는 사실을 알고 있다. 바꾸어 말하면, 우리는 4차원 홀로그램(입체영상)이라고 할 수 있다. 그 홀로그램의 바탕은 모든 창조물에 침투해 있으면서 모든 창조물의 공통 성분인 진공이다. 이 진공에 대해서는 이미 앞부분에서 언급했다. 바로 절대계를 설명하는 부분에서였다.

---

* 이 장의 내용을 읽으면서 〈창조 과정에 관한 고찰〉에 도움을 얻기 위해 천부경(天符經)과 한단고기(桓檀古記)에 설명된 우주 창조 이야기, 노자(老子)의 도덕경(道德經), 열자(列子), 황제내경(皇帝內經)의 운기편(運氣篇), 장자(莊子), 주역(周易) 등을 다시한번 읽으면서, 그것들이 저자의 통찰력과 어떻게 유사한지 살펴볼 필요가 있다.(역주)

에너지 장이 진동하는 것을 보면서 우리는 스스로 다음과 같이 반문할 것이다. 만일 에너지 장의 진동 속도를 느리게 하거나 일시에 멈추게 하면 어떻게 될까? 진공 또는 절대계로 돌아간다는 것이 그 대답이다. 그것은 마치 절대계인 바다의 표면에 잔물결을 일으키던 바람이 그치자 고요가 찾아들고, 바다의 표면이 다시 잔잔해지는 것과 같다. 그곳에는 움직임이 없으며, 따라서 시간도 물질도 없다. 절대계만이 방해받지 않은 상태로 그곳에 존재하고 있다. (이 절대계는 제5장에서 언급한 바와 같이 지성과 결합된 순수의 식이라는 사실을 기억할 것.)

이제는 현상으로 드러난 창조물을 만들어내려면 절대계의 표면에 어떤 방법으로든지 진동을 일으켜야만 한다는 사실을 알 수 있다. 이것은 간단한 일이 아니며, 우리는 어떻게 시작해야 하는지조차 모르고 있다. 바로 이것이 창조주들이 존재해야만 하는 이유이다.

당신은 절대계인 바다의 표면에서 일어나는 〈미세한 상대세계〉〔그림 33A〕의 파동이, 진폭이 매우 작고 주파수가 매우 높아서 눈에 보이지 않는다고 하였던 사실을 기억할 것이다. 절대계는 정지 상태인 동시에 막대한 잠재 에너지의 상태이다.

마찬가지로 무한속도라는 것은 어떻게 정지 상태와 같은 것인가, 또한 물질은 어떻게 죽음이 일어나는 바로 그 장소에서 새로운 탄생을 맞이하는가에 대해서도 알아보았다. 창조와 파괴는 동시에 일어난다. 퇴보의 그 내면에는 진보가 내재되어 있다. 시간의 끝은 시간의 시작이라는 사실을 우리는 알고 있다.

결론적으로 말해, 자연에는 모든 양극단이 일치하여 합쳐지는 차원이 존재한다는 것을 발견할 수 있다. 이 차원에서는 흑과 백, 선과 악이 하나의 〈존재 상태〉 속에 합일(合一)된다. 여기는 또한 궁극적인 진리가 존재하는 차원이다. 이 진리는 검지도 않고, 희지도 않다. 그것은 양쪽 면을 모두 지니고 있다. 낮은 차원에서는 양극으로 대치되던 것이 가장 높은 차원에서는 하나로 합치된다.

우리는 매우 작은 문구멍을 통하여 제한된 시각으로 자연계를 보는 경향이 있다. 그리고 다른 사람은 다른 각도에서 자연계를 보고 다른 언어로 묘사한다. 비록 그것이 다르게 들리긴 하지만 서로 다른 것이 아니다. 우주란 매우 다양하기 때문에 누구나 충분히 넓은 시야를 가지고 있기만 하면 우주에 대하여 어떻게 말하든 거의 옳다.

우리는 앞에서 자연정령을 만들어보았다. 이제 우주 창조주의 행동방식을 추적해볼 수 있는지 알아보자. 어깨 너머로 그분이 일하는 것을 한번 넘겨다 보자.

그 시나리오는 아마도 이렇게 엮어질 것이다. 한게가 없고, 무한하며, 어두운 진공 속에서 무엇인가 꿈틀거린다. 엄청난 크기의 진공이 움직이려고 작정하고나서 그 범위를 설정하고 있는 것이다.

이 거대한 의식체 혹은 지성은 활동을 시작할 수 있도록 연속체로부터 자신을 분리한다. 이렇게 하여 그것은 개체화된 존재가 된다.

절대계의 상태는 최고의 잠재 에너지 상태이기 때문에 막대한 양의 에너지를 포함하고 있다. 이 최고의 잠재 에너지 상태가 앞서 말한 진동자의 정지 상태이다.

이제 창조주는 자신의 영토(바로 창조주의 몸체이다) 안에 자리를 잡고, 앞으로 할 일에 대한 계획에 착수한다. 그분은 자신의 우주 안락의자에 기대어 앉아서 심사숙고한다. 그분은 모든 질적인 면에 있어서 자신과 동일한 의식을 만들지 않고서는 자기자신이 누구인지 결코 알 수 없으리라는 사실을 깨닫는다.

그래서 그분은 게임의 규칙, 즉 우리가 아는 바와 같이 자연계의 법칙을 결정하기 시작한다. 그분은 진화의 법칙을 고안해낸다. 의식체는 모든 속성에서 창조주를 닮을 때까지 진화의 법칙에 따라 점차 세련되어질 것이다. 그분은 낮은 의식을 가진 물질에서 시작하여 점점더 복잡하게 만들고나서, 스스로 생각할 수 있는 최초의 지성이 출현하는 것을 지켜볼 것이다. 이 지성은 창조주의 기본적인 속성을 반영하는 거울인 동시에 창조주가 발전하는 데 있어서 초석이 된다. 이 모든 과정이 창조주 속에서, 창조주의 주관적인 시간 속에서 일어나고 있다는 사실을 잊지 말아야 한다.

창조주는 다양한 창조물과 다양한 상황, 다양한 사건을 창안하여야 하며, 그 다음에 모든 창조물이 가능한 한 모든 방법으로 상호작용하게 만들 것이다. 그분의 다양한 모든 존재들이 가능한 모든 상황을 겪고 가능한 모든 방법으로 상호작용하고 났을 때, 그분은 자신이 할 수 있는 것이 무엇인지를 알게 될 것이다. 그때 그분은 자기자신을 알 것이다.

창조주는 상호작용을 가속화시키는 촉매로써 선과 악의 양면성(兩面性)을 이용한다. 선은 그분의 법칙에 대한 지식을 나타내고, 악은 그의 궁극적인 지식에 대한 무지를 나타낸다. 바꾸어 말해, 그분의 법칙과 조화하고 진화의 과정을 돕는 것은 〈선〉이고, 진화를 늦추는 것은 〈악〉이다. 그러나 그분은 진화를 위하여 양쪽 모두를 이용한다. 선과 악의 끊임없는 상호작용에 의하여 진화의 과정은 더욱 촉진된다.*

더욱 진화한 피조물에게는 〈자유의지〉라는 것이 그 시스템 속에 내장되어 있으며, 따라서 마침내는 공동 창조자가 될 수 있다. 보다 간단한 창조물은 미리 정해진 사건 행렬을 따라가는 반면에 보다 진화한 피조물은 여러 가지 가능한 길을 선택할 수 있다. 그러나 일단 선택되면 각각의 길은 예정된 최종 결과로 이어지기 때문에 일반적인 사건 행렬에 부합된다. 그렇지만 아직도 많은 변화의 여지가 남아 있다.

사건 행렬은 시공간 속에 있는 다양한 모양의 장(場) 형태로 생

---

* 중국의 노자(老子)는 이렇게 말했다. 「만물은 안과 밖으로 음을 업고 양을 안고 하여 하나의 존재를 이루며, 이 음·양의 대립 모순은 충기(沖氣, 중성의 합일 기운)가 조화를 이루어준다(萬物負陰而抱陽, 沖氣以爲和).」(역주)

각해볼 수 있다. 사건 행렬은 의식의 진화에 가장 알맞는 순서로 시공간 안에 들어 있다. 이 장에 의하여 우리의 정신의 어떤 경향이 자극되고, 평정이 유지되거나 억압된다.

지구가 팽창하고 있는 제트 분사를 지나가고 있는 길에 우연히도 스트레스를 만들어내는 사건 행렬을 가로지르면, 그 결과로 인하여 어떤 집단—그 순간 그것에 가장 민감한 집단—이 동요될 것이며, 마침내 전쟁이 일어날 가능성이 도래하게 되는 것이다. 만일 사건 행렬이 고요한 효과를 만들어내는 쪽이라면 평화의 시기가 도래할 것이다.

그 사건 행렬이 소세지 모양(그림 50)을 하고 있다면, 우리 행성이 처음 그곳을 가로지를 때 우리는 몽둥이를 가지고 싸울 것이고, 그 다음은 구식 소총으로, 세번째는 원자폭탄이 사용될 것이다. 사건은 같다. 단지 기법만이 바뀔 뿐이다. 전쟁이라는 사건의 원인은 항상 같다. 좀더 많은 재산과 영토에 대한 탐욕·저주·편협 등이 그 원인이다.

소세지 모양의 사건 행렬은 이러한 감정을 불러일으키는 자극 진동수를 가지고 있으며, 감정이 내분비 계통을 자극함에 따라서 이러한 사건들이 일어나게 된다. 보름달이 정서가 불안정한 사람을 자극하여 범죄를 저지르게 하는 과정을 기억하고 있을 것이다. 큰 규모에서도 비슷한 일이 벌어진다. 이 길다란 소세지 모양의 사

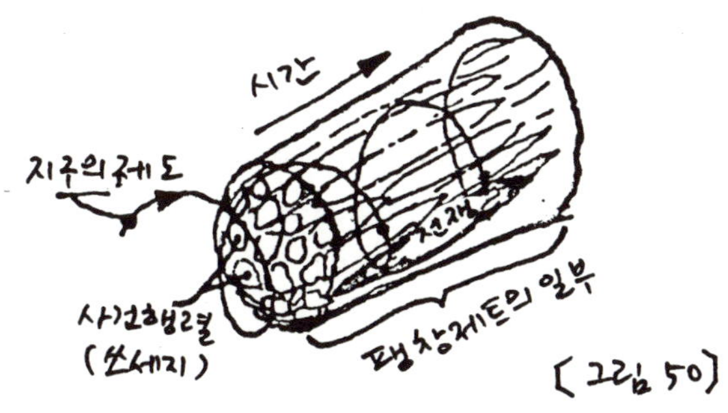

우리의 지구는 같은 쏘세지를 따라서
전쟁이란 사건을 두번 지나간다.

건 행렬이 〈역사는 반복된다〉라는 말의 배후에 있는 원인인지도 모른다.

맨처음 창조주는 자신의 피조물이 마치 살아 있는 물질로 이루어진 흐름처럼 사건 행렬을 지나갈 때 초연한 즐거움에 잠겨 주시하고 있었다. 그리고 진화의 길을 따라 어딘가에서 그분의 주의를 끄는 의식체가 나타날 것이다. 이러한 의식체는 자신뿐만 아니라 창조주에 대해서도 생각하기 시작하는 피조물일 것이다.

어떤 피조물이 그 자신의 진정한 자아와 「내가 바로 그것이다」라는 의미를 인식하는 수준까지 발전했을 때, 그는 자기완성이 이루어진다. 그에게는 전 창조의 계획이 확연히 드러나 보이고, 그 후부터는 그 자신이 창조주의 계획 속에서 행동하는 것을 지켜보면서 동시에 자신의 행동과 분리되어 남아 있을 것이다. 이것은 창조주가 활동하는 방식과 유사하다. 다시 말해, 행동하지만 동시에 그 행동과 분리되어 개입하지 않은 채로 존재하는 것이다. 어떤 피조물이 창조주의 이 속성을 획득했을 때, 그는 이러한 의미를 깨닫게 될 것이다.

창조주는 그러한 의식체를 따로 불러 이렇게 이를 것이다. 「여기, 이것을 하라……」그것은 처음엔 하찮은 허드렛일 같아 보이지만, 머지않아서 그러한 의식체는 다른 의식체의 진화를 이끌어주기 시작할 것이다. 즉, 그 존재는 공동 창조주가 되고 마침내 작은 신이 된다.

시간이 지남에 따라서 더욱 많은 의식체들이 높은 수준에 도달하게 되고, 더욱 많은 보조자들이 창조주 주위에 있게 된다. 이들은 자연정령·천사·인간 혹은 인간이 아닌 실체들일 것이다.

그러나 그분의 무수한 창조물로부터 그분 자신이 되는 의식, 다시 말해 그분의 복제가 나타날 때까지 그분의 목표는 달성되지 않는다. 일단 그분이 자신을 복제하고나면 그분은 자기자신을 안다. 왜냐하면 그분은 그분 자신만큼 위대한 의식체를 진화시키는 데 성공하였기 때문이다. 그리하여 그분은 자신의 가게를 닫고, 현상으로 드러난 자신의 모든 창조물을 자신 속에 흡수하여 진공으로 돌아간다.*

　지금까지 우리는 창조주의 주관적인 시공간 속에서 우주를 계획하고 구성하는 데 있어서 창조주의 생각을 추적해보려고 시도했었다. 우리는 지금까지 설명한 사건이 객관적인 시공간 내에서는 아직도 일어난 것이 아니라는 사실을 강조해야 한다. 바꾸어 말해, 그 모든 것은 단지 창조주의 생각에 불과하며 아직 현상으로 드러난 것은 아니다.

　제4장에서 내각이 90도일 때, 즉 주관적 시간이 객관적 공간과 겹칠 때 최고 수준의 의식체가 나타난다고 하였던 것을 기억할 수 있을 것이다. 이 말은 주관적 시간이 무한히 길어지게 되므로, 그 상태에 있는 의식체가 모든 공간을 채운다는 의미이다. 즉 무소부재하다는 의미이다. 또한 제9장으로부터, 이 상태에 있는 의식체가 전지(全知)하다는 것도 알았다. 이것이 창조주가 존재하고 그분이 우주를 생각하는 각도 혹은 상태이다.

　앞서 말했듯이, 일단 그분이 움직이기로 작정하면 그분은 자신의 영역을 정하는 일부터 시작한다. 말하자면 우선 자신의 영토를 정한다. 그분은 빛을 이용하여 이러한 일을 한다. 빛의 다발이 생겨나 그분의 몸체의 윤곽을 나타낸다. 이것은 흔히 우리가 알고 있는 빛이 아니라 그분의 고유한 에너지 차원의 빛이다. 그 빛은 하나의 그릇으로 작용하여, 우리가 생각하는 시공간이 여기에 담겨진다. 그분의 몸체는 알이나 씨앗을 닮은 그러한 난형체(卵形體) 형태이며, 물론 그 크기는 우주의 크기가 된다.

　앞에서 말한 모든 사건은 창조주 자신의 주관적 시간과 주관적 공간 속에서 일어나고 있는 중이다. 왜냐하면 창조주는 의식체가

＊ 노자(老子)는 이렇게 말했다. 「〈순환하여 다시 되돌아오는 것〉이 바로 도(道)의 운동이다(反者, 道之動).」 (역주)

도달할 수 있는 최고 수준의 존재이기 때문이다. 그러므로 창조주의 주관적 시간은 매우 멀리 뻗쳐 있다. 사실상 그분은 우리가 지금 이야기하고 있는 그 모든 것을 성취할 수 있는 무한한 시간을 가지고 있다.

그러나 우리 유한한 존재들, 즉 그 행위를 얼마쯤 떨어져서 보는 우리들에게 있어서는 이 모든 것들이 갑자기 일어나는 것으로밖에 보일 수가 없는데, 그것은 우리가 의식 있는 대부분의 시간을 객관적인 시공간 속에서 보내고 있기 때문이다.
그러므로 창조주가 그분의 우주를 천천히 생각하고 설계하여 만드는 동안에 우리들에게는 그것이 빅뱅 속에서 일어나는 것으로 보인다. 우리에겐 그 모든 것이 갑자기 그곳에 존재하는 것으로 보인다. 그리고 그곳에 존재하는 것이 무엇인지를 객관적으로 알아내기 위하여, 우리들은 굼뱅이같은 방법으로 조금씩 조금씩 그분의 삼라만상을 탐구하기 시작하고, 사건이 얼마간 정해진 순서대로 일어나는 친숙한 시공간 또는 시간형 우주 속에 휘말려 들어간다.

이제 다시 앞으로 돌아가서 창조주가 그분의 주관적 시공간 속에서 〈무엇〉을 하는지 구경하도록 하자. 우리는 그분이 빛으로 둘러싸인 자신의 영토를 확정하는 것을 보았다. 이 빛 외곽 속에 처음에는 그분의 에너지가 퍼져 있었다.* 다음엔 그분의 에너지가 극성(極性)을 띠기 시작한다. 양 에너지와 음 에너지가 공간적으로 분리된다〔그림 51〕. 이 에너지를 〈기초물질(원물질)〉 또는 물질의 시초라고 부르기로 하자. 이제 양과 음의 기초물질이 생겨났다.**
양 에너지가 알 모양의 물체(난형체)의 꼭대기에 축적되고, 음 에너지가 밑바닥에 축적되었다고 하자. 그리하여 에너지 차이 또

---

* 이 자리가 바로 도가(道家)에서 말하는 무극(無極)의 자리이다.(역주)
** 여기가 태극(太極)의 자리이다.(역주)

는 전위차(電位差)가 난형체의 축을 따라 생겨난다. 이러한 방식
으로 절대계의 상대적인 면이 형상화된다. 이제 빛 외곽의 안팎으
로 차이가 나타나고, 난형체의 양극 사이에 에너지의 차이가 생겨
난다. 이전에는 아무것도 없었던 곳에 하나의 이원성(二元性)이
나타나게 된다.

〈아하〉의 순간

그러는 사이에 점점 많은 에너지가 난형체의 양극에 축적된다.
난형체는 축적된 엄청난 위치 에너지 때문에 떨리기 시작하여 마
침내 번쩍하고, 빛 외곽으로 둘러싸인 허공을 가로지르며 번개와
같은 거대한 섬광이 나타난다. 커다란 천둥소리가 동반된다. 최초
의 〈소리〉, 즉 최초의 수태 작용이 일어난 것이다〔그림52A〕.

이 방전 자극을 받아 음의 기초물질의 저장소가 움직이게 되고,
기초물질은 반대극에 의하여 끌어 당겨져서 거대한 기둥 모양으로
치솟아오르게 된다〔그림 52B〕

그 물질은 난형체의 끝에서 주위로 퍼지고 벽을 따라 흘러내리
며, 외곽의 바닥으로 되돌아간다. 그 물질은 다시 중심의 기둥을
타고 계속 흐르며, 난형체 높이의 중간쯤까지 도달한다〔그림 52C〕.

여기서 그 에너지가 다 소모되고, 그 기둥은 다시 난형체 밑바닥
의 음의 에너지 연못에 거꾸로 떨어져 내리며, 그 기둥에서 분리된
단지 한 방울의 물질 덩어리만이 양극 사이에서 균형을 이룬 채 중

간에 떠 있게 된다〔그림 52D〕.*

이렇게 해서 기초물질(원물질)의 흐름에 의하여 우리가 알고 있는 물질적인 물질이 생겨나기 위한 기초공간(원공간)이 준비된 것이다. 또는 〈씨앗이 뿌려졌다〉고 해도 좋은 것이다. 기초물질의 흐름에 의하여 우리의 시공간이 담겨질 부피의 범위가 정해진다. 커다란 천둥소리는 아직도 그 껍질 속에 메아리치고 있는 중이다.

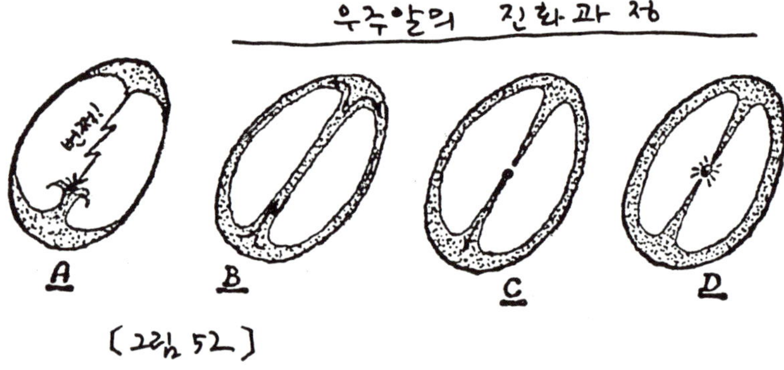

이것이 바로 창조주의 〈아하!〉 하는 순간이다. 그분은 오랫동안 심사숙고해왔으며, 이제 마침내 그리고 돌연히 그분은 복잡한 설계 전체를 자세하게 들여다보게 되었으며, 그리고 단 한번의 거대한 창조적 통찰의 순간에 그는 모든 창조가 일어날 잠재적인 형태를 만들었다. 모든 가능한 진동수를 포함하고 있는 이 커다란 굉음은 빛의 외곽 안에서 끝없이 메아리치면서 잠재적 존재와 사건 행렬의 무수한 간섭무늬를 만들어내고 있다. 이 소리에 의하여 창조주 자신이 어떠하리라고 떠올렸던 모든 것이 윤곽지어진다.

이와같이 시간과 공간의 한계를 나타내는 형상이 준비된 후에, 눈에 보이는 물질적인 상대세계와 비물질적인 상대세계의 우주가

---

* 유체의 제트 분사로부터 방울이 분리되는 것은 유체 동력학에서 매우 자주 일어난다. 고전압 방전이 〔그림 52A〕에서 보이는 조건하에서 일어나고, 용기 속의 유체가 절연체일 경우에, 그림 B,C,D에서 보이는 그러한 종류의 현상이 매우 쉽게 일어난다.

252

생겨날 것이다. 원시공간에 간섭무늬로부터 만들어진 틀(주형) 속에, 혹은 형상 속에 물질이 점차 채워질 것이다. 이 형상이나 사건 양상은 시간의 시작에서부터 끝까지, 즉 화이트홀에서 시작해서 블랙홀에서 끝날 때까지 창조주 자신이 상상하고 눈으로 보았던 것들이다.

그분의 촛점은 이제 그 껍질의 중간에서 떠다니는 방울에 있게 된다. 이 방울(블랙홀과 화이트홀)의 움직임은 그곳을 통하여 흘렀던 기초물질의 흐름을 나타낸다. 그것은 물질이 방사되어 퍼져 나가는 하나의 근원, 촛점이 되고, 그곳에서 흘러나가는 물질은 메아리치는 소리에 의하여 만들어지는 간섭무늬, 즉 사건 행렬을 채우게 된다.

이것이 바로 핵이자 우주알이다. 마치 씨앗이 나무를 함축하고 있듯이, 핵은 우주에 관한 모든 정보를 응축된 형태로 함축하고 있다. 난형체의 나머지 부분은 현상화된, 〈펼쳐진〉 형태 속에 똑같은 정보를 나타낸다. 외관상 나무와 씨앗이라는 두개의 서로 다른 면이지만, 그것은 형태상으로 다르면서도 똑같은 정보를 가지고 있다. 하나는 절대계를 반영하는 잠재적 형태이며, 다른 하나는 활동 중인 절대계로서 상대 실체를 나타내는 현상화되고 〈펼쳐진〉 형태이다.

이제 진화의 목적이 점점더 높은 계층의 의식체를 만들어내는 것이라는 사실을 알게 되었다. 우주는 가르치며 배우는 도구이다. 우주의 목적은 자신을 아는 데 있다. 다른 모든 천연자연과 마찬가지로 지식은 우주의 어디에서나 자유로이 얻어질 수 있다. 지식은 얻고자 노력하는 사람에게는 누구에게나 그곳에 있다. 이 연속적인 객관적 시공간 속에서 찾아 헤매는 수도 있고, 직관적 혹은 주관적 시공간이라는 길을 취할 수도 있다. 우리가 그곳에 도달하는 데에는 두 방법이 모두 필요하다.

모든 은하계에 있는 피조물들이 우주라고 불리는 이 거대한 홀로그램의 사건 양상을 지나가게 되어 있으므로, 홀로그램의 각 부분이 전체 설계에 관한 모든 정보를 포함하고 있다는 사실을 기억해야 한다. 바꾸어 말하면 다음과 같다. 「지식은 의식 속에 내재한다.」

이것은 또다시 자연이 주는 조그마한 암시이다. 「작은 세계(미시의 것)를 살펴라. 그러면 그 속에 반영되어 있는 큰 세계(거시의 것)를 보게 될 것이다.」* 혹은 만일 우리가 우리 자신을 철저히 검토하면, 우리 속에 반영되어 있는 우주의 설계를 바로 찾아낼지도 모른다.

직관력이 있는 독자라면 앞서 지적한 사항을 반복할 필요가 없을 것이다. 즉 알과 씨앗은 이 우주의 기본적인 설계를 반영한다. 에너지 흐름은 장축을 따라 알의 중심을 지나가며, 한 바퀴 돈 다음에, 중심으로 되돌아옴으로써 주위에 하나의 에너지 장을 형성한다.

그러나 여기서 잠시 이런 생각을 해볼 수도 있다. 즉 우주알은 훨씬 광대한 시스템에 의하여 만들어진 하나의 씨앗에 불과하며, 그 광대한 시스템은 또다시 보다더 광대한 시스템 속의 하나의 세포에 불과하며, 이 더욱 광대한 시스템은 더더욱 광대한 시스템 속의 작은 조각에 불과하고, 그리고 또⋯⋯

간 추 림

우리의 객관적 실체는 진동하는 장으로 채워진 하나의 진공으로 구성되어 있다. 만일 그 장의 진동을 중지시키면 우리는 절대계로 되돌아간다.

절대계는 상반된 극단이 조화를 이루며 합치되어 있는 곳이다.

---

* 「근취저신(近取諸身)하고 원취저물(遠取諸物)하라.」 즉, 우주의 신비는 먼저 자기자신의 몸에서 찾아라. —— 공자.(역주) HJ6(901)

이것이 창조주가 작용하는 차원이다.

창조주는 그분의 우주에 대한 계획을 끄집어낸다. 그 계획은 자연의 법칙이자 게임의 규칙이다.

그분의 목적은 의식의 진화이다. 그분은 진화를 자극하기 위하여 선과 악의 상반되는 힘을 사용한다.

사건 행렬은 우주 속에 배치된 장(場)이며, 미리 프로그램된 특별한 방식으로 우리의 내분비선에 영향을 주며, 가장 영향을 쉽게 받는 인류의 일부가 어떤 예견된 양상으로 행동하게 된다.

어떤 의식의 개체가 자신이 창조주의 일부분이라는 사실을 이해하는 수준까지 발달되었을 때, 창조주는 그를 곁에 두고 그에게 할 일을 할당할 것이다. 그러한 의식은 결국에 가서 공동 창조주로까지 발달할 것이다.

우주의 창조는 진공의 일부가 분리되면서 시작되었으며, 분리된 진공은 빛 외곽에 의하여 영역이 설정되면서 알 모양의 난형체(卵形體)를 형성한다. 그 다음에 기초물질(원물질)이 양극화되는 현상이 발생한다. 난형체의 양극 사이에 방전이 일어나고, 기초물질이 흐르게 된다.

그 중심의 블랙홀-화이트홀로 이루어진 핵은 우주에 있는 모든 물질의 근원이다.

이 우주는 훨씬 큰 구조의 작은 세포에 불과하다는 것도 가능한 일이다.

에필로그

　창조주의 주관적 시공간으로 돌아가 보자.

　또다른 창조주를 복제하고나서 (「하느님께서 자신의 형상을 따라 인간을 창조하셨다……」) 창조주께서는 우주의 사랑방에 해당하는 곳으로 마실을 떠난다. 이러저리 돌아다니면서 그분은 장사 이야기도 하고, 자신의 아이들과 함께 휴식을 취하기도 한다. 그분은 아직은 서툴고 창조주의 고충을 겪어보지 못한 자신의 새로운 분신을 소개하고 자랑한다.

　잠시 쉬고나서 창조주는 그분의 다음 우주를 위하여 몇가지 유용한 묘책을 생각해서 그 다음 일에 착수한다. 도중에서 이런 생각이 잠시 그분의 마음속을 스쳐 지나간다.

　「누가 아는가, 이번 일이 끝나면 내가 한 계급 승진할지도……」

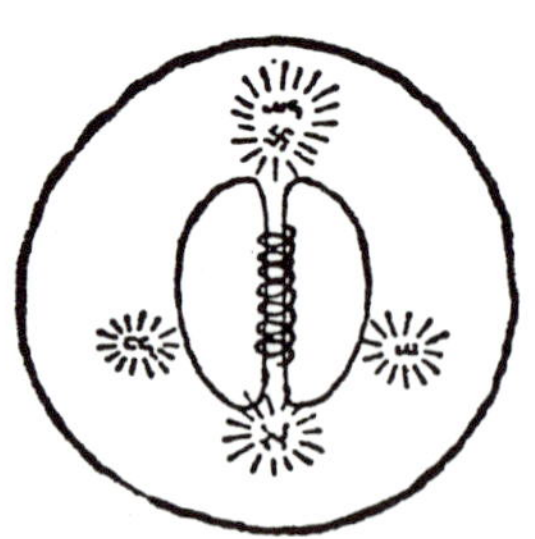

부록 I

스트레스와 육체

가속화된 진화의 희열과 고통

우리는 인간의 신경계를 다른 신체기관들과 마찬가지로 비교적 고정되어 있으며 불변하는 것으로 생각하기 쉽다. 나는 여기서 우리의 신경계는 개발할 수 있는 엄청난 잠재력을 지니고 있음을 지적해두고 싶다. 그리고 이러한 개발은 보통의 생물학적 진화로는 수백만년이 걸린다는 점도 말해두고 싶다. 그런데 우리는 특정한 테크닉을 이용하여 이 진화의 가속화를 이룩할 수 있다.

인간의 신경계는 여러 가지의 의식 차원 또는 존재계에서 활동하는 법을 터득할 수 있다고 앞에서 이미 말한 바 있다. 보통 이러한 개발은 기나긴 과정을 필요로 하는데, 체계적인 명상으로 빨리 성취할 수도 있고, 갑작스럽게 저절로 일어나는 수도 있다.

이러한 분야에 관심을 갖기 시작한 지난 몇년 동안에 나는 저절로 신경계의 진화가 이루어진 경우와, 체계적으로 진화가 이루어진 경우를 상당수 목격하였다.

이렇게 여러 차원의 진화가 이루어지는 것과 관련해서 몇가지 생리학적 변화가 신체에 일어난다. 이러한 변화는 몇년에 걸쳐 서서히 일어나서 눈에 띄지 않을 수도 있고, 갑작스럽게 일어나는 수도 있다. 또한 이러한 변화에 따른 증상 역시 매우 약할 수도 있고 강력할 수도 있는데, 이것은 신체에 쌓인 스트레스의 정도에 따라 다르다.

〈신체에 쌓인 스트레스〉라고 해서 이상하게 들릴지도 모르겠지만, 음반에 음악이 인쇄되듯이 정서적(감정적) 스트레스도 우리 신체 안에 인쇄된다는 증거가 속속들이 나타나고 있다. 동물도 마찬가지이지만 우리 인간은 정서적 스트레스에 의하여 혈압이 높아지거나, 경우에 따라서는 심장에 충격을 받을 수도 있다. 심하게 걱정을 하는 경우나 몹시 화를 내는 경우에는 위궤양이나 다른 병이 발생할 확률이 높다. 그밖의 다른 신체적 증상도 모두 심리적인 스트레스 탓으로 돌릴 수 있다. 바꾸어 말해, 정신상의 질병은 스트레스의 양을 나타내는 지수(指數)이다.

한스 셀리에(Hans Selye)는《생명체의스트레스(Stress of Life)》* 라는 저서에서 이러한 과정에 대하여 심도있게 설명하고 있다. 신체에 스트레스가 가득찬 경우에, 신경조직은 그 스트레스를 처리하느라 바쁘기 때문에 자연히 더 높은 차원의 의식을 얻을 수 있는 잠재력이 극히 제한된다. 다시 말해, 너무 신경과민이 된다. 혹은 전문적인 용어로는, 신경조직 안에 〈잡음〉이 너무 많아서 신경조직이 더 높은 의식으로 개발되는 것을 방해한다.

따라서 모든 명상학파에서는 〈몸을 이완시키는〉일의 중요성을 강조하고 있다. 그러나 물론 신경조직 내의 스트레스는 사실상 에너지 형태이다. 이것들은 다른 형태로 전환되어 신체 내에서 제거되어야 한다. 스트레스가 전환되는 가장 보편적인 형태는 몸의 움직임이다. 명상중에 있는 사람이 무의식적으로 팔이나 머리를 움직이거나 온몸을 떠는 경우와 같이 다양하게 몸을 진동하는 것은 조금도 이상한 일이 아니다.

무거운 스트레스가 해소될수록 그 진동 현상은 더욱 강렬해진다. 스트레스가 해소되는 또다른 방법이 있다. 감정을 통해 직접적으로 해소시키는 것으로, 의기소침해지거나 울거나 일반적인 격정 상태 등이 여기에 해당한다. 또다른 방법으로는 단순히 신체의 여러 부분에서 일시적인 통증으로 나타나는 현상이 있다.

---

* 뉴욕 McGraw-Hill 출판사, 1956년.

258

모든 면을 고려해볼 때. 하타 요가*의 몇가지 자세나 호흡수련(숨을 가늘게 쉬는 수련)** 처럼 몸을 부드럽게 조절해주는 가벼운 수련을 겸한 명상은 신체의 스트레스를 제거하는 가장 효율적이고, 비용이 적게 들며, 빠른 방법이 될 수 있다.

물론 명상 수련을 하는 사람은 누구나 앞에 열거한 증상을 체험한다는 인상을 독자에게 주고 싶지는 않다. 그와는 반대로 명상 수련을 하는 사람들은 대다수가 큰 즐거움과 황홀감을 느끼기까지 하며, 스트레스 증상을 가졌던 사람들도 결국에는 스트레스에서 해방된다. 그렇게 해서 그들은 다른 어떤 방법으로도 얻을 수 없는 마음의 평화와 고요가 점차 커져가는 것을 느끼게 된다.

---

* 하타 요가(Hatha Yoga)는 신체의 수련을 목적으로 하는 요가의 유파로 〈하〉는 태양, 〈타〉는 달을 의미한다.(역주)
** 단전호흡(丹田呼吸)이나 좌선(坐禪) 등의 수행이 여기에 해당한다.(역주)

쿤달리니 증상

지금까지 우리는 스트레스를 제거하는 다양한 현상을 다루었다. 이 장에서 나는 독자들이 보다 특수한 문제에 익숙해지기를 바라는데, 그것은 신경조직의 빠른 진화와 또다시 관련된다.

이미 앞에서 말했다시피, 인간의 신경조직은 진화에 필요한 엄청난 잠재력을 가지고 있다. 이러한 진화는 명상 테크닉으로 가속화시킬 수 있으며, 기대치 않은 사람에게 저절로 일어나기도 한다. 두 경우에 모두 일련의 사건이 전개된다. 어떤 때에는 강력하고 특이한 몸의 움직임이 일어나는가 하면 평범치 않은 심리 상태를 보이기도 한다.

이러한 증상이 저절로 일어나게 된 사람은 당황한 나머지 의사를 찾기도 한다(때에 따라선 두 경우 모두 의사한테 진찰을 받으러 가기도 한다). 불행히도 현대 서양의학은 그러한 문제를 취급할 능력이 없다. 이상하게 들릴지도 모르지만, 증상이 강력함에도 불구하고 육체적인 질병은 거의 찾아보기 힘들다.

증상이 미약한 경우에는 신경성이라는 진단으로 발길을 되돌리고, 심한 경우에는 철저한 방사선 촬영을 하고 실험적인 수술까지 행해질 수도 있다.

몸에 일어나는 일련의 증상은 보통 왼쪽 발이나 발가락에서 시작된다. 조금씩 쑤시는 자극으로 나타날 수도 있고, 심한 경련이 일어날 수도 있다. 이 자극은 왼쪽 다리를 따라 지속적으로 올라가서 엉덩이에까지 다다른다. 심한 경우에는 발이나 다리 전체에 마비가 일어나는 수도 있다.

엉덩이에서 그 자극은 다시 등뼈를 타고 올라가서 머리에까지 도달한다. 여기에서 때때로 심한 두통(꽉 누르는 것 같은)이 나타날 수 있다.

심리적 증상은 흡사 정신분열증 흉내를 내는 것과 같다. 따라서 자칫하면 정신분열증으로 오진되기 쉽고, 그래서 정신병원에 수용되거나 매우 거칠고 보장되지 않은 치료를 받을 경우가 많다. 자연의 진화과정이 급속도로 일어나기 시작한 사람이 인류의 진보된 돌연변이체로 인정받기는커녕 〈평범한〉 동료들에 의하여 저능한 인간으로 간주되어 정신병원에 수용된다는 것은 아이러니가 아닐 수 없다.

감히 추측하건대, 내 주변의 정신과 의사 친구들과의 토론을 근거로 할 때 이러한 변화가 일어나는 사람은 결코 색다르거나 드물지 않으며, 정신병동에 수용된 인구의 25-30 퍼센트가 이 범주에 들어간다. 이것은 실로 인간의 잠재력을 엄청나게 낭비하는 결과이다.

나는 여기에 제시한 사건들이 보다 열린 마음을 가진 의사나 정신요법자들의 손에 들어가 앞에서 묘사한 증상이 보다 널리 알려지게 되길 바란다. 그렇게 해서 이러한 증상을 취급할 수 있는 비충격적인 방법이 개발되어 진화과정이 진전되는 것을 정지시키지 말고 속도를 느리게 하거나 통제할 수 있도록 해서 〈환자〉가 안전하고 수용가능한 한도 내에서 개발이 진행되게 하고, 일상의 환경에서도 평범하게 지낼 수 있게 하였으면 좋겠다.

신비의 쿤달리니란 무엇인가?

이제까지의 모든 설명은 명상을 매우 위험한 일로 보이도록 한 것 같다. 누구든지 어느날 갑자기 신비한 증상에 직면할 수 있다.

그러한 증상은 서양의학으로는 손쓸 도리가 없다. 분명히 말하건대, 아주 소수의 사람들만이 인정을 받아 그에 따른 보상을 얻었다.

이러한 증상은 결국 영적인 성장에 관련된 것이다. 따라서 이 현상을 다룬 문헌을 조사해보고, 다른 문화와 시대에 비슷한 현상을 취급한 기록이 있는지 살펴봄직하다.

요가 문헌에 따르면 쿤달리니란 〈척추의 아래 끝에서 뱀처럼 똬리를 틀고 있는 에너지(기운)〉라고 설명되어 있다. 이 에너지가 〈깨어 나면〉 척추 속으로 들어가 척추를 따라 올라가며, 체험자에게는 빛이 나는 뱀처럼 느껴진다.*

이 에너지가 머리로 올라가면 경우에 따라 발광(發光) 막대가 정수리를 뚫고 치솟아오른다. 다시 말해, 막대 모양의 에너지 광선이 두개골에서 위쪽으로 솟구친다. 이러한 일이 일어났을 때, 우리는 그 사람이 〈깨달음을 얻었다〉고 말한다. 결국 이러한 사람은 매우 직관적이며 개안(開眼, 천리안)·이보(耳報, 천이통) 또는 심령치료 같은 정신적인 능력이 개발된다. 물론 그러한 능력이 개발되는가 못 되는가는 여러 가지 요인에 달려 있다. 그런데 어떤 경우엔 깨달음이 늦게서야 찾아오기도 한다. 이 경우에는 극심한 두통이 몇년 동안이나 지속되기도 한다.

---

* 소위 〈구렁이〉 혹은 〈구렁이 기운〉으로 일컬어지는 이 쿤달리니 에너지는 고대로부터 각 문명권에서 〈뱀〉으로 비유된 공통점이 있다. 그리스 신화에 나오는 제우스 신의 사자(使者) 헤르메스의 지팡이(두 마리의 뱀이 감기어 있으며 꼭대기에 쌍날개가 있는 지팡이), 로마 신화의 의술의 신 에스클레피오스가 짚고 있는 지팡이(구렁이가 한 마리가 외로 감기어 올라간 지팡이), 그리고 영적인 태양이 솟아오르는 것을 상징하는 메루 단다(Meru Danda) 등이 그것이다. 이것은 현재 의술과 교육과 복지의 상징으로 사용되며, 전세계 의사들의 가운에 상징 마크로 표시되어 있다. 또한 성경의 민수기 21장 6절에서 9절까지를 보면 〈불뱀〉에 물려 죽어가는 사람들을 대표하여 모세가 하나님께 기도하는 장면이 나온다. 그때 하나님께서 모세에게 이렇게 말씀하신다. 「불뱀을 만들어 장대 위에 매달라. 물린 자마다 그것을 보면 살리라.」 그래서 모세가 〈놋뱀〉을 만들어 장대 위에 다니 뱀에게 물린 자마다 놋뱀을 쳐다본즉 살았다고 되어 있다. (역주)

요가에 관한 책을 보면 몸속의 몇개의 점을 설명하고 있는데, 그 숫자는 일곱이다. 소위 차크라(chakra)* 라고 불리는 에너지 저장소이다. 쿤달리니 에너지가 터질 때 차크라는 생기를 띠고 활성화된다. 쿤달리니가 터지면 차크라는 우주 에너지를 흡수하여 몸 안에 분배하는 일을 맡는다. 이 차크라는 주요 신경총 근처에 위치해 있으며, 내분비샘의 위치와 다소 일치해 있다.

차크라가 활성화되면 내분비샘에 영향을 주고, 그 영향을 받아 우리의 행동이나 육체적 기능까지 달라진다. 이러한 모든 일은 서양의 생리학이나 의학의 입장에서 보면 도무지 사리에 맞지 않는다. 어쨌든 방금 전에 말한 쿤달리니 현상은 우리가 원하든 원하지 않든간에 계속해서 일어나고 있다. 그리고 물론 서양인에게도 이 신비하고 믿을 수 없는 쿤달리니 증상이 일어나고 있다.

어찌 보면 이것은 침술이 처해 있는 상황과 비슷하다. 동양의 신비한 침술은 미국에서도 그 효과가 증명되었다. 비록 현대과학이 침술이 작용하는 방식을 해명하는 실력에는 미치지 못하지만 어쨌든 침술은 효과적으로 인체에 작용하고 있다.

사실상 잘못은 침술에 있는 것이 아니라 현대과학이 생각하는 실체에 대한 모형에 있다. 즉 우리가 가진 모형으로는 사리에 맞는 방법으로 이 체계를 설명할 수 없다. 따라서 우리한테 더없이 중요한 것은 쿤달리니(혹은 침술)의 기묘한 효과를 사리에 맞게 설명할 수 있는 모형이다. 이것이 다음에서 내가 시도하려고 하는 것이다.

감각 피질을 통한 점진적인 쿤달리니 증상

이 긴 제목은 앞에서 말한 일련의 증상을 겪은 사람들의 경험에 잘 부합하도록 그 증상을 설명하고, 그렇게 해서 서양 생리학의 입

---

* 차크라(chakra)는 회전하는 바퀴라는 뜻의 산스크리트어이다.(역주)

장에서 밀교적인 쿤달리니를 설명할 수 있도록 하기 위해서 만든
것이다.

생의학적인 공학에 바탕을 두고 나는 변경된 의식 상태 때문에
생기는 신체의 생리학적 변화를 측정해보았었다. 거기서 얻어진
실험 결과는 제1장과 제2장에서 설명했었다. 심장 대동맥 시스템
이 공명 상태에 들어가는 과정, 또 그것이 신체를 조화롭게 운동하
도록 리듬 편승시키는 과정이 바로 그것이다.

쿤달리니의 작용방식을 설명하기 위해 내가 고안한 생리학적인
모형에 대한 보다 전문적인 설명은 의학박사 리 샤넬라(Lee Sha-
nella) 의 저서, 《쿤달리니 — 정신이상인가 초월상태인가(Kunda-
lini — Psychosis or Transcendence)》에 실려 있다.*

여기서 다시한번 경고해두어야 하겠다. 모형은 어디까지나 모형
에 불과할 뿐이며, 쿤달리니 증상의 기계적이고 생리학적인 부분
만을 설명할 따름이다. 쿤달리니는 그보다는 훨씬 넓은 개념으로
행성의 힘과 영적인 힘이 함께 작용하고 있다.

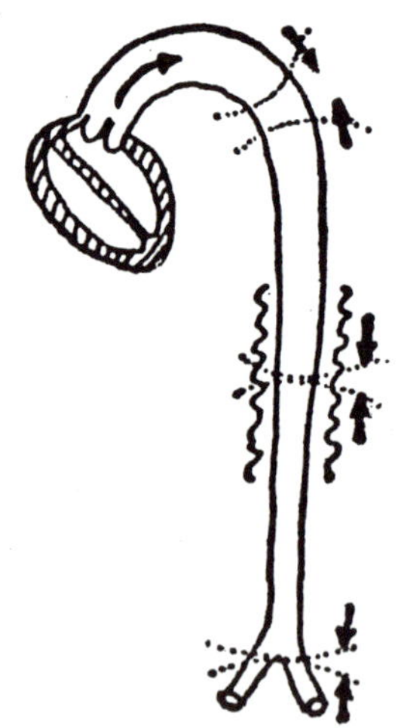

---

* Henry S. Dakin, Publ., 3101 Washington St., San Francisco, Cal. 94115, 1976.

그렇지만 이렇게 한계가 있는 모형임에도 불구하고 내가 그 책에 논문으로 밝힌 모형은 벌써부터 이용가능한 도구가 되고 있다. 그것은 지금까지 아무도 설명하지 못한 증상에 대하여 합리적이고 실질적인 개념을 제공하여 의사가 현실에 적용할 수 있도록 도와주기 때문이다.

그 모형은 일련의 증상을 설명하고 있기 때문에 의사는 환자들이 호소하는 증상과 비교하여볼 수 있다. 현재까지의 증상이 모형에 나타난 것과 일치한다면 미래의 증상 또한 어느 정도 예측이 가능할 것이다. 샤넬라의 저서에 실린 나의 논문은 단지 기초적인 보고서에 불과하다. 그 논문에 실린 몇가지 가설을 확인하기 위해서는 보다 많은 연구가 필요하다.

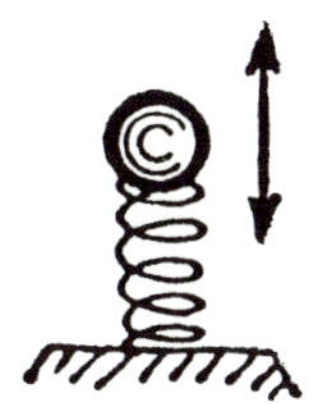

쿤달리니 ─ 궁극적인 스트레스 해소 장치

이 모형은 쿤달리니의 생리적인 분야만 취급하기 때문에 〈생리(生理) 쿤달리니〉라고 부를 만하다. 이 모형은 쿤달리니를, 두뇌의 두 반구 사이의 갈라진 틈 밑바닥에서 시작하여 두 반구의 감각 피질(感覺皮質)을 따라 퍼져 나가는 하나의 자극으로 설명한다.

두뇌 속의 감각 피질 또는 운동 피질을 따라서 배열된 각각의 점들은 신체의 특정한 부위에 해당된다. 따라서 피질상의 한 점, 이를테면 두뇌 피질상에서 무릎에 해당되는 점에 전기적 또는 기계적으로 자극을 가하면 무릎에 자극이 느껴진다. 두뇌에 인위적인 자극이 가해진 것이라고는 절대로 느끼지 못한다.

두뇌 피질상의 이러한 점들의 연속을 〈난장이〉 또는 〈극미인(極

微人)〉이라고 일컫는다(극미인은 옛 의학에서 정자 속에 든 사람의 축소판을 일컬을 때 사용한 용어이다. — 역주). 왜냐하면 신체의 각 부분에 해당하는 피질상의 점들을 따라 신체의 기관을 그려 놓으면 변형된 사람 모습이 나타나기 때문이다[그림 A]. 감각 피질과 운동 피질은 이러한 점들의 배치가 서로 비슷하다.

내가 보여주고 싶은 것은 감각 피질이나 운동 피질 상의 점들의 배열이 신체에서 일어나는 쿤달리니의 진행 경로와 아주 비슷하다는 사실이다. 이 진행 경로는 밀교적인 문헌(부록의 참고문헌 1-4)에 자세히 묘사되어 있다. 최근에 실제로 일어난 경험을 부록의 말미에 실었다.

피질을 따라서 자극이 이동하는 원인으로는 대뇌실 안의 음향적 정상파(定常波)를 생각해 볼 수 있다. 이 정상파는 심장의 맥박 소리에 의해 시작되어 뇌실의 벽에서 진동을 일으킨다. 뇌실은 액체로 채워진 두뇌 속의 공간이다.

[그림 B]에 제3뇌실과 측뇌실(점친 부분), 그리고 두뇌의 감각 피질과 운동 피질을 구성하는 조직의 얇은 조각(빗금친 부분)을 그려보았다. [그림 A]는 [그림 B]의 선 AB를 따라서 잘라낸 두뇌의 횡단면을 나타낸 것이다. 뇌실에서 발생한 진동은 두 반구 사이의 갈라진 틈에 위치한 피질의 회백질부에 전달된다[그림 A]. 이 진동이 자극을 주어 결국에 가서 피질에 〈전극을 띠게〉 하며, 극미인의 발 끝에서 시작해서 위로 올라가는 전기신호를 전달하기 쉽게 만든다. [그림 A]에 이와같은 내용을 화살표 폐곡선으로 표시하였다.
이 활동에 비하면 정상적으로 신호를 처리하는 방법, 즉 [그림 A]에서 두 선으로 표시한 것처럼 하나는 피질로 올라가고 하나는 내려오는 상하 경로를 따라 신호를 처리하는 방법은 아주 다르다. 정상적인 신호는 피질에 수직으로 전달된다.

체지각 중추
중추표시도
회백질의 별곡차로 증상이 진행된다.
피질 질 부
회백질
척수관 증뇌관절단
자극순환로
구심로각
엉덩이 물통 무릎 발목 발가락
팔
손가락 목 결축 입술 혀
쾌감중추
복강
제3뇌실
측뇌실

[그림 A]

측연도
운동중추
체지각 중추
B
제3뇌실
속뇌실
전엽
A

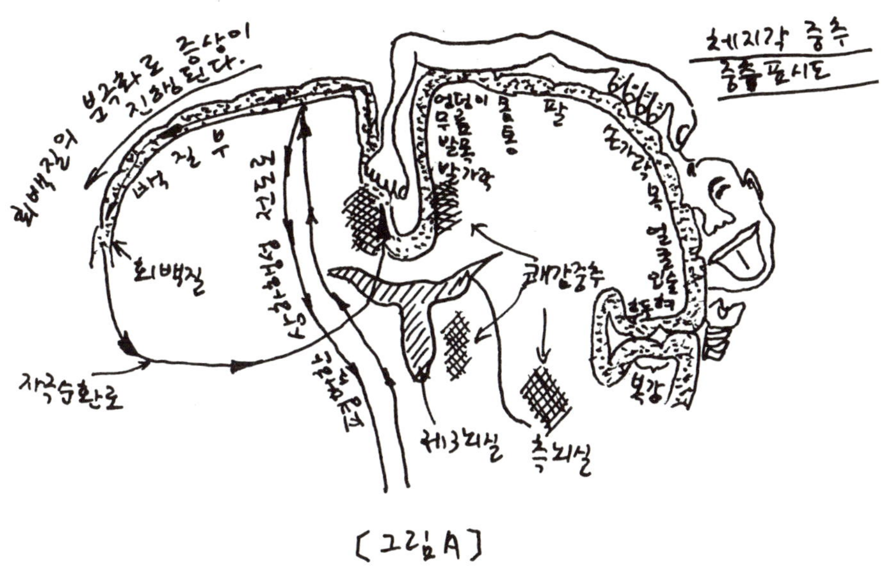

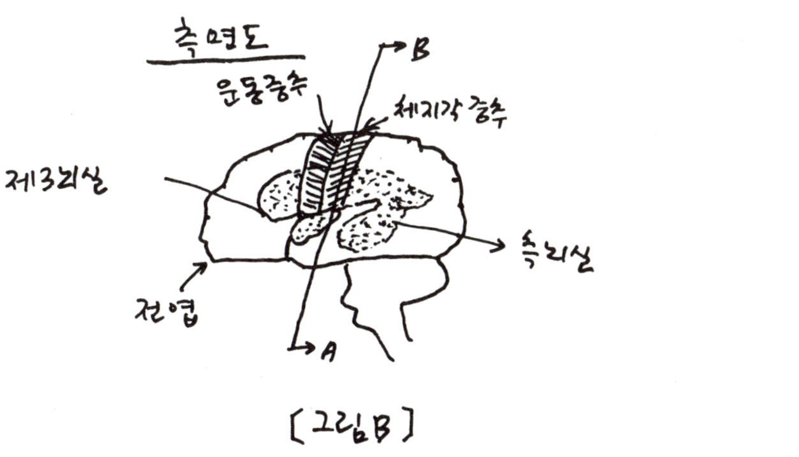

[그림 B]

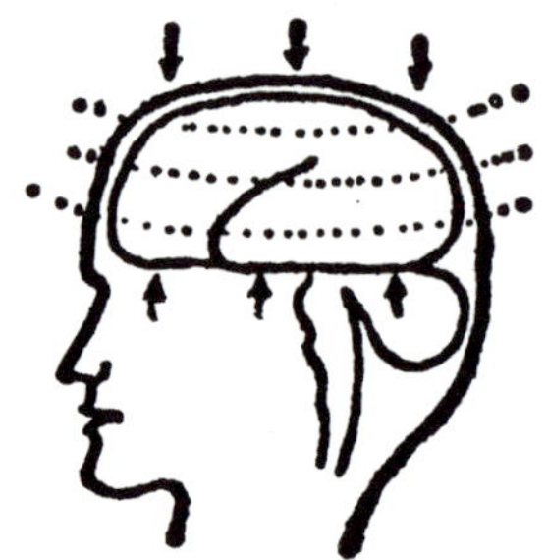

　반구를 따라 쿤달리니 증상이 완전히 한 바퀴 순환을 끝낸 사람들은 곧잘 환희 상태를 이야기한다. 이것은 감각 피질을 따라 순환하는 전류가 두뇌의 쾌감 중추를 자극했기 때문인 것으로 설명할 수 있다.

　〔그림 A〕를 보면 쾌감 중추가 각 반구의 극미인의 발가락 바로 아래, 〈전류〉의 순환 경로상에 위치해 있음을 알 수 있다. 이 순환 자극 〈전류〉에 의하여 신체의 움직임이 전개될 때 감각 피질과 이웃하는 운동 피질 사이에 교차 작용이 일어난다고 가정할 수 있다.

　증상의 대부분이 신체의 좌측 부위에서 시작되는 것은 대뇌의 우반구에서 먼저 발달이 일어난다는 것을 의미한다. 이것은 이치에 맞는 얘기다. 왜냐하면 우리가 항상 조리있고, 이성적이며, 논리적이고, 순서적인 생각을 하는 좌반구를 사용하는 반면에, 명상은 비언어적이고, 직감적이며, 직관적인 우반구를 자극하는 경향이 있기 때문이다.

　이 모형을 통해 나는 다음과 같은 것을 제안한다.

　저절로 쿤달리니가 일어나는 경우는, 다른 원인들보다도 특정한 기계적 또는 음향적 진동에 주기적으로 노출될 때 그것이 원인이 되어 일련의 증상이 일어난다. 이러한 사실은 머리 주위에 진동하는 자기장을 가하는 바이오피드백(biofeedback) 기술을 통해 밝혀졌다.

　단순히 자동차를 계속해서 타거나 아니면 공기조절기나 통풍관 등에 의해서도 4헤르츠에서 7헤르츠 사이의 진동에 장시간 노출될 수 있다. 이 진동의 영향이 누적되면 특별히 예민한 신경계를 가진 민감한 사람에게는 저절로 생리 쿤달리니 증상이 일어날 수 있다.

　여기서 내가 강조하고 싶은 것은, 건강하고 평온하며 또 비교적 심리적 스트레스로부터 자유로운 사람한테는 이러한 증상이 나타난다고 해도 극히 미약한 정도라는 것이다. 퍼져 나가는 쿤달리니가 신체 안의 스트레스가 있는 부위에 도달했을 때만 증상에 문제가 발생한다. 그 부위에서 스트레스가 해소될 때까지 증상이 계속된다. 이것이 보통 국부적인 통증으로 나타나는 경우이다.
　스트레스가 해소되었을 때, 쿤달리니는 경로를 따라 진행하다가 다음 스트레스 부위에 도달하면 다시 증상을 나타낸다. 따라서 증상이 강한 정도는 마주치는 스트레스의 정도에 항상 비례한다.

　쿤달리니가 전 경로를 한 바퀴 다 돌았을 때 신체는 깊은 스트레스로부터 근본적으로 해방된다. 또한 두뇌의 피질에 신체가 그대로 반영되므로 두뇌 또는 스트레스를 해소시켰다고 말할 수 있다. 따라서 쿤달리니는 훌륭한 스트레스 해소법이다. 그 다음부터는 신체 안에 스트레스가 더이상 축적되는 것을 쿤달리니가 허용하지 않는다. 완전한 회로가 한번 부드럽게 작동하고나면 스트레스는 생기는 그 즉시 몸에서 제거된다. 이렇게 해서 영원히 스트레스의 축적이 불가능해진다.

　여기서 흥미있는 것은, 몇가지 형태의 간질병에도 연속적인 증상이 있는데, 이 현상이 바로 〈간질병 행진〉이라고 부르는 현상이다. 간질병에서는 이 연속적인 증상의 진행 방향이 쿤달리니 경우와는 정반대로 일어난다. 간질병에서는 입술 부위가 제일차로 나타나고 얼굴 전면에 퍼진 다음, 맨나중에 목을 타고 내려와 어깨를 거쳐 팔다리로 이동한다.
　그러므로 쿤달리니는 특정한 종류의 간질병에 대한 자연적인 치

료제라고 볼 수 있다. 이와같이 명상은 그러한 질병에 대한 합리적
인 치료법이 될 수 있다.

신경계의 다가오는 미래

마침내 쿤달리니가 완전히 한 바퀴 순환을 마쳤을 때, 인간의 신
경조직은 훨씬 높은 의식 수준에서 더욱 완전하게 기능하게 된다.
이런 견지에서 볼 때 우리의 신체에 사춘기와 같은 상태가 되찾아
진다. 말하자면 신경조직이 〈젊은 어른〉의 위치에 도달하여 보다
책임있는 역할을 맡게 된다.

조금 지나면 태양 신경총(명치 부분)이나 배꼽 부위(단전)에 특
별한 자극이 느껴지는데, 대부분 밤에 똑바로 누워 있을 때 그런
현상이 일어난다. 그 부위를 통해 에너지가 몸속으로 흘러드는 것
을 느끼게 된다. 그리고 이 에너지에 내부기관이 자극을 받는 것이
느껴지기도 한다.
　이것은 신경계가 충분히 세련되어져서 외부의 에너지와 공명 상
태에　들어갔기 때문에 이런 현상이 일어난다. 이 외부 에너지는
지구나 태양의 활동과 관계가 깊다. 지구장 안에서 일어나는 여러
가지 전자기장의 진동은 신체의 생리적인 진동과 그 진동수가 같
다.

독자는 제9장에서 언급했던 행성의 기초의식을 잊지 말기 바란
다. 아울러 행성을 모자를 걸어두는 장소 정도로 사용하는 더 높은
의식체에 대한 내용도 기억하기 바란다.
　사람의 신경계가 이 정도까지 개발되면, 그 높은 차원과 공명 상
태에 들어가기 때문에 높은 의식에서 흘러오는 에너지가 자동적으
로 그 사람의 신경계로 흘러들어가기 시작한다. 이렇게 해서 신경
계는 더욱더 진화하며, 결국 각자에게 알맞는 방법으로 높은 의식
체가 그 개인에게 알려진다.

그리하여 나중에 지식이 열리게 되고 자연의 역할에 대하여 더욱 넓은 안목을 가지게 되면 그 사람은 자신이 진실로 중요한 존재이며, 실제로 역동하는 자연계와 우주의 일부분임을 깨닫는다.

이런 일이 일어나면 자연적으로 자신의 그러한 발전에 대해서 대단히 흥분하게 된다. 이런 사람은 자신에게 일어나는 일에 대해 차분하고 균형잡힌 자세를 유지하도록 노력해야 하며, 그러한 일들 때문에 너무 이상한 쪽으로 흘러가지 않는 것이 바람직하다. 평소의 생활을 정상적으로 유지하는 것이 중요하다. 이렇게 하여야 명상시에나 명상 이외의 시간에 일어나는 흥분된 사건을 가라앉혀 평정을 얻기가 쉬워진다.

앞에서 말한 현상은 누구에게나, 다시 말해 명상을 하지 않는 사람한테도 저절로 일어날 수 있다. 자신의 의지와는 상관없이 갑자기 그런 현상이 신체에 일어나는 경우에는 정신적 충격을 훨씬 강하게 받게 되므로 종종 정신병원에 수용되는 결과를 초래한다. 대개의 진단 결과는 정신분열증이다. 정신분열증이라고 판단받는 이유는, 그런 사람들은 물질계가 아닌 다른 차원의 세계로 갑자기 뛰어들게 되기 때문이다. 그들은 이웃하는 아스트랄계나 더 높은 차원에서 일어나는 일을 보고 듣게 되는데, 이것은 진동수 반응(주파수 응답)이 훨씬 높아졌기 때문에 일어난다.
아무튼 명상을 통한 점진적이고 계획적인 진화가 아니고 갑작스럽게 일어나는 현상이기 때문에 그러한 상황을 스스로 처리하기가 어렵다. 갑자기 여러 차원에서 홍수처럼 정보가 밀려들기 때문에 그들은 각 차원계를 혼동하여 생각하게 된다.

이런 혼돈된 상태에 처하면 고통을 겪는 당사자는 친구나 친척들에게 자신의 경험을 이야기하며 도움을 찾기 마련이다. 그러면 자연히 병원에 찾아가보라는 충고를 받게 된다. 병원에서 하는 치료는 증상에 따라 다르겠지만, 매우 강력한 진정제를 쓰거나 전기쇼크 요법을 쓰거나 아니면 두 가지 치료방법을 다 쓰는 경우도 있다. 그렇게 되면 예민한 신경계는 회복될 수 없는 깊은 손상을 입게 된다. 슬픈 현실이라 아니할 수 없다.

이렇듯 자발적으로 신경계의 개발이 일어나는 경우에는 심한 두통, 눈의 충혈과 같은 강한 신체적 증상이 꽤 오랫동안 나타나고, 잘못하면 정신적 또는 육체적 기능이 영원히 손상되는 경우도 있다.

이에 비해 명상을 하는 사람은 비교적 부드러운 증상을 경험하며, 가끔 발생하는 그러한 문제 때문에 명상을 포기하는 일은 거의 없다. 꾸준한 수행으로 신경조직이 어느 수준까지 개발되고나면 명상자는 그러한 문제는 신경계가 스트레스에서 완전히 해방되어 순수성을 되찾는 과정중에 잠시 일어나는 장애물이라는 것을 깨닫게 된다.

현재 이용 가능한 의학적 치료법 가운데 앞에서 언급한 증상을 취급하는 데 도움이 될 만한 것은 별로 없는 것이 분명하다. 보통의 의학 치료로는 그러한 증상을 완화시키지 못하며, 완화시킨다고 해도 환자의 영적 진화의 입장에서 본다면 환자에게 너무나 큰 대가를 치르게 한다.

하루빨리 이러한 문제를 취급할 수 있는 의학센타가 세워지기를 바란다. 머지않아 출발이 이루어질 것이 눈에 보인다. 아직은 개념적인 단계이긴 하나, 앞서 말한 증상을 스스로 체험했거나 그러한 증상을 이해할 수 있도록 훈련받은 의사나 정신요법자들에 의해서 조만간 소위 〈전인(全人) 의학센타〉가 세워질 것이다. 그들은 환자의 정교한 신경조직을 다치지 않고 환자들이 이룩한 성과를 파괴하지 않도록 매우 주의깊게 환자를 다루게 될 것이다.

갈수록 더욱 의사들이 명상을 이해하고 직접 명상 수련을 함에 따라, 많은 의사들이 반드시 이와같은 작업에 협조하게 될 것이다. 신체에 일어나는 이러한 과정을 충분히 이해하는 정신요법 치료자는 그 〈전인 의학센타〉에서 일을 하게 될 것이며, 한의사나 지압요

법가·정골(整骨)요법사·침술사 등 신체 속의 에너지 흐름을 이
해하는 사람들도 함께 참여하게 될 것이다.

이 〈전인 의학센타〉에서는 육체적인 건강 상태뿐만 아니라 영
적인 부분도 같이 취급할 수 있게 될 것이다.

정신의학 분야에서 통합정신학(Psychosynthesis) 운동의 창시
자인 이탈리아의 정신과의사 로베르토 아사졸리(Roberto Assag-
ioli)는 이러한 신경계의 속성(速性) 개발을 잘 설명하고 있다. 그
가 주도하고 있는 통합정신학 운동은 정신의학과 정신요법 분야에
서 인간의 근본적인 영성을 탐구하면서 신경계의 속성 개발과 그
것에 따른 영적 문제를 취급할 수 있는 새로운 방법을 연구하는 운
동이다.

다음의 인용문은 아사졸리의 저서 《통합정신학》에서 발췌한 것
이다.

영적 진화 과정에서 일어나는 변화와 사건들을 분석할 때 우리
는 자기실현과 자기완성이라는 두 가지 측면을 다같이 고려해야
한다.

인간의 영적 개발은 멀고 힘든 여행이며, 놀라움과 문제거리와
위험까지 가득찬 낯선 땅을 통과해야 하는 모험이다. 지금까지 인
격을 구성하고 있던 평범한 요소들은 이 과정을 통해 극적으로 변
화한다. 그리고 잠자고 있기만 하던 잠재력이 일깨워지고, 의식이
새로운 영역으로 올라가며, 새로운 내면 차원을 따라 기능하게 된
다.

따라서 근본적인 탈바꿈을 의미하는 커다란 변화가 발견된다고
해서 놀라서는 안된다. 도중에 신경·감정·정신에 많은 어려움이
닥쳐올 몇번의 고비가 있을 것이다. 여기서 무척 중요한 것은 이러
한 증상이 객관적인 의학상의 관찰로 볼 때는 〈다른 평범한 원인
때문에 일어나는 증상들〉과 거의 흡사하다는 것이다. 하지만 이들
은 실제로는 아주 다른 의미와 원인을 가지고 있으므로 전적으로
다른 치료가 필요하다.

　　현시대에 이르러 의식적이든 무의식적이든 완성된 삶을 추구하는 사람들의 숫자가 갈수록 늘어남에 따라서, 영적인 데에 원인이 있는 신체적 증상을 겪는 사람들이 급격히 늘어나고 있다. 게다가 현대인의 복합적이고도 고양(高揚)된 인격이나 비판적인 성향은 영적 진화를 더욱 힘들고 복잡한 과정으로 만들고 있다.

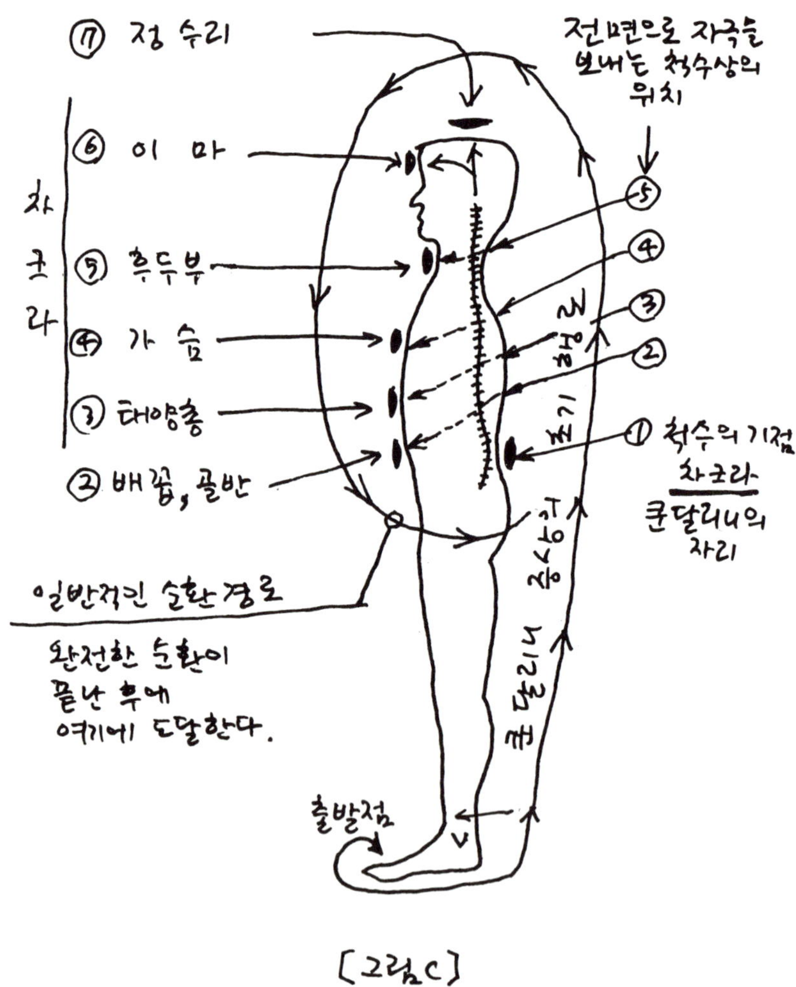

[그림 C]

우리가 지금까지 얘기한 문제들을 완화할 수 있는 길은 심리적 치료와 육체적 치료를 병행하는 일이다.

표1은 지금까지 보고된 생체 쿤달리니 증상 가운데 열가지 경우를 나타낸 것이다. 증상의 전파 과정은 그림 C에 나타나 있다. 자극이 척추를 따라 신체 전방의 차크라에 대응되는 각각의 시점에 도달하면, 자극이 신체 전방으로 전달되어서 골반이나 명치·심장·인후부·머리 등에 위치해 있는 대신경총에 해당되는 차크라를 자극한다. 이런 증상이 일어나는 목적은 뇌척수 신경계와 자율 신경계를 결합시키기기 위한 것으로 보이며, 그렇게 해서 뇌척수 신경에 의하여 호흡이나 심장의 기능, 혈액 순환 같은 자율기능이 통제가 가능해지게 되는 것으로 여겨진다.

서양에서는 심장 박동이나 피부 혈액의 순환 같은 신체 기능을 통제하는 것을 불가능하게 생각하지만, 요기(요가 수행자)들을 대상으로 행해진 연구 결과에 의하면 신체 기능을 쉽게 통제할 수 있음이 밝혀졌다. 이것은 인간 신경계가 진화해갈 다음 단계의 과정이며, 따라서 영적 성장과 필연적인 연관성을 갖고 있다. 넓은 안목으로 보면 모든 인류가 이러한 영적 성장의 과정중에 있다고 할 수 있다.

세 가지 쿤달리니 사례

어떤 예술가의 경우, 여성, 48세.

이 여성은 일종의 요가명상을 시작한 지 5년 정도 지난 후에 팔이 쑤시고 손이 뜨거워지는 증상이 일어났다. 몸 전체에 에너지(기)가 굽이쳐서 며칠간 잠을 이루지 못했으며, 육체에서 의식이 분리된 꿈을 여러 차례 꾸었다.

끊이지 않고 머리 속에서 큰 소리가 나는 것 같았다. 곧이어 엄지 발가락에서 경련이 일어나고 다리 전체에 진동의 느낌이 뒤따랐다. 하룻밤 사이에 엄지 발톱이 망치에 얻어맞은 것처럼 꺼멓게 되고 나중에는 부분적으로 발톱이 살과 분리되었다.

진동에 의해서 다리의 세포조직이 〈찢어지는〉 듯한 느낌이었다. 그 진동이 등뼈 아래쪽으로 번지더니 등뼈를 타고 점점 위로 올라가면서 몸을 훑고 지나가 머리에 도달했다. 그러더니 눈썹 바로 위에서 머리에 띠를 묶은 것처럼 압박감이 느껴졌다. 그러더니 머리가 저절로 움직이기 시작하였다. 나중에는 몸 전체가 꿈틀거리듯 진동했고, 혀가 입천장을 눌렀다. 이때 입천정에서 옴(OM)*이라는 소리가 크게 울려퍼졌다.

쑤시는 느낌이 목뒤와 머리를 퍼져 나가더니 머리를 지나 이마에 도달한 다음에 얼굴 전체로 확산되었다. 두 콧구멍이 자극되어서 코가 늘어나는 듯한 기분이 들었다. 이때 쑤시는 느낌은 얼굴 아래로 퍼져 나갔다. 이따금 사팔뜨기처럼 두눈이 따로 움직이는 것 같았고, 양미간에 구멍이 뚫려서 눈동자가 가운데에서 마주보는 것처럼 느껴지기도 했다. 그러다가 머리에서 엄청난 압박감이 느껴지는 것과 동시에 무한히 밝은 빛이 느껴졌다. 환희와 함께 웃음이 터져 나왔다.

쑤시는 느낌은 윗입술과 턱, 그리고 입으로 퍼져 내려갔다. 이 무렵 천상의 음악을 듣는 꿈을 듣곤 했다. 그러더니 그 감각은 목구멍·가슴·배로 진행하다가 마침내 척추를 지나 머리를 타고 몸을 완전히 한 바퀴 도는 계란형의 순환 회로가 마감되는 것처럼 느껴졌다.

증상이 진행됨에 따라, 이 순환에 의하여 아랫배의 차크라에서부터 시작하여 배꼽·태양신경총·심장·마지막으로 머리에 있는 차크라까지 활성화되었다.

맨나중에 활성화된 부분은 인후부(咽喉部)의 차크라였다. 그런 다음에 배꼽 근처를 통하여 에너지가 신체로 들어오는 느낌이 계속되었다. 이러한 느낌은 〈순환〉이 완전히 종결되었을 때 사라졌

---

* 〈옴〉은 절대자의 소리, 창조의 소리, 해방의 소리로 일컬어지며, 세 가지 산스크리트어인 A,U,M으로 이루어져 있다. A는 창조적이고 활동적인 힘, U는 순수하고 균형을 이룬 힘, M은 반발적이고 저항하는 힘을 나타낸다. 힌두교에서는 이 힘들이 절대자의 세 가지 양상인 창조주 브라흐마, 보존하는 자인 비시누, 파괴자인 시바와 동일하다고 간주하고 있다.(역주)

다. 경험이 진행되는 동안 계속해서 황홀한 성적 쾌감같은 것이 뒤따랐다. 이 증상의 대부분은 수개월에 걸쳐 일어났다. 최근 2년 동안에는 가끔씩만 그런 증상이 찾아왔으며, 그것은 대부분이 명상 중이나 잠자리에서 휴식을 취하고 있을 때 일어났다.

체험이 진행되는 동안에 저절로 요가식 호흡(가늘고 통제된 호흡)이 이루어졌다. 맨나중에 머리의 압박감이 발전하여 뒤통수·정수리·이마 부위에서 심했고, 눈에까지 영향을 주어 시력이 약화되었다. 압박감은 독서를 할 때 특히 심해서 눈이 압박받는 느낌과 동시에 정수리에서 맥박이 느껴졌다.

머리 안에서 들리던 커다란 소리는 결국 사라졌다. 그녀는 이러한 증상이 진행되고 있는 동안 그것이 쿤달리니 증상임을 알고 있었다. 그전에 쿤달리니에 관한 책을 읽어본 일이 있었기 때문이다. 따라서 경험이 진행되고 있는 동안에도 평온을 잃지 않았고, 모든 현상이 일어나는 대로 내맡겨둘 수밖에 없었다. 그러나 증상이 심해지자 감정의 혼란이 왔고, 일상적인 행위에 이 체험을 연결시키는 데 어려움이 많았다.

에너지가 몸 안으로 흘러들면서 여러달 동안 정상적인 수면을 취할 수가 없었다. 뿐만 아니라 낮에도 그런 현상이 계속되어 일이 비능률적이었으며, 자신의 행위와 완전히 분리되어 자신의 행동을 지켜보는 듯한 기분이었다. 마침내는 자신을 통제할 수 있게 되었다. 두드러진 효과로는 감정 상태가 대단히 안정돼졌고, 긴장이 해소되었으며, 직관적인 통찰력이 매우 높아졌다는 점이다.

어떤 과학자의 경우, 남성 53세.

이 남성은 초월명상 TM을 시작한 지 5년 만에 명상시와 잠자리에서 심하게 몸이 진동하기 시작했다가 몇 주 후에 비로소 가라앉았다. 서너달이 지나가 잠자리에 들 때면 엄지발가락에 경련이 일어나고 종아리가 쑤시는 기분이었다. 경련이 다른 근육에까지 번졌다가 차츰 사라졌다. 그러더니 등뼈 아랫부분이 쑤시기 시작했으며, 붉은 빛이 그곳에 자리잡고 있는 것을 〈볼〉 수 있었다. 그 빛이 막대 모양을 하여 척추를 타고 위로 밀어올라오는 것이 눈으로 보듯이 느껴졌다.

처음에는 배꼽 부분까지 확장되면서 심하게 쑤시는 진동하는 감각이 수반되었다. 차츰 척추를 타고 계속 올라가 심장 높이까지 도달한 다음에 확장되어 심장 신경총을 자극하더니 위로 계속 올라갔다. 쑤시는 느낌이 두뇌에 도달했을 때 마치 머리 속에 불을 밝혀놓은 것처럼 홍수같이 쏟아지는 하얀 빛이 보였다. 그러더니 그 빛은 광선줄기처럼 정수리를 뚫고 위로 솟구쳤다.

어느 정도 지난 후에 오른쪽 팔목과 팔, 그리고 왼쪽 다리에 진동이 느껴졌다. 그러나 의식을 그곳에 집중하면 진동은 금방 사라졌다. 그리고 어깨와 팔을 통해서 전류가 매초 3회 내지 4회 정도의 비율로 파도처럼 흐르는 것이 느껴졌다. 나중에는 매초 7회나 그 이상으로 증가되었다. 한번은 머리 중심부에 의식을 집중시켰더니 걷잡을 수 없이 격렬한 증상이 일어났다.

이와같은 증상이 진행되는 도중에 그는 여러 차례 머리 속에서 소리가 들렸는데, 대부분 매우 높은 음의 휘파람소리나 쉬-잇 하는 소리였다. 어떤 때에는 피리소리 같은 소리가 들리기도 했다. 그리고 평화와 환희가 느껴질 때가 많았다.

몸이 저절로 진동하기 때문에 잠을 이룰 수가 없었다. 어떤 경우엔 잠자다가 깨어 보면 자신도 모르게 요가식 호흡을 하거나 여러 가지 요가 자세를 취하고 있곤 했다. 이러한 밤이 여러번 지난 후에 쑤시는 감각은 이마·코·볼·입·턱으로 퍼져 나갔다. 골반 근처에서 그러한 증상이 일어났을 때는 황홀한 성적 쾌감 같은 것을 느꼈다.

모든 과정이 끝난 뒤에도 잠자리에서 긴장을 풀고 있을 때면 이따금 그런 현상이 일어났다. 자세를 바꾸어 돌아누우면 잠잠해지곤 했다.

그러다 1년쯤 후, 밤중에 머리에서 압박감이 느껴지더니 아래쪽으로 그 압박감이 내려가기 시작하였다. 동시에 쑤시는 감각이 위장에서부터 위쪽으로 올라가기 시작하였다. 그 자신은 이와같은 일들이 일어나는 과정을 어느 정도 거리를 두고 지켜볼 수 있었다.

위에서 밑으로 내려간 압박감과, 밑에서 위로 올라간 쑤시는 느낌이 인후부에서 만났다. 이 두 자극이 만나는 지점인 인후부에 구멍이 뚫어지는 것처럼 느껴졌다. 이 〈구멍〉으로부터 온갖 종류의 순수한 소리가 저절로 새어나왔다. 그 자신은 이러한 경우를 거의 통제할 수 없었다. 6개월쯤 후 자극은 인후부에서 복부로 내려갔다. 거기에서 몇달 동안 머물러 있었다. 그러더니 더 내려가 골반으로 들어갔다.

이 과학자는 선천적으로 예민한 신경계를 가지고 있었다. 하지만 쿤달리니가 일어남을 깨닫고 있었고, 앞으로 무슨 일이 일어날 것이가에 대한 지식을 갖고 있었기에 혼란스러운 쿤달리니 양상에 덜 민감할 수 있었다. 게다가 명상을 통한 안정 효과까지 알고 있었다. 그는 이 모든 일이 너무 열심히 명상 수련을 한 결과임을 깨달았기에 증상이 진행되는 동안 별로 걱정을 하지 않았다.

어떤 화가의 경우, 여성, 53세.
지난 여러해 동안 그녀는 운동 삼아서 하타 요가를 실천하였다. 그러나 다른 명상을 전해 해본 적이 없었다. 3년 전부터 그녀는 다리 근육 마비로 절뚝거리기 시작했으며, 좌측 다리가 부분적으로 마비되었다. 그래서 몇주간 휠체어 신세를 졌다.

마비 증세는 몇달간 계속되었으며, 그러는 동안 왼발 엄지발가락에도 마비가 찾아왔다. 마치 개미가 피부 위로 기어다니는 듯한 감각을 느꼈고, 경련과 함께 쑤시는 감각이 다리 뒤쪽에서 무릎·허벅지·엉덩이까지 느껴졌다.

이러한 상태가 간헐적으로 오랜 기간 계속되었다. 두번씩이나 엄지 발톱이 까맣게 변하는 현상이 일어났다. 등에 일어나는 통증은 좌골신경통과 골다공성(骨多孔性) 질환 탓으로 진단 내려졌다. 다리의 기능은 점차 회복되더니 몇년 전에 완전히 나았다.

지난 3-4년 동안은 좌측 엉덩이에 통증이 느껴졌는데, 특히 여름에 심하였다(X선 검사로는 아무런 이상이 발견되지 않았다). 2년 동안 왼손이 약해지고, 그다지 심하지 않은 통증과 함께 나른해졌다.

중요한 말을 해야 할 경우가 되면 불안해지면서 동시에 어깨의

견갑골에 심한 통증이 느껴졌다. 이럴 때면 말을 할 수도, 움직일 수도 없었다. 거의 숨조차 쉴 수 없었다. 이런 현상은 점차로 없어지다가 그후 몇번인가 다시 일어났다. X선 검진 결과는 척추염이었다.

이 여성은 어렸을 때부터 다리에 쥐가 나고 쑤시는 것을 경험하였다. 그리고 눈앞이 번쩍거리는 암점증(暗點症)과 구역질, 좌측 머리에 통증이 가해지는 편두통을 겪었다.

작년부터는 색깔을 구별할 수 없었으며, 좌측 눈의 시력이 급격히 떨어졌다. 조리개에는 이상이 없었다. 진찰을 받아보니, 안구의 뒤쪽에 어떤 〈물질〉(뭐라고 특정지을 수 없지만)이 있기 때문에 생기는 신경의 점진적 퇴조 현상이라는 진단 결과가 나왔다. 그녀의 어머니는 녹내장을 앓았었다.

처음엔 갑상선(특히 왼쪽 부위가 나빴다) 치료를 위해 코티손(부신 피질 호르몬의 일종, 류머티즘성 관절염의 치료약)을 처방받았다. 약간의 안구돌출증과 함께 시력 약화가 뒤따랐다. 최근 들어 진찰용 방사성 옥소를 투여하여 24시간 후에 20분 동안 측정하여도 거의 이상이 없었다. 임신중이었을 때 시각과 미각·후각이 매우 예민하였다.

면담 결과로 보면, 이 여성이 매우 개발된 신경계를 가지고 있었던 것이 분명하다. 그녀는 머리에 있는 차크라의 활동을 알고 있었다. 「나의 정수리는 항상 열려 있다.」 차크라가 어떤 것인지 전혀 알지 못하고 있음에도 불구하고 그녀는 이러한 말을 하였다. 그녀는 어렸을 때부터 보다 높은 실체를 알고 있었다. 그러나 그러한 일에 대하여 조금도 이상하게 생각하지 않았으며, 모든 사람이 자기처럼 볼 수 있다고 여기고 「사람들은 이것에 대하여 말을 하지 않는 것뿐이다」라고 생각하였다. 어릴 때부터 부모에게서 「하늘로부터 전해 와서 땅으로 전해진다」는 말을 듣고 자랐다.

여러해 동안 하타 요가 수련을 통해 차크라의 활동이 자극되고 가속화되었으며, 아마도 이것이 쿤달리니가 일어나는 원인이 되었을 것이다. 자연적인 쿤달리니 현상은 병원 기록에 나타나 있다. 증상은 왼쪽 발가락에서 시작하여, 다리를 지나 골반에 이르러서

좌측 다리의 마비를 일으키고, 계속해서 척추를 따라 목(갑상선)
과 머리로 올라갔다. 머리 속에 쿤달리니에 의한 압박감이 발생하
면서 시신경의 감퇴를 초래한 것이다.

[도표1] 쿤달리니 증상

피조사자　　　　　　　육체적증상 발생순서 →

번호	나이	성별	명상여부	명상햇수	발가락	발	다리	골반	척수	목	머리
1	53	F	X		+	+	+++	+++	++	+	+++
2	48	F	O	9	++	+	++	+	+	+	+++
3	29	F	O	4			+	+	+	+	+++
4	52	M	O	9	+	+	+	+	+	+	+
5	41	F	O	8		+		+	+	+	+
6	50	M	O	9			+	+	+	+	+
7	27	M	O	2					+	+	+
8	37	M	O	4		+	+	+	+	+	+
9	28	F	O	3	+	+++	+++	+++	+		
10	29	F	O	1	+	+++	+++	+++	+		

〈특징〉

1. 저절로 일어남. 심한 증세. 다리마비. 시각증상
9. 다리마비
10. 다리마비

증상 정도

미약	보통	극심
+	++	+++

심리적 증상

눈	열	목	배	두통	우울증	환명	이상지각	시각이상	불안	황불경
++	+++			+++	+++				++	
+++	+	+	+	+++	+++	+		+	++	+
+	++	+	+	+++	+++	+			+++	
	+		+				+			++
	+			++	+	+	++		+++	++
	+	+								+
	+			+	+		+	+	+	
	+		+	+++				+	+	
					+			+	++	
				+++				+	+++	

부록의 참고문헌

1. Leadbeater, 〈The Chakras〉, Wheaton, Ill.: Theosophical Pulishing House.

2. Gopi Krishna, 〈Kundalini〉, Berkeley, Calif.: Shambala Publications. 1970.

3. Gopi Krishna〈The Awkening of Kundalini〉, New York: E. P. Dutton, 1975.

4. Vasant G. Rele, 〈The Mysterious Kundalini〉, Fort, Bombay: D. V. Taraporevala Sons & Co., Ltd.

5. Roberto Assagioli, 〈Psychosynthesis〉, New York: Viking Press, 1965.

6. Lee Sannella M. D., 〈Kundalini — Psychosis or Transcendence〉, San Francisco: Henry S. Dakin, 1976.

7. 〈A Demonstration of Voluntary Control of Bleeding and Pain〉, Research Department, The Menninger Foundation, Topeka, Kansas.

8. Swami Rama, 〈Voluntary Control Project〉, Research Department, The Menninger Foundation, Topeka, Kansas.

요가 우파니샤드

국내 최초의 요가 수행자가 전하는 정통 요가의 모든 것/정태혁 역해

누구나 쉽게 깨닫는다

나와 우주가 하나되는 지구점 명상. 누구나 할 수 있는 단순하고 쉬운 수련/김건이 지음

달라이 라마의 자비명상법

나 스스로 관세음보살이 되는 가장 쉽고 빠른 길/라마 툽텐 예세 해설/박윤정 옮김

붓다의 러브레터

조건 없는 사랑을 체계적으로 길러내는 자애명상 실천서/샤론 살스버그 지음/김재성 옮김

【정신과학】

현대물리학이 발견한 창조주

새로운 우주상을 제시한 현대물리학과 종교의 만남/폴 데이비스 지음/류시화 옮김

신과학이 세상을 바꾼다

공학박사가 밝히는 사상운동으로서의 신과학, 실제적 연구성과가 담긴 교양과학서/방건웅 지음

마음의 여행

영혼과 사후세계의 실상을 찾아 떠나는 여행/이경숙 지음

홀로그램 우주

홀로그램 모델로 인간, 삶, 우주의 신비를 밝힌다/마이클 탤보트 지음/이균형 옮김

우주의식의 창조놀이

우주와 하나되는 과학적 상상 여행/이차크 벤토프 지음/이균형 옮김

영성시대의 교양과학

전 인류를 위한 심신상관적인 지혜와 통찰로서의 과학의 가능성과 대안/윤세중 지음

【자연과 생명】

식물의 정신세계

식물의 사고력, 감각와 정서, 초감각적 지각의 세계/피터 톰킨스 외 지음/황정민 외 옮김

동물은 무엇을 생각하는가

의식적이고 효율적으로 사고하는 동물의 정신세계/도널드 그리핀 지음/안신숙 옮김

장미의 부름

시를 쓰고 우주와 교신하는 식물의 신비로운 세계/다그니 케르너 외 지음/송지연 옮긴

동물도 말을 한다

동물은 무엇을 생각하고 어떻게 느끼는가? 텔레파시로 전해 듣는 동물의 세계/소냐 피츠패트릭 지음/부희령 옮김

【종교·신화·철학】

달마

오쇼가 특유의 날카로운 시각으로 강의해설한 달마어록/오쇼 강의/류시화 옮김

성서 속의 붓다

세계적인 비교종교학자 로이 아모르가 명쾌하게 밝혀낸 불교와 기독교의 본질과 상호영향관계/로이 아모르 지음/류시화 옮김

알타이 이야기

알타이 사람들이 입담으로 전해주는 그들의 신화, 전설, 민담들/양민종·장승애 지음

샤먼 이야기

기발한 착상과 색다른 세계관이 가득한 샤먼 세상으로의 여행/양민종 지음

창조신화

인간과 우주의 기원에 관해 신화의 종교와 과학이 알고 있는 모든 것/필립 프런드 지음/김문호 옮김

어느 관상수도자의 무아체험
다 비워버린 내 안에서 만난 하느님! 40여
년 동안 관상기도를 해온 저자의 체험과 깨
달음/버나뎃 로버츠 지음/박운진 옮김

【비총서 - 소설】

마니
의사이자 화가, 예언자이자 마니교의 창시
자였던 마니의 일생을 그린 작품/아민 말루
프 지음/이원희 옮김

타니오스의 바위
19세기 격동하는 세계정세에 휘말린 한 마
을의 역사를 신화적으로 그려낸 아민 말루
프의 대표작/아민 말루프 지음/이원희 옮김

사마르칸트
11세기 페르시아를 풍미했던 철학자이자 수
학자이며 시인이었던 오마르 하이얌의 파란
만장한 일생/아민 말루프 지음/이원희 옮김

동쪽의 계산
피압박 민족 출신으로서 인류의 근본적인
문제를 뛰어난 상상력으로 파헤친 아민 말
루프의 독백체 소설/아민 말루프 지음/김남
주 옮김

성자가 된 청소부
마음의 평화와 깨달음을 주는 감동의 영적 소
설집/바바 하리 다스 지음/류시화 옮김

소설 기문둔갑
구한말, 풍전등화 같은 조선왕조의 국운을
놓고, 기문둔갑奇門遁甲의 이인달사異人達
士들이 벌이는 목숨 건 한판 승부!/이둔 박
태섭 지음

참사람 부족의 메시지
〈무탄트 메시지〉의 저자가 소설형식을 빌려
문명인에게 전하는 참사람 부족의 못다한

메시지들/말로 모건 지음/도솔 옮김

마법사 프라바토
실존했던 20세기 최고의 마법사, 프란츠 바르돈
의 자전소설/프란츠 바르돈 지음/조하선 옮김

바다의 여사제
국내에 최초로 소개되는 진정한 마법소설/
다이안 포춘 지음/유기천 옮김

나는 왜 아버지를 잡아먹었나
자기들의 진화문제를 놓고 고민한 원시인들
의 이야기/로이 루이스 지음/김석희 옮김

인디언 조
캐나다 최고의 이야기꾼 W.P. 킨셀라의 단
편소설집/W.P. 킨셀라 지음/김석희 옮김

【비총서 - 소설 외】

바깥은 네 생각과 전혀 달라
의식이 성장해가는 3단계에 따라 마음의 굴
레에서 벗어나는 동서고금의 이야기를 엮은
책/잭 콘필드 지음/나무선 옮김

영혼의 마법사 다스칼로스
영혼의 치유사 다스칼로스의 영적인 가르침/
키리아코스 C.마르키데스 지음/이균형 옮김

사랑의 마법사 다스칼로스
다스칼로스와 함께한 생생한 체험과 기록/
키리아코스 C.마르키데스 지음/이균형 옮김

쏟아지는 햇빛
수채화처럼 그려낸 한국 비구니 스님의 스
리랑카 명상여행/아눌라 스님 지음

코
낌새를 맡는 또 하나의 코, 야콥슨 기관/라
이얼 왓슨 지음/이한기 옮김

내가 만난 스승들 내가 찾은 자유
현대의 성자 14인과 만나는 영혼의 순례기/
마두카르 톰슨 지음/손민규 옮김